美国·亚太地区国家海洋战略研究丛书

# 俄罗斯海洋战略研究

MARITIME STRATEGY OF THE RUSSIA

上海市美国问题研究所·主编
肖辉忠/韩冬涛 等·著

时事出版社

# 出版说明

党的十八大报告提出了建设海洋强国的战略目标。而为了达到这一目标,则必须依靠综合国力,建立一整套完整的海洋战略。自从海洋向人类展示其作为海上通道的魅力之时,海洋也自然成为连接国与国之间的一个重要桥梁,也成为了外交的重要舞台,海上纷争的战场。因此,在建立海洋战略的同时,对于周边地区各国的海洋战略,我们也必须加以明察。只有这样,才能够从容应对,才能建立我们自己更为完整的海洋战略体系。出于这样的目的,上海市美国问题研究所策划了一套《美国·亚太地区国家海洋战略丛书》,通过汇集多方之力,力求完成这一目标。

我所策划的这套丛书共计八本,全面展示了美国、俄罗斯、日本、韩国、越南、菲律宾、印度以及澳大利亚这八个国家的海洋安全战略、海洋管理战略、海洋经济战略、海洋环保战略、海洋教科文战略以及海洋国际政治与外交战略等,一方面促进了我们对周边各国具有更全面的认识,另一方面也可以对制定我国的海洋战略起到重要的借鉴作用。

该丛书自策划之始,便抱着严谨的学术态度,汇集各个专家多次召开学术会议,从撰写提纲到充实内容,都数易其稿。随着时间的推移,根据新问题、新情况的出现,不断追踪充实,力求与时俱进。对此，我所还遍访相关专家，力求寻找参加编撰的最佳人选，聘请了上海社会科学院金永明研究员、国家海洋局于保华与李双建研究员、解放军国际关系学院成汉平教授与宋德星教授、华东师范大学国际关系与地区发展研究院肖辉忠博士和韩冬涛博士、上海交通大学薛桂芳教授、上海外国语大学廉德瑰教授、上海政法学院朱新山教授、吉林大学李雪威教授等高校和科研机构的专家分别撰稿。历时两年多时间终于得以全部完成。书稿完成之后，我所还聘请了冯绍雷、于向东、张家栋等著名专家进行严格评审，力求做到尽善尽美。

自从本丛书策划和编撰开始之时，便受到了来自各界的支持和帮助，上海市社会科学界联合会、上海社会科学院出版社等单位对本丛书给予了巨大的帮助，国防大学战略研究所前所长杨毅海军少将为本丛书撰写了总序，对此我们表示由衷的感谢。

对于本丛书的编撰，我所常务所长胡华统筹策划、亲力亲为；朱慧、叶君、龙菲组织协调，落实安排；汪道、李奕昕和章骞先后承担联络工作，确保该丛书出版的顺利进行。虽然在出版过程中遇到了很多未曾预料的问题，但经过不懈的努力，将这套丛书展示在了读者的面前。当然，由于本丛书难免还存在各种不足之处，我们真诚地希望各位读者和专家给予指正，提出宝贵的意见。

最后，我们要特别感谢时事出版社苏绣芳副社长以及各位编辑，正是他们的悉心努力，这套丛书才能够得以顺利出版。

上海市美国问题研究所<br>2016 年 8 月 26 日

# 总序

中国正处在发展的历史新起点，正在进入由大向强发展的关键阶段。我国发展仍然处于可以大有作为的重要战略机遇期，但战略机遇期内涵发生深刻变化，我国发展既面临许多有利条件，也面临不少风险挑战。

随着综合国力的增强和国际影响力的上升，我国的战略回旋空间和面临的压力同步上升。各种安全挑战中的"内忧外患联动效应"突出，我们维护国家安全利益与发展利益的"两难选择"特征增加了我们运筹国家安全的难度。在实现社会主义小康社会的冲刺阶段，避免跌入"中等收入陷阱"和"修昔底德陷阱"，是我们内政与外交的两个重大课题。

对内，统筹好经济"调结构、稳增长与防风险"三者之间的关系，确保我国经济持久、健康发展是一项重要而艰巨的工作。在新常态下，我国经济发展表现出速度变化、结构优化、动力转化三大特点，增长速度从高速转向中高速，发展方式从规模速度型转向质量效率型，经济结构调整要从增量扩能为主转向调整存量、做优增量并举，发展动力要从主要依靠资源和低成本劳动力等要素投入转向创新驱动。当前，我国经济社会发生深刻变化，改革进入攻坚期和深水区，社会矛盾多发叠加，面临各种可以预见和难以预见的安全风险挑战。

对外，我国和平发展与民族复兴给外部世界特别是给美国等西方国家带来的冲击处于一个激烈的相互磨合和相互适应阶段，各国对华政策也处在一个变化路口，并且可塑性比较强的阶段。中国的外部安全环境继续呈现双重压力状态，即：美国对我国的战略防范和周边部分国家对我国的恐惧与担忧。这双重压力"相互借重，复合交汇"，在涉及与我国利益冲突问题上一拍即合，对我们形成"同步压力"。

我们运筹国家安全正面临着两大矛盾：第一，我们国家迅速扩展的安全和发展利益和有限的保卫手段之间的矛盾；第二，增强保护国家利益手段的迫切性与日益增长的外部制约因素之间的矛盾。

我国经济发展，对外贸易额的增长以及能源供应都对海上运输产生了越来越大的依赖，海上航道的安全已经成为国家安全的重要环节，它不但涉及经济安全，也是国家整体安全的重要组成部分。然而，我国对海上航道的需求的不断上升，与我国海上防卫力量的不足形成了鲜明的反差。

我国外部安全环境，来自陆地方向的大规模军事入侵基本上可以排除，但是来自海洋方向的安全挑战日益增多。美国推进亚太战略"再平衡"，强化在我国周边地区，特别是海洋方向的军事力量部署和活动强度，对我国的周边安全环境形成了巨大压力。

无论是维护国家安全，还是发展经济，经略海洋都已经在战略上形成了刚性需求。党的十八大提出了"建设海洋强国"的战略目标，把经略海洋作为推进中华民族伟大复兴事业的重要组成部分与途径之一。建设海洋强国的内涵丰富，包括提高海洋资源开发能力、海洋运输能力、海洋执法能力、海洋防卫能力，发展海洋经济，保护海洋生态环境，坚决维护国家海洋权益，把我们国家建设成一个世界性的海洋强国。

中国地缘上是一个陆海复合型的国家，虽然在古代曾经有过丰富多彩的海上实践，早在西方的"大航海时代"开始以前，郑和就率领过举世无双的庞大船队远航到了非洲，古代的海上丝绸之路也曾经连接到了欧洲。但是，进入近现代以后，由于传统的观念落后和其他综合因素，中国却不幸地沦落为一个海洋弱国，饱受西方列强的欺凌。在我国从来没有像现在如此接近民族复兴梦想的今天，作为一个世界国家整体面向海洋，这在中华民族的历史上还是第一次，它对世界的冲击是可想而知的。

古希腊著名历史学家修昔底德认为，当一个崛起的大国与既有的统治霸主竞争时，双方面临的危险多数以战争而告终。对于大海，中国还是一个后发的国家，然而，中国建设海洋强国的步伐速度之飞快、规模之宏大，免不了引起一些国家心理上的危机感，他们既无法阻止，又不可抗拒，更难以适应。

19世纪末、20世纪初著名的地缘政治学家，美国海军军官、历史学家，《海权论》的作者阿尔弗雷德·塞耶·马汉（Alfred Thayer Mahan）通过对十七八世纪重商主义和帝国主义时期的海上强国英国历史的大量研究，提出了关于美国海军政策、海军战略、海军战术的一系列基本原则。马汉《海权论》的核心观点是，海洋是世界的中心；谁控制了世界核心的咽喉航道、运河和航线；谁就掌握了世界经济和能源运输之门；谁掌握了世界经济和能源之门，谁就掌握了世界各国的经济和安全命脉；谁掌握了世界各国的经济和安全命脉，谁就（变相）控制了全世界。马汉学说在美国被捧为金科玉律，尤其在两次世界大战之间的20多年中已经构成了美国军事战略的灵魂。马汉的海权论在西方，乃至世界的影响依然巨大。

马汉通过对17世纪和18世纪的英国历史进行推导，设定了六项他表示普遍适用、永恒不变的"影响海权的一般条件"：(1) 地理位置；(2) 自然构造；(3) 领土范围；(4) 人口数量；(5) 民族性格；(6) 政府的特征和政策。

现代海权更是一个复杂的体系，虽然马汉的六大要素依然发挥着作用，但是对这其中第六个要素，也就是政府的特征和政策则更有进一步拓展的必要。我们不妨根据其功能将其分为"硬件"和"软件"两大部分。其中"硬件"包含海军、海洋管理体制和机构、海洋产业和海洋科技实力等构成海权的客观物质要素；而"软件"则包括海洋管理法律制度、海洋价值观和海洋意识，这些非物质因素在海权的发展和维系方面则具有不可替代的独特作用。

各国的海洋战略也正是通过这几大要素辐射而出的，而且随着进入了21世纪，在这国际政治多极化、经济全球化、军事信息化的时代，海洋战略更是具有崭新的色彩。

以往排他性海上霸权逐渐让位于功能更复杂和更国际化的当代海权观念。这一当代海权观念新颖和核心的特点是，海上力量已无力追求单极的全球霸权与秩序，相对于日益崛起的太空和空天复合力量，海权的黄金时代已经成为历史。即使对于拥有绝对海军优势的国家，在国际政策中，单纯利用海权优势也不可能实现自身的利益。这些国家即使有能力轻易获得海上战争的胜利，其外交、经济和其他代价，也是其决定行动时不得不再三综合考虑的因素。这也与当代全球经济和政治的急遽整合趋势是一致的。

在这一背景下，在这个意义下，全球化时代的海洋战略，还加入了维护海上安全、保护海洋环境等内容，其根本目的就是保护现有经济格局的安全，维护现今给大多数国家带来利益的全球秩序的稳定。海洋战略是一个综合海洋经济、海洋政治、海洋军事、海洋法制、海洋环境等一系列因素的复杂问题。

中国奉行的是和平发展道路，而不是走历史上传统大国崛起靠军事扩张，甚至通过发动战争来实现自己战略目标的旧路。正如国家主席习近平所强调的，中国愿同各国一道，构建以合作共赢为核心的新型国际关系，以合作取代对抗，以共赢取代独占，树立建设伙伴关系新思路，开创共同发展新前景，营造共享安全新局面。

面对当今世界复杂的海上局势，中国如何更好地走向海洋、经略海洋，需要我们在战略上很好地把握，搞好战略规划与运筹。对此，我们不仅仅只是开拓出一条具有中国特色的和平发展的海上战略，同样重要的，还应当对世界各国，尤其是中国周边海上国家的海洋战略加以清晰地了解，明确地掌握。

上海市美国问题研究所将美国、日本、韩国、越南、菲律宾、澳大利亚、印度以及俄罗斯这八个国家的海上战略进行了系统的梳理。据我浅薄所知，国内至今还没有见过这样一套系列丛书。这样一套系列丛书的面世，对于今后中国如何面向大海，如何制定相应的海上战略而言，具有非常宝贵的参考价值。这样一套系列丛书的顺利出版，对于服务于建设海洋强国，对于推进中华民族伟大复兴事业都是一件值得庆贺的好事。

对于海洋战略这样复杂的问题，分国家加以考察更要花费巨大的辛劳和探索。对此，上海市美国问题研究所动员了全国的相关专家，历经多年的努力，集中全力对这套丛书进行了编撰，取得了丰硕的学术成就。

为了适应世界多极化、经济全球化、合作与竞争并存的新形势，扩大与沿线国家的利益汇合点，与相关国家共同打造政治互信、经济融合、文化包容、互联互通的利益共同体和命运共同体，实现地区各国的共同发展、共同繁荣，中国政府提出了建设"一带一路"倡议。其中，"二十一世纪海上丝绸之路"的战略规划将促进构建海上互联互通、加强海洋经济和产业合作、推进海洋非传统安全领域的全面合作，也将拓展海洋人文领域的合作。在建设"二十一世纪海上丝绸之路"的大业中，了解各国的海洋战略，更是必不可少。我相信，这套系列丛书会为照亮"二十一世纪海上丝绸之路"的拓展前程做出特殊的贡献。

《美国·亚太地区国家海洋战略研究丛书》浸透了所有参与者的辛勤劳动与心血，当广大的读者从中受益的时候，也是对为这套丛书顺利撰写、编辑、出版和发行而做出各自贡献的人们表示感谢的最好方式。

2016 年仲夏，于北京

本项研究系上海市美国问题研究所委托课题："美国·亚太地区国家海洋战略研究"系列课题之一暨俄罗斯海洋战略研究

项目完成单位：
上海高校智库周边合作与发展协同创新中心
华东师范大学俄罗斯研究中心
项目顾问：顾定国

# 目 录

前言 ································································ (1)

## 第一部分 历史视野下的俄罗斯海洋战略

### 第一章 全球化背景下的海权与英、美、德、俄四国的海洋战略思想概览 ················ (23)
一、海权概念的发展及国家海洋战略的意义 ············ (25)
二、主要海洋大国的海洋战略思想 ···················· (33)
三、结语 ························································ (43)

### 第二章 彼得大帝至亚历山大二世时期俄国海洋战略 ································ (45)
一、俄国海军的肇始：彼得大帝时期 ·················· (47)
二、俄国海军的黄金时代：叶卡捷琳娜二世时期 ······ (54)
三、野心勃勃的发端：起伏不定的发展 ················ (61)

### 第三章 亚历山大二世至十月革命前俄国海洋战略 ································ (64)
一、引言 ························································ (64)
二、亚历山大二世至俄国十月革命前俄国海洋战略的

发展概况 …………………………………………………… (66)
三、俄国海洋战略衰落的原因（1885—1917）………… (84)

## 第四章　十月革命至卫国战争期间的苏联
### 海洋战略 ……………………………………………… (90)
一、"小规模海战"理论 ………………………………… (91)
二、斯大林的"大舰队"计划 …………………………… (98)
三、结语 …………………………………………………… (103)

## 第五章　二战后的苏联海洋战略 ……………………… (107)
一、斯大林时期 …………………………………………… (108)
二、赫鲁晓夫时期 ………………………………………… (114)
三、勃列日涅夫时期 ……………………………………… (119)
四、戈尔巴乔夫时期 ……………………………………… (129)
五、其他海洋事业的发展 ………………………………… (132)
结语 ………………………………………………………… (138)

## 第六章　后冷战时代的俄罗斯海洋战略 ……………… (141)
一、海洋战略的概念 ……………………………………… (141)
二、无暇兼及的衰落期（1991—1996 年）……………… (144)
三、力有未逮的重启（1997—1999 年）………………… (150)
四、强国战略下的全面推进（2000 年至今）…………… (154)
结语 ………………………………………………………… (163)

# 第二部分　空间视野下的俄罗斯海洋战略

## 第七章　俄罗斯的北极战略——基于
### 国际法视角 ……………………………………… (167)
一、俄罗斯联邦的法律渊源及其北极战略概述 ………… (168)

二、俄罗斯的北极能源战略 …………………………（172）
三、北方航道的法律地位与管理规定 ………………（183）
四、俄罗斯北极战略的综合评述 ……………………（199）
五、俄罗斯与中国在北极领域的合作 ………………（202）

## 第八章　俄罗斯的黑海战略 ………………………（204）
一、黑海的地理及历史概况 …………………………（204）
二、俄罗斯帝国对黑海的征服及经略 ………………（206）
三、苏联时期的黑海战略 ……………………………（213）
四、当代俄罗斯的黑海战略 …………………………（217）
结语 ……………………………………………………（236）

## 第九章　俄罗斯的太平洋战略 ……………………（238）
一、俄罗斯太平洋战略的历史沿革 …………………（238）
二、后冷战时代俄罗斯太平洋战略的总体布局和
　　战略目标 …………………………………………（249）
结语 ……………………………………………………（261）

## 第十章　俄罗斯的波罗的海战略 …………………（263）
一、俄罗斯波罗的海战略的"历史记忆" ……………（264）
二、后冷战时期俄罗斯的波罗的海政策 ……………（272）
三、俄罗斯在波罗的海地区的军事、能源与
　　航运政策 …………………………………………（284）
结语 ……………………………………………………（299）

## 后记 …………………………………………………（301）

# 前　　言

在美国的海军战略中，被广泛使用的一个公式是："70 - 80 - 90"，即，海洋占地球面积的70%，沿海地区居住着80%的人口，海上贸易占整个世界贸易的90%，由此可见其对海洋的高度重视。21世纪，围绕着海洋与海权，威胁国际、地区与国家安全的冲突与危险，未必会逊色于20世纪。世界上的大国、中等国家，甚至是规模相对较小的国家，都在不断加大对海洋的关注和对海洋权益的争取。俄罗斯学者捷宾从国家规模，特别是从对美国的独立性角度，对当今世界海洋大国做出了如下的归类：全球性的海洋大国只有美国；大型的、独立的海洋强国，除了俄罗斯以外，还有印度和中国；小型的、独立的海洋强国，有巴西、土耳其，还有在某种意义上的伊朗和朝鲜；最后，第三类海洋强国（非独立的，在某种程度上依附于美国的），包括美国在欧洲和亚太地区的盟友：大型的海洋强国有英国、法国和日本；其次是韩国；小型的是：西班牙、德国、意大利和澳大利亚。[①] 值得关注的是，在这位俄罗斯学者看来，大型的独立的海洋强国，只有俄罗斯、印度和中国。在他的观点中，印度有与美国结盟、示好的倾向；中国则有与美国对抗的倾向。换言之，"最为独立"的海洋大国，除了美国之外，只有俄罗斯一家了。姑且

---

① Прохор Тебин. Морская мощь на фоне политической бури// Россия в глобальной политике. 2014. №. 2. Том. 12. С. 176 – 187.

不论俄罗斯目前的海洋实力如何，其争取世界大国地位与权利的意志与战略，确实非常独立，值得关注。而且，随着对其远东西伯利亚开发开放战略的开展，俄罗斯对亚太、印度洋地区的关注也日益提升。俄罗斯非常清楚其在亚太、印度洋地区的劣势与优势。一位俄罗斯学者指出，俄罗斯的优势是能源与海军，俄罗斯是为数不多的具有充分的国防自卫能力与展开独立外交的国家之一，对于俄罗斯而言，最有利的地位是，发挥俄罗斯的优势：在中美关系中扮演"平衡者"的角色，在东方和西方之间起到"桥梁"的作用；俄罗斯可以在中美冲突中，扮演中国曾在苏美对抗时的角色；在"龙"和"鹰"准备进行世纪大战的时候，聪明的"熊"坐在森林中观看争斗并从中获利。①虽然学者的观点不能代替国家的战略思考，但是很显然，俄罗斯的海洋战略是其国家战略的一部分，值得从全局的视角加以考察和研究。

本项研究的主题是俄罗斯海洋战略，涵盖的范围，从时间上看，包括从彼得大帝以来至今的时段；从空间上看，本书对俄罗斯的波罗的海、黑海、北极和太平洋战略进行了研究。这里的"俄罗斯海洋战略"，主要是指俄罗斯（含苏联时期）的领导层对发展海洋力量的思考、决策和行动。

## 一、俄罗斯海洋战略的影响因素

决定俄罗斯海洋战略的影响因素很多，其中，包括国家领导人物的偏好、俄罗斯陆海复合型国家特点，以及不利的地理因素等。

### （一）国家领导人的影响

从历史上看，在俄罗斯海洋力量发展的过程中，领导人的影响

---

① Дмитрий Новиков. Неравнобедренный треугольник// Россия в глобальной политике. 2015. № . 3. Том. 13. С. 154，157.

非常重要，有时甚至是决定性的。可以清晰地看出，俄罗斯领导层对海洋战略的考虑，大部分情况是基于国家整体的战略利益来决定的：如，彼得大帝为夺取出海口而做出的迁都、建立强大海军的举措；勃列日涅夫出于美苏争霸而采取的远洋进攻、全球部署海军的战略。而俄罗斯领导人对国家战略利益的定位，大部分时间又是以安全为核心的，特别是国防上的安全。因此，俄罗斯的海洋战略，特别是那些主张积极发展海上力量的领导人所制定的海洋战略，基本上以建立强大的海军为核心的，海上贸易、海上运输通道等处于次要的地位。国家领导层对待海军的消极影响也很明显。赫鲁晓夫时期苏联一味关注战略核武器、战略火箭的发展，造成了古巴导弹危机时苏联海军的颜面扫地；苏联解体之初的叶利钦时期，俄罗斯海军成为最不受关注和得到投入最少的军种。进入普京时期之后，俄罗斯海军再度受到关注。国家领导人的海洋思想、海军思想，基本上就是俄罗斯国家的海洋战略的主体了，海军领导人则要以国家领导人的喜好来行动，即便是在苏联伟大的海军元帅戈尔什科夫在任期间，其"国家海上威力"学说能够实行，是因为符合勃列日涅夫战略的需要。但是俄罗斯历任的国家领袖，其对海洋、海军的思考，不具有连续性，反倒是断层性明显。俄罗斯从古到今，始终没有一个一以贯之的海洋战略。这与俄罗斯陆海复合型国家的身份有着很大的关系。

**（二）陆海复合型国家的选择**

俄罗斯是一个大陆性色彩非常明显和浓厚的一个国家。而自彼得大帝以来，对东西南北各方向出海口的争夺，又使得俄罗斯成为一个拥有着最为漫长海岸线的国家。然而，在优先发展大陆力量和海洋力量之间的争论，直到今天仍然没有结束。总体而言，在大部分时间里，大陆支持者占据了上风。两次世界大战，主要是在大陆上进行的，特别是第二次世界大战，苏德主战场，几乎都是在陆地进行的。俄罗斯独立之初，在其国内的车臣战争中，也没有海军的份，主要是陆军和空军的参与。"重陆轻海"的传统不仅在俄罗斯，在中国也是如此。这也是为什么在2015年中国国防白皮书《中国的军事战略》中特别提出，"必须突破重陆轻海"的传统思维。

马汉的《海权论》，特别是苏联海军元帅戈尔什科夫的《国家海上威力》，以及苏联海军、舰船队在勃列日涅夫时期的辉煌，似乎让人们看到了一个作为强大海洋国家的苏联。但是苏联解体，俄罗斯对世界大洋的影响，又回到了自身的大陆架范围。今日的圣彼得堡和加里宁格勒的海上运输通道仍然是一个很大的问题；同样，俄罗斯黑海港口新罗西斯克，是俄罗斯非常重要的贸易中心，其走出黑海、进入地中海，再进入大西洋或印度洋的路途，也不掌握在俄罗斯手中。俄罗斯的北方海域，以及太平洋海域，是相对出入自由的地区，但是面临着严寒、冰冻，以及北约、日美的强大海军力量和布局。

俄罗斯这样有着漫长海岸线、巨大海洋利益的国家，是必须要发展海上力量的，包括海军。但是俄罗斯同时也需要面对来自大陆上的挑战，无论是国内还是国际层面。这是陆海复合型国家的两难，即，无法集中精力在某一个方向。

> "陆海复合型国家是既有陆疆又有海岸线的一类国家。欧洲大西洋沿岸诸国和中国是这类国家较为典型的代表。海陆兼有的地缘政治特点决定了它们不同程度地受制于战略上的两难和安全上的双重受害性。这是造成欧洲陆海复合型国家在近代以来的竞争中不敌英美等海洋国家的主要地缘因素。"[①]

在这篇文章中，作者继续指出：

---

[①] 邵永灵、时殷弘："近代欧洲陆海复合国家的命运与当代中国的选择"，《世界经济与政治》，2000年第10期。

"陆海复合型国家走何种道路是选择的结果……受到双重诱惑的法国和西班牙曾试图采取二者兼顾的路线，但最终以失败告终。这表明，一个国家无论多么强大，都很难长期做双料强国，因为任何国家的资源都难以同时成功地支持两个方向的战略努力……陆海复合这一地缘政治特征对一国的战略决策提出更高的要求……决策者是否拥有足够的战略眼光对国家前途至关重要。在这个意义上讲，陆海复合型国家的兴盛与否常常受到较强的个人因素影响……陆海复合国家的真正强国之路在于：避免陷入两难困境……作为陆海复合国家，中国若想面向海上发展，必须确保大陆的安定。"

俄罗斯也如同法国、中国，是一个典型的陆海复合型国家。成为陆海双料强国既是一个诱惑，也是危险的试探。但是不成为双料强国，也是危险的。而关于如何在陆军与海军之间合理地分配力量和资源的问题，几乎是无法解决的，谁也无法事先就能说明，可以寻找到一种最好的比例关系。① 决策者如何选择，至关重要。如果俄罗斯想成为一个强大的海洋国家，前提是陆地上的安定，对于其他的陆海复合型国家也是如此。但是自苏联解体以来，俄罗斯的麻烦恰恰大多来自陆地，特别是西部以及西南方向，这里又是俄罗斯经济发达的中心地带：2008年的格鲁吉亚战争、2014年以来的乌克兰问题，特别是北约东扩。也正是来自陆地方面的压力与不稳定，使得俄罗斯独立以来，甚至在俄罗斯国力不断恢复的情况下，其海洋战略中的"防守性"明显强于"进攻性"。

从新世纪以来的《俄罗斯海洋学说》（2001年版、2015年更新版）、《世界大洋联邦规划》（1998年通过，历经多次修订，最近一

---

① Поликарпов. В. В. Власть и флот в России в 1905 – 1909 годах// Вопросы истории. 2000. С. 32 – 50.

次是2012年12月）这两个最为重要的海洋战略文件来看，一方面，俄罗斯没有放弃成为世界海洋大国、强国的追求，但是另一方面，其海洋战略追求的目标更为明确和务实：确保俄罗斯基本的安全要求，运输安全，海岸线、专署经济区、大陆架的安全。这些文件提及了大西洋、北极、太平洋、印度洋、南极，也提及了在地中海的存在，特别是明确反对北约的扩大，但是显然没有追求与美国进行全球海军较量的意思。特别是，在2015年7月通过的新版海洋学说中，很大的篇幅是关于"发展"问题的。

经历苏联解体震荡之后，俄罗斯目前的国力仍处于恢复的阶段；在经历了海军被忽视的十年之后，俄国内对海军、海洋发展的重视不断提升。在此背景下，本研究认为，在俄罗斯当前的海洋战略中，更多的色彩是"防守"、"发展"。① 这既是作为陆海复合型国家处于国力相对衰弱阶段的无奈，其实也是一个比较智慧的选择。无法预测的是，有朝一日俄罗斯陆地四围安定、国力大升之后，会不会重新走向"世界大洋"？至少，《世界大洋联邦规划》自1998年通过以来，虽历经修订，但是"世界大洋"的梦想和追求一直没有褪色过。但是显然，俄罗斯走向世界大洋的路，不会如英国（海岛国家）和美国（虽然也是陆海型国家，但是邻国实力弱小）那样顺利，即便从观察地图就能得出这个初步的结论。

（三）辽阔的国家疆域，不利的地理位置

苏联解体之后的俄罗斯，依然是世界陆地面积最大、海岸线最长的国家。俄罗斯有足够的理由需要发展陆地和海洋力量保护国家的利益。从海洋方面来看，俄罗斯大陆架面积为420万平方公里，

---

① 当然，也有研究人员认为，"俄罗斯的海洋战略比较稳定，没有大的变化，其明确的定位是，通过大型的舰队，实现对海洋的控制（而非被动的防御），自从20世纪70年代戈尔什科夫对苏联海军的改革，直到如今，都是如此。"参见 Alexandr Burilkov, Torsten Geise, "Maritime Strategies of Rising Powers developments in China and Russia", *Third World Quarterly*, 2013, Vol. 34, No. 6, pp. 1037 – 1053.

俄罗斯80%的石油和天然气储藏于此；俄罗斯海洋专署经济区的面积为850万平方公里，接近美国国土的面积。在俄罗斯沿海、沿河、湖泊地区，居住着50%以上的人口，近60%的工业生产。俄罗斯海岸线长达3.88万公里，接近地球赤道长度。所有这些财富都需要开发和保护。① 如果俄罗斯的海洋战略、海军发展的思路是保护俄罗斯的海洋财富和国家的经济利益，那么俄罗斯海军在大部分时间内，是可以游刃有余地完成这个使命的，而且也不需要花费太大的国力。曾经主导苏联海军发展思想的"小海军"、"小规模海战理论"，虽然后来被批评为自缚手脚，抹杀了海军这一进攻性军种的最大威力，但却是从当时苏联的国力出发、符合国情的有效战略思想，也是符合国家所处不利地理位置及经济状况之下的一种合理选择。俄罗斯虽然四面环海，但是远不如美国、英国等国的地理位置优越，甚至也不如中国的情况。不仅如此，俄罗斯无论是在陆地上，还是在海洋方向，与周围邻国大多存在着历史恩怨的纠缠：波罗的海方向是北欧国家；黑海方向是土耳其；太平洋方向有日本；唯一平坦的北冰洋方向，面临的是严寒和冰封。此外，北约以及美国，更是从各个方向都对俄罗斯有战略包围之势。俄罗斯凭借着强大的核武威慑，使得其防守大规模进攻的能力极其强大，而且所需的成本很低。但是"走出去"、"进攻型"的海洋发展战略，则几乎需要倾全国之力。勃列日涅夫时期，是俄罗斯整个历史上海军遍及世界各地的高峰，但是昙花一现，无法持久。

地理位置和邻居是无法选择的。但是如果从和睦相处、自身奋发图强发展，不谋求对其他国家的侵扰和控制的角度看，即便是不利的地理位置和邻国，也不会影响自身国民的福利。困难之处在于，一个大国，特别是具有强大潜力、辉煌历史的大国而言，如何能摆

---

① Валерий Алексин. России следует выработать морскую доктрину// Независимое военное обозрение. Номер 028（151）от 23 июля 1999 г.

脱"世界大国"、"世界大洋"的梦想与追求所带来的试探，实属不易。不独俄罗斯，无论是拿破仑时期的法国，还是两次世界大战中的德国，假设不发动战争的话，哪个国家会主动地入侵当时的法国和德国？事实是发动了战争，短时间内占领了大片的领土，但结果却是失去的更多。历史的教训，就是人们并不从历史中吸取教训。然而，"进攻"总是鼓舞人心，"防守"更多被解读为"消极"与"软弱"。

面对非常不利的地理环境，俄罗斯未来的海洋战略，能否心安理得地面对呢？追随马汉提出的对海权的控制，或麦金德提出的对大陆核心区域的占据，赢家或者一个都没有，或者只能有一个，而且还不能长久。俄罗斯2015年的海洋学说，更多地体现出了"护卫利益"的特点，而不是进攻的特色。中国2015年的军事战略白皮书，对海军的战略要求是"近海防御、远海护卫"。应该说，这些思想是比较智慧和谨慎的。国际关系理论家马丁·怀特发出"审慎是一种美德"的声音，仍然值得倾听。即便是主张俄罗斯采取积极海洋政策的俄罗斯学者，也认为俄罗斯应该采取务实和平衡的政策，俄罗斯主要应该在其沿岸和近海完成如下任务：保证俄罗斯海军的战略核威慑力量；在发生军事入侵时，能保证俄罗斯海岸、边境地区的国防安全；保障俄罗斯领海、专署经济区以及大陆架的经济利益。①

## 二、俄罗斯新版海洋学说评析

在2015年的7月26日俄罗斯海军日当天，普京总统签署了新版的《2030年前俄罗斯海洋学说》，代替、更新了2001年通过的、

---

① Прохор Тебин. Морская мощь на фоне политической бури// Россия в глобальной политике. No. 2. Том 12. 2014. С. 176 – 187.

俄罗斯第一个海洋学说（《2020年前俄罗斯海洋学说》）。下文将围绕着俄罗斯海洋学说通过的前后过程、内容等方面稍加展开分析。

**（一）普京批准新版的《2030年前俄罗斯海洋学说》**

2015年7月26日星期天，在俄罗斯的各个海军基地：北方舰队、太平洋舰队、波罗的海舰队、黑海舰队，以及里海分舰队，举行了海军日的庆祝。普京参加了在波罗的海的庆祝活动。俄罗斯总统向彼得大帝纪念碑献花——这位俄罗斯海军的奠基人，之后参加了海军检阅。然后登上了"戈尔什科夫海军上将号"护卫舰。普京总统在演说中指出："由于海军的英勇和造船者的天才，使得我们成为一个伟大的海洋大国。对于我们而言，要保住这个地位，这是我们对历史的巨大责任、对我们后代的巨大责任，我们要交给后代人一个现代的、强大的海军舰队。"[①]

在戈尔什科夫号上，普京总统举行会议，听取了副总理罗戈津关于对海洋学说增补的报告。普京指出，第一次在海洋学说中增加了社会方面的内容："我指的是海军的医疗，增强海员和海洋领域专家的健康，这是非常重要的事情。"俄罗斯总统补充说，"人们应当知晓，在发展海军的战略文献中，无论何时都不会忘记这些文件的社会方面的内容，并且实际执行政策，执行那些工作在这个极端复杂和重要领域内的人们所期望的社会政策。"

罗戈津指出："我们提出对2001年通过的海洋学说进行修改的原因，最主要的是变化的国际形势，以及，当然，出于增强俄罗斯作为一个海洋强国的地位。新版海洋学说主要的焦点在两个区域：北极和大西洋。我们强调大西洋，是因为北约积极扩展，到达了我们的边境，俄罗斯当然要对此做出反应。"[②] 同一天，克里姆林宫公

---

① В День ВМФ Путин утвердил новую Морскую доктрину. http：//vz.ru/society/2015/7/26/757987.html

② "Vladimir Putin held a meeting to discuss the new draft of Russia's Marine Doctrine", July 26, 2015, http：//en.kremlin.ru/events/president/news/50060

布了新版本的海洋学说。

(二) 俄罗斯新版海洋学说的主要内容

俄罗斯政府的海洋委员会负责文件的起草，共有15个联邦执行机构和相关的组织机构参加了新版海洋学说的起草。草案文件在2014年于圣彼得堡公布。[①] 普京批准的正式文本中，几乎全部吸收了草案的内容。

1. 新版海洋学说包括四个功能领域和六个地区领域

四个功能领域是：海军行动、海洋运输、海洋科学，以及资源开发。六个地区是：大西洋、北极、太平洋、里海和印度洋，以及南极，优先方向是大西洋和北极。

大西洋地区方向：包括大西洋、波罗的海、黑海、亚速海和地中海。新版的海洋学说指出，俄罗斯海洋战略中的大西洋政策，是由本地区的条件所决定的。北约把军事设施扩展到俄罗斯的边界，这是俄罗斯与北约关系中的决定性因素，是俄罗斯不能接受的。

大西洋：要保证俄罗斯海军在大西洋的长期存在，发展和扩大海洋运输的规模，渔业，海洋科学研究等；波罗的海：发展港口基础设施和海洋运输；黑海和亚速海：俄罗斯在黑海和亚速海的主要国家海洋政策，是加快恢复和全面巩固俄罗斯的战略地位，维护和平与地区稳定；地中海：推行整体的政策，使该地区成为一个军事政治稳定和友好的地区，保证俄罗斯海军在地中海充分的、稳定的军事存在，发展从克里米亚和克拉斯诺达尔边疆区港口到地中海国家的航运。

北极方向：新版海洋学说指出，俄罗斯在这个方向的国家海洋政策，是由如下重要因素决定的：要保证俄罗斯舰队能够自由地进入大西洋和太平洋（在草案中，以及在2001年版本中，都只说要

---

[①] Морская доктрина Российской Федерации на период до 2030 года. Санкт‑Петербург, 2014.

"自由地进入大西洋",在 2015 年最后的版本中增加了,"自由地进入太平洋");北极及大陆架丰富的资源;日益重要的北方航道(对俄罗斯的持续稳定发展以及安全都是如此);北方舰队对于俄罗斯国家安全的决定性作用。

太平洋方向:俄罗斯新版海洋学说认为,太平洋地区方向对俄罗斯的意义是巨大的,而且在持续上升;俄罗斯远东地区拥有丰富的资源,特别是在专属经济区和大陆架;同时,这个地区人口稀少,远离俄罗斯发达的工业中心。俄罗斯国家海洋政策在太平洋的重要组成部分,是发展与中国的友好关系,以及培育与该地区其他国家之间积极的相互关系。

印度洋地区方向:海洋学说指出,在印度洋地区,俄罗斯国家海洋战略最重要的方向,是发展与印度的友好关系,以及培育与该地区其他国家之间积极的相互关系;定期地、或者根据需要,保证俄罗斯在印度洋的海军存在。

2. 实现国家海洋政策的保障

造船业:海洋学说认为,造船业是实现海洋政策的技术基础。俄罗斯国家海洋政策旨在全面发展民族造船业,无论军舰还是商船的建造,同时也需要发展本国的造船科技和海洋技术等。

人才保障:海洋学说中,特别关注干部、海洋人才的教育和培养,以及预备和保持各级干部的素质与能力,提高专业化水平,培养公民对国家海洋历史的关注。

(三)新的关注向度

就新版俄罗斯海军学说,各方所关注、所发表的评论,更多是认为这是俄罗斯重振海洋大国的雄心壮志、是对北约和美国的叫板,甚至有观点认为是在暗示着俄罗斯呼吁与中国结盟。

但是从普京的讲话重点、从海洋学说的本身内容阅读,特别是对其字里行间意义的认真思考,本书笔者认为这个新的海洋学说透露出的新特点是对从事海洋、海军事业的人的关注,即,关注这些人的社会生活；是对海洋运输、海洋经济、海洋资源开发与发展的关注。

2001年和2015年的海洋学说，制定、起草的单位都不是海军部门，而是由政府总理、各相关部门负责人及专家学者组成的"海洋委员会"制定的，由于其成员范围广、地位高，甚至有俄罗斯学者称之为"海洋政府"。① 由这样的委员会牵头起草，并且通过总统令签发的海洋学说，较之于单纯由海军部门制定的方案，更能充分和全面地对各种因素进行考量，特别是能够相对较好地反映社会与民众的需求。新版海洋学说中体现了对社会向度、发展向度与友好向度的关注，前两个方面关注的是俄罗斯的民众生活与社会经济，最后一个方面是表明要与其他国家发展友好关系。

"社会向度"。关于新版的俄罗斯海军学说，俄罗斯总统没有特别突出其"军事"方面的内容，而是突出强调了这次海洋学说中新增的"社会方面的内容"。这对于一线工作的人，无论是海军，还是海员、海洋工作者，无疑具有很大的吸引力。实际上，俄罗斯海洋发展的威胁，还不在于外在的环境，而是内部的管理、人员的士气与精神状态等。

"发展向度"。这个学说特别提及了要保障俄罗斯重要港口的运输通畅性、北极资源、大陆架资源、专属经济区的开发与保护，造船业的发展等。在2001年的版本中，没有提到造船业。而在2015年的版本中，把发展造船业放在了实现海洋学说的诸多保障措施中的第一位。在海洋学说的结束语中指出，"俄罗斯联邦，根据海洋学说，将坚定地、有决心地加强自身在世界大洋中的地位。执行和实

---

① 普京总统发布总统令，建议俄政府总理在2001年9月1日之前，完成组建海洋委员会。2001年9月1日，俄罗斯成立了从属于政府的海洋委员会。委员会主席是时任总理卡西亚诺夫，副主席是俄罗斯海军总司令库罗耶德夫。第一届海洋委员会共有18人，其中包括11名部长。此外，还有其他与海洋活动相关的部门领导。在俄罗斯还没有类似的委员会，由政府总理亲自领导，以及有这样的成员队伍。从形式上看，这个委员会可以称之为"俄罗斯海洋政府"（морское правительство России）。

现海洋学说中的规定，将有助于促进国家的稳定发展，有效和牢靠地保障俄罗斯在世界大洋中的国家利益，提高和保持俄罗斯的国际威望，保持俄罗斯作为海洋大国的地位。"显然，俄罗斯海洋战略的追求，已经不仅仅是国际威望（当然，这也是一个重要的目标），国家的稳定发展得到了更多的关注。新版海洋学说，作为俄罗斯国家海洋领域内的最高政策文件，其规定的发展路径是：通过发展海洋，推动国家的发展，进而实现海洋大国和崇高国际威望的目标，避免重复以牺牲国家发展为代价发展海军、以强大海军获取国际威望的旧路。国际经济危机，特别是乌克兰危机以来的国际制裁、能源价格下跌、卢布危机等，令俄罗斯严重缺乏资金进行投资、生产和发展，反倒促使俄罗斯走以海洋资源养海洋事业，这样一条典型的海洋国家的发展道路。

"友好向度"。虽然罗戈津副总理点明此次修改的一个背景是针对北约的，但是从全部的海洋学说来看，只有在其大西洋方向部分提及了北约的威胁。在这份文件中，特别提及了"在太平洋地区发展与中国的友好关系，以及培育与该地区其他国家之间积极的相互关系"，"在印度洋地区发展与印度的友好关系，以及培育与该地区其他国家之间积极的相互关系"。这些是在2001年的版本中所没有的内容。但对于中国和印度的用语是有细微差别的："俄罗斯国家海洋政策在太平洋的重要组成部分，是发展与中国的友好关系"，"在印度洋地区，俄罗斯国家海洋战略最重要的方向，是发展与印度的友好关系"。显然，俄罗斯在印度洋地区，"最重要"的依托伙伴是印度，而在亚太地区，中国是其依托的一个"重要组成部分"。此外，新版海洋学说也提及了需要与亚太、印度洋地区的其他国家发展积极的关系。当然，除了"友好"的表态之外，俄罗斯在亚太与印度洋地区没有海军基地和海外盟友的情况下，倒真的需要支点和朋友，否则其太平洋舰队只能偏安一隅，无法突破美日的部署，更无从对亚太和印度洋地区施加有实质性的影响。而来自友好国家的支持（俄罗斯在亚太、印度洋地区还是有传统友好国家的），则事半功倍。新版海洋学说对"友好向度"的关注，也体现了其要将软实力在海军、海洋发展领域内充分加以运用的用意。不独是在亚太、印度洋地区，近年来，俄罗斯在黑海、地中海方向（在战机事件之前与土耳其关系得到过改善，2016年8月，俄土恢复由于战机事件而中断的关系；与伊朗等国关系密切）。在波罗的海方向（不考虑乌克兰危机的影响，俄德关系还是比较好的。受克里米亚事件影响，俄德、俄欧关系恶化，但一直争取关系的恢复）。在北极方向（积极与挪威解决巴伦支海划界问题），都体现出了在没有海外海军基地的情况下，特别是在经济实力相对有限的条件下，俄罗斯发展海洋实力与海军影响的新思路。建立"友好"关系，是需要条件的。俄罗斯很善于运用自身的优势：能源与海军。通过能源供应，发挥能源安全保证者的作用，巩固与相关国家的关系（如不断扩大的对中国的能源供应）[1]。这既是俄罗斯无法短期内摆脱能源依附、寻求能源出口多元化的一个经济举措，也有利用能源（对于很多国家是必不可少的）使得一些国家客观上对其产生依赖的考虑。

在俄罗斯当代语境中，某一个方向的"学说"具有长期性、指导性和战略性，"海洋学说"也是如此。俄罗斯独立后的第一个海洋学说是在2001年通过的，时隔近15年后，才通过了新的修订版本，而且大体框架和内容格局基本没有改变。从中可以看出俄罗斯海洋战略在新世纪以来的稳定和延续。但是正如前文所提及，影响陆海复合型国家海洋战略的因素很多，其延续或更改更多取决于国家领导人的判断和选择。在当前世界经济、政治格局剧烈变动与调整的背景下，俄罗斯的海洋战略，特别是俄罗斯海军的发展，值得关注。

---

[1] Дмитрий Новиков. Неравнобедренный треугольник// Россия в глобальной политике. 2015. №. 3. Том. 13. С. 157.

### 三、俄罗斯海军的新近发展

无论对俄罗斯海军作怎样的评价，毕竟它在俄罗斯已经有近320年的存在历史了。[1] 从新世纪以来的俄罗斯官方文件中，可以看出，海军仍然是俄罗斯海洋战略、海洋学说的核心与依托，也是俄罗斯国家安全的重要保障之一。特别是海军的战略核力量，被俄罗斯视为拒止外来入侵的重要威慑工具。

近两年来，围绕着乌克兰危机、叙利亚危机，以及俄罗斯海军的日益活跃，国际社会对俄罗斯海军的关注度明显提高。哈佛大学俄罗斯欧亚研究戴维斯中心的俄罗斯军事问题专家戈伦伯格（Dmitry Gorenburg），在2015年10月发表了一篇文章"俄罗斯海军造船业：能否完成克里姆林宫的期待？"[2] 这篇文章的俄文版，随即于2015年12月发表于俄罗斯极为重要的刊物《全球政治中的俄罗斯》网站上。[3] 2015年12月，美国海军情报局也罕见地发布了一份"俄罗斯海军——历史性的转折"报告。[4]

同样，俄罗斯方面也表现出了对其海军发展的关注。除了官方2015年7月公布的新版俄罗斯海洋学说之外，俄罗斯时任海军司令奇尔科夫（В. Чирков）也在2015年发表了若干文章，讲述俄罗斯海军发展的相关问题。俄罗斯的学者也从不同的角度，来评价俄罗

---

[1] 俄罗斯海军于1696年成立，2016年10月将是俄罗斯海军320周年纪念。2016年9月，中俄在南海海域举行"海上联合—2016"演习。俄海军副总司令亚历山大·费多坚科夫中将指出："今年的演习对我们具有象征意义，今年是俄罗斯常备舰队成立320周年，今年是我们首次在南海海域举行联合演习。"

[2] Dmitry Gorenburg, "Russian Naval Shipbuilding—Is It Possible to Fulfill the Kremlin's Grand Expectations", *PONARS Eurasia Memo*, No. 395, October 2015.

[3] Дмитрий Горенбург. Российское военное кораблестроение：Сможет ли Кремль добиться своих амбициозных целей? 1 декабря 2015. http：//www.globalaffairs.ru/PONARS – Eurasia/Rossiiskoe – voennoe – korablestroenie – Smozhet – li – Kreml – dobitsya – svoikh – ambitcioznykh – tcelei – 17955

[4] *The Russian Navy：A Historical Transition*, Naval Intelligence of USA, December 2015. http：//news.usni.org/2015/12/18/document – office – of – naval – intelligence – report – on – russian – navy

斯海军及其发展规划。

对于俄罗斯海军的实力和发展前景，各方的说法和评估的结果不尽相同。美国海军情报局报告中的观点是，"俄罗斯海军是一个技术先进、有全球能力的海军……不仅能保护俄罗斯的海岸线，也对邻近地区有威胁能力……在未来的10—15年，俄罗斯海军将继续其历史性的转型，成为一个新的21世纪的海军。"美国海军情报局的这份报告基本上是介绍性的内容，其渲染俄罗斯海军的实力，难免有为自身争取财政资源的嫌疑。哈佛大学俄罗斯军事问题专家戈伦伯格，则更为直接地强调，俄罗斯海军具有对美国在欧洲盟友的威胁能力。戈伦伯格指出："虽然俄罗斯海军现代化的进展缓慢，但是俄海军可以在相对较小的舰船上安置远程巡航导弹，这表明俄罗斯仍然是一个极为重要的地区海洋强国，不仅有能力威胁邻国，还能在发生冲突的情况下震慑大部分欧洲地区……主要的威胁在于，俄罗斯的舰船有能力对2500公里外的地面目标发射巡航导弹攻击。2015年10月，俄罗斯在里海的小型战舰发射的巡航导弹，攻击在叙利亚的目标，就是一个体现。"

俄罗斯专家对俄海军的状况及发展的评估，更多的是分析其中存在的问题及其在防御和保护本国利益方面的作用，而不是着重于俄海军的进攻能力。同时，在俄罗斯国内，也有反对大力发展海军、更新海军装备的声音。2015年，俄罗斯战略与技术分析中心发布了一个报告："俄罗斯联邦武装力量国家规划：执行问题与最优化的潜力"。该报告的主要观点是，必须缩减海军的开支，补充给陆军，以陆军为优先，理由是，"俄罗斯的地缘政治形势"，"俄罗斯武装力量发展及参加战争和武装冲突的历史经验，俄罗斯海军几乎没有取得过实质性的胜利，但是其占据着庞大的资源。"[①] 对此报告的观点

---

① Государственные программы вооружения Российской Федерации: проблемы исполнения и потенциал оптимизации. Центр анализа стратегий и технологий, 2015. http://www.cast.ru/files/Report_ CAST. pdf

持反对态度的俄罗斯学者并不反对俄罗斯主要是一个大陆强国，但是认为发展海军的关键意义是，可以保障俄罗斯作为一个大陆强国的国家安全。① 俄罗斯新版海洋学说的起草人之一、俄罗斯海洋委员会科学专家委员会副主席西涅茨基（В. Синецкий）也指出："一个想拥有独立外交的主权国家，如果不能抵御来自海洋方面的军事威胁，将永远受制于大的海洋强国。没有相应的海权和海洋实力，一个国家无法在世界中谋求领导地位……海洋活动缺乏组织或者衰落，将导致将来难以恢复。"②

优先发展海军还是陆军，在俄罗斯国内是一个长期争论的话题。但自苏联解体以来，海军的发展、设备的更新确实是长期被忽略了。由此导致了俄罗斯海军装备在整体上的落后。俄罗斯时任海军司令奇尔科夫指出，"从1990年中期开始，直到2010年，由于老化等原因，俄罗斯海军舰艇的数量大规模地缩减了，而且几乎没有更新和建造……2010年之后，才开始了海军装备的更新进程。整体上，俄罗斯海军目前的状况是，大部分水面舰艇和潜艇老化和过时。"③ 2014年5月1日，俄罗斯总统批准了"2050年前船舶建设计划"；在2015年7月的新版海洋学说中，也特别列出了发展造船业。而且，在更新俄罗斯武装力量的规划中，用于海军的预算是陆军的近2倍。④ 这充分说明了俄罗斯领导层对其海军发展的关注。2016年3月，担任俄北方舰队司令的弗拉基米尔·科罗廖夫上将被任命为俄

---

① Козьменко С, Брызгалова А. Повышение Роли ВМФ и Арктических « Военно - Морских Зато » В Условиях Реализации Новой Морской Доктрины России// Морской сборник. No. 11. Ноябрь 2015. С. 60 – 63.

② Синецкий В. П. Морская доктрина России: новации// Флот – XXI век. 转引自 Козьменко С, Брызгалова А. Повышение Роли ВМФ и...

③ Чирков В. В. Состояние и перспективы развития Военно - Морского Флота России// Федеральный справочник « Оборонно - промышленный комплекс России ». 2015. Т. 11. С. 281 – 288.

④ Государственные программы вооружения Российской Федерации: проблемы исполнения и потенциал оптимизации. Центр анализа стратегий и технологий, 2015. http://www.cast.ru/files/Report_ CAST. pdf

海军总司令。科罗廖夫主张大力发展俄海军装备和实力。

俄罗斯海军目前的建设思路和计划，以及一些建造项目如下[①]：

首先，俄罗斯对海军的优先支持方向，是发展俄罗斯海军最重要的组成部分：海军战略核力量。正在建设第五代的"北风之神"（Борей，编号：955）战略导弹核潜艇。戈伦伯格指出，"在未来的数十年里，俄罗斯海军的首要任务，仍然是保持其战略核威慑的能力。正因为如此，俄罗斯核潜艇的建设一直得到优先的财政支持，并且不受预算缩减的影响。"

其次，在俄罗斯的海军中，也将建立非核威慑/多用途核潜艇的力量。在初始的阶段，将建立多用途的核潜艇和现代化的导弹巡洋舰。俄罗斯海军新建设的一个多用途核潜艇，是"亚森"（Ясень，编号：885）级核潜艇。同时，也在计划建设新一代的多用途核潜艇，即相对便宜、排水量小的核潜艇，俄罗斯本国的国防综合体就能建造。

第三，在水面舰艇方面，俄罗斯海军目前首要的目标，是建设小型的水面舰艇。主要的建设项目有："戈尔什科夫海军上将号"护卫舰（编号：22350）、"格里戈洛维奇海军上将号"护卫舰（巡逻舰）（编号：11356P/M）、"守护级"护卫舰（编号：20380）、"贝科夫海军上将号"护卫舰（巡逻艇）（编号：22160）等。俄新任海军总司令科罗廖夫表示，俄海军将在2016至2018年间，增装50艘舰艇。

第四，俄罗斯海军面临着几乎所有类型的辅助性船舶的短缺，特别是专门为远洋航行服务的辅助船舶。这类船舶的建设一直在拖延。建设辅助性船舶中的主要问题是，需要使用进口的器件和设备，包括深海潜水系统、导航和通信系统等重要部件。俄罗斯前任海军司令奇尔科夫指出，在更新俄罗斯海军的过程中，应当同时恢复俄

---

① 下面的内容，结合使用了俄罗斯海军司令奇尔科夫、哈佛大学戈伦伯格的研究材料。

罗斯本国的造船业，在俄罗斯实现重要部件的本地化生产。

最后，建造航空母舰。这是最为复杂的工作，需要有诸多的准备和保障：设计局、国防工业的生产企业等。奇尔科夫认为，"如果俄罗斯想起到世界大国的作用，就应该有现代化的航母。目前，应该对'库兹涅佐夫'号航母进行维修和现代化更新，这可以赢得时间，来准备建造新航母。"

如果按照俄罗斯前任海军司令奇尔科夫的说法，俄罗斯海军装备的更新从 2010 年才开始，而俄罗斯"2050 年前船舶建设计划"在 2014 年才得以批准，那么可以认为俄罗斯海军现代化、特别是造船业，才刚刚开始。同时，俄罗斯海军面临的挑战还很多，就如美国海军情报局报告中指出的："俄罗斯领导人对海军作用和能力的肯定与支持（能否持续），对造船业充分的、可靠的长期支持和维护，克服目前的制裁，这些都是不容易的任务。"

从目前的状况来看，俄罗斯选择的是比较务实的海军发展道路。即，优先发展海军的战略核威慑力量，这是一个有效的防御和拒止外敌的工具；同时，俄罗斯海军进攻能力的提高可以不依赖于其舰船的规模，新一代的小型舰船装置远程巡航导弹，令其进攻能力大大提高。俄罗斯前海军司令奇尔科夫也指出："近年来，俄罗斯武装力量最高统帅、俄罗斯国防部和总参谋部更为关注对俄罗斯海军的重新装备的问题……重新装备海军的核心内容，是为海军装备近、中、远程高精度武器，这些直接影响到海军行动的内容和范围。"[①]

---

[①] Чирков В. Методы Исследования И Требования К Системе Разведывательно - Информационного Обеспечения Сил（Войск）ВМФ// Морской сборник. №. 11. Ноябрь 2015. C. 48 - 54.

# 第一部分

历史视野下的俄罗斯海洋战略

# 第一章 全球化背景下的海权与英、美、德、俄四国的海洋战略思想概览

弗朗西斯·培根曾说过:"那些掌控了海洋的人是具有极大自由的,他们可以在战争中来去自如。"① 海洋对于一国的重要性激发了学界对海权和陆权的争论。英国地理学家和地缘政治学家哈尔福德·约翰·麦金德(Halford John Mackinder)在其著名的"大陆腹地说"理论中强调,位于欧亚大陆中心的国家处于"大陆腹地"(heartland),享有得天独厚的地理优势,同时工业革命对陆地运输技术的影响也改变了海权和陆权的相对重要性,一国应把对"陆权"的掌控视作国家对外战略的一个基本点。② 而被视为海洋理论鼻祖的马汉,他持有的理念则恰恰与麦金德相反。马汉认为水路运输比陆

---

① "But this much is certain, that he that commands the sea is at great liberty, and may take as much or as little of the war as he will." —Francis Bacon

② "A generation ago steam and the Suez Canal appeared to have increased the mobility of seapower relatively to landpower. Railways acted chiefly as feeders to ocean – going commerce. But trans – continental rail – way are now transmitting the conditions of land – power, and nowhere can they have such effect as in the closed heartland of Euro – Asia…" H. J. Mackinder, *Democratic ideals and reality: a study in the politics of reconstruction*, H. Holt, 1919, p. 259.

路运输更加方便且成本较低。① 海洋技术的发展带来了通过海洋进行新的国际贸易和战争的趋势，用更加专业的术语来说就是，从帆船（sailing boat）到19世纪后半期和20世纪前半期煤炭燃料船（coal-fueled boat）和石油燃料船（oil-fueled boat），逐步具有的真正在全球范围内灵活移动的特性。② 运输方式在当时随着海洋重要性的增加。也有学者认为，从地缘政治角度来看，陆权与海权给人类带来的影响是迥异的，不可一概而论。此外，有人认为21世纪已经进入了"空权时代"，各国都在不断地投资探索遥远的天空、宇宙，加强空军防务力量也被提上战略议程，成为很多国家的主题。但是科技进步带来航空领域技术的发展并不能取代"海洋"对于一个国家经济、军事、文化等各方面发展的作用。因此，"海权时代"并未结束，因为海洋作为连接各个大陆的重要渠道，仍具有十分重要的商业、军事和文化传播意义。

冷战前，以国家之间的海战为标志，各国对于海洋的关注主要集中在海洋霸权的争夺上。而冷战后，传统概念中的海权已经不能完全涵盖全球化发展中各国面临的海洋问题，人们关注的重点越来越多地从军事领域扩展到了海洋开发、海洋经济、海洋运输等领域。虽然人类科技以其迅猛的速度在发展，但是由于其高昂的成本，在很多方面航空运输依然无法取代海运在国际贸易中的主要地位。正因如此，在全球化的大背景下，世界各国关注的更多是由合法海洋权利带来的经济与商业效应以及由海洋带来的领土主权问题，以及如何保证一国领海安全和海洋开采问题。本章将回顾海权概念的理论基础及其在全球化背景下的进一步发展，以及海洋战略对于一国

---

① "Notwithstanding all the familiar and unfamiliar dangers of the sea, both travel and traffic by water have always been easier and cheaper than by land." A T. Mahan, *The influence of sea power upon history 1660-1783*, London: Methuen, 1965; first pub. 1890, p. 25.
② Gray, Colin S., and Roger W. Barnett, eds, *Seapower and Strategy*, Naval Inst Press, 1989. p. 5.

发展的意义。

## 一、 海权概念的发展及国家海洋战略的意义

### （一）"海权"理论基础

作为现代历史上著名的海军史学家和战略思想家，海权理论的创始人阿尔弗雷德·塞耶·马汉通过1890年至1905年期间出版的《海权的影响》三卷本，对主要海洋国家的历史进行了详尽的梳理，总结出一套完整的海权理论体系，对当时乃至之后的很多国家海洋战略的制定起到了举足轻重的影响。马汉海权论思想的核心价值体现在，不同于之前许多海洋问题研究者，他是从一种全新的、更为全面的角度成体系地看待海权对一个国家的重要性。他将海洋力量对一国的影响上升到了国家大战略的高度，同时他也第一次将海权解读为一种国家政策工具，阐释了其价值和有效性。在其著作中，他不光对海权的含义和构成要素进行了系统的论述，同时也将海权对历史进程和国家繁荣的重要作用进行了介绍。而利德尔·哈特命名的所谓"英国式战争方式"的兴起，在很大程度上就是受到了马汉海权思想的影响。[1]

差不多和马汉同一时代的还有另一位著名的海权战略理论家——朱利安·科贝特。在其著作《海洋战略的若干原则》中，他区分了英国海洋学派与德国大陆学派，从国家战略、海洋战略（军事战略）和海军战略这三个层次丰富和发展了海权理论，冷战后的

---

[1] 吴征宇："海权的影响及其限度——阿尔弗雷德·塞耶·马汉的海权思想"，《国际政治研究》，2008年第2期，第99页。

美国海军战略转型受到了科贝特这一理论的影响。之后，随着国际格局的变化，著名的苏联海军元帅谢尔盖·格奥尔基耶维奇·戈尔什科夫在1977年出版了《国家的海上威力》一书，他从国家海洋力量建设、海军建设以及海军的作战使用三个不同的方面，阐释了国家海上威力论的主要内容，戈尔什科夫的这一理论也成为冷战时代海权理论的经典。在这之后学术界出现了大批的研究著作，细化到海权论的地区研究、国别研究，无论是历史的梳理、理论的升华还是实证的分析，这些理论人们都在不同程度、不同方面上补充完善了马汉的"海权"论。

然而，其实在19世纪马汉和科贝特的理论引起轰动之前，就已经有不少学者对海洋问题进行了初步的研究，虽然在这个领域，至今几乎只有来自美国的马汉和来自英国的科贝特的理论广为人知，但是在他们之前的一部分学者已经对海洋问题有了一定的研究，只是因为种种原因并没有受到关注。英国海洋问题学者杰弗里·提尔（Geoffrey Till）认为，马汉和科贝特两人在海洋问题研究领域的成功主要有三个原因：第一，毋庸置疑的是，与其他学者不同，马汉和科贝特的确对海洋问题有更加深入且成体系的研究；第二，正是由于马汉和科贝特两人的祖国（美国和英国）均拥有强大的海洋力量，是其他国家争相研究和模仿的对象，所以马汉和科贝特的理论更易引起关注；第三，因为他们写作的语言为英语（不像法语、葡语学者），论著可以更加广泛的流通。[1]

但是，杰弗里·提尔同时也指出一个问题，虽然中国从古至今有很多关于国家大战略的研究，但是作为一个从南宋时期直至明早期一直拥有十分强大的海上贸易实力以及海洋作战能力的国家，中国关于海洋问题的研究却乏善可陈，这是一个十分令人困惑的问题。

---

[1] Till Geoffrey, *Seapower: a guide for the twenty-first century*, Routledge, 2013, p.49.

## (二)"海权"概念解读

"海权"究竟是什么?作为海权理论的鼻祖,马汉虽然在其著作中反复使用海权(Sea Power)这个概念,但是他并没有给这个概念一个明确的定义,我们只有通过马汉的海权三部曲归纳出他对海权的一种模糊的界定,包括广义和狭义的两种定义。广义上,"海权"包括用武力方式统治海洋的海上军事力量,同时也包括与维持国家的经济繁荣密切相关的其他海洋要素;从狭义上来看,"海权"指通过各种优势方法实现对海洋的控制。[①] 因为海权这个概念本身就比较复杂,如果我们将海权这个概念拆分,一方面,"海权"中的"权(Power)"概念相当模糊。单单权力一词目前在国际关系领域中的定义仍有不同的说法,而"权力"在海权概念中可以分为两部分来理解,一种是"输入型海洋权力"[②],主要侧重于使一国总体实力增强的海洋权力,比如,远洋海军、近海海岸警卫、海洋产业、以及海军对陆军、空军的贡献。另一种是"输出型海洋权力"[③],主要关注一国海洋力量对其他国家的影响,这种影响不单指对别国海洋的影响,同时也包括对陆地的影响。另一方面,"海权"中的"海",在英语中也有很多类似的表达,比如 maritime、nautical、marine、oceanic、navy 等,很多人通过选择不同的词语来表达一定范围概念,例如海事(navy)主要是指涉及海军及海洋战争相关的问题,而根据杰弗里·提尔(Geoffrey Till)的定义,随着冷战结束,苏联海军的消失,美国的海军战略(naval strategy)应该重新定义为海洋战略(maritime strategy)。由此可以看到,对于海权这一概念,学术界至

---

① Till Geoffrey, *Maritime Strategy and the Nuclear Age*, p. 14.
② "输入型海洋权力"参见 Till Geoffrey, *Seapower: a guide for the twenty-first century*, Routledge, 2013, p. 21.
③ Ibid., p. 21.

今没有人能给出一个明确并且准确的定义。但从另一方面考虑，我们可以尝试把"海权"这个概念定义为一个动态型概念，即，一国的海洋权利会随着政治经济技术发展而改变；"海权"既是一国权力的特点，也是一国对其他国家影响力的评判指标。如张文木所说，"海权应是国家'海洋权利'（Sea Right）与'海上力量'（Sea Power）的统一。"[①]

然而，随着世界政治大背景的变化，在如今全球化的背景下，传统的"海权"概念定义所包含的内容是远远不够的。冷战后，世界各国对海洋的理解不再仅仅局限于"安全"，而是涵盖了更加广泛的内容，包括海洋经济、海洋运输、海洋领土边界争端以及海盗行为等等。海权概念的发展是一个从"海洋中的权力"（power at sea）到"海洋带来的权力"（power from the sea）的变化。[②] 杰弗里·提尔在马汉和科贝特海权概念的基础上，进一步定义了全球化背景下的海权。首先，海权不再仅仅是舰队和海军的代名词，而是指所有与海洋相关的事务以及海军对领土及领空的影响；第二，海权是个相对的概念，一国是否是一个海洋大国取决于其所处的背景及比较的对象，因为几乎世界上每个国家都具有一定的海权，有的国家强于海军，有的国家长于造船，有的国家有发达的海洋贸易。因此，杰弗里·提尔强调，在对海权认识的这两点中，第二点十分重要，因为这种国家间实力的差距，不论是在和平时代还是在战争时代都具有战略性的意义。苏联是否是一个海洋大国？苏联曾在海军元帅戈尔什科夫的指导下，拥有能与美国海军抗衡的世界一流海军，先进的捕鱼船，强大的海上贸易以及造船业，从这些方面来看，苏联的确是个海洋大国。但从另一个角度考虑，与美国相比之下，苏联海军的角色与美国海军的角色完全不同。苏联海军主要着重于近海

---

① 张文木："论中国海权"，《世界政治与经济》，2003年第10期，第8页。
② Till Geoffrey, *Seapower: a guide for the twenty-first century*, p. 22.

海域作战而非远洋,其国家战略重心仍是大陆,苏联海军将领也并不同意西方重点强调远洋作战的思想。所以,苏联虽然是一个海洋大国,但却是一个与西方国家不同的海洋大国。把海权定义为一个相对的概念,不但对一国海洋战略的制定具有指导意义,同时也明确了海权不仅仅是大国的"专有名词",而是一个包括小国海洋力量在内的更加包容的概念。

综合各方观点,我们可以归纳出这样一个一般性结论:作为一个相对的概念,海权在不同的话语环境下具有不同的意义。冷战前,海权主要是指一国海洋作战能力的大小。冷战后,海权指的是一国在本国领海、毗连区、专属经济区的实际管辖能力和控制能力,以及在特定海域开发利用海洋资源的权利。

(三)"海权"之于国家战略发展的意义

马汉在三部曲中主张从地理位置、自然构造、领土范围、人口数量、民族特点以及政府因素这六个方面全面评估一个国家的海权能力,这是其思想的核心。但马汉对于海权思想最大的贡献并不是提出了"海权"这个概念,而是他从一种国家战略的角度来看待一国海洋实力对于其国家政策的影响和价值,他特别强调了海权对于大国地位的重要性。马汉通过梳理从1600年到1815年期间英国海上霸权的兴起过程,给海上力量发展作出了这样的评价:"海权的历史乃是关于国家之间的竞争、相互间的敌意以及那种频繁地在战争过程中达到顶峰的暴力的一种叙述。""海上力量的历史,在很大程度上就是一部军事史。在其广阔的画卷中蕴涵着使得一个濒临于海洋或借助于海洋的民族成为伟大民族的秘密和根据。"[①]

---

① [美]马汉著:《海权论》,萧伟中、梅然译,北京:中国言实出版社,1997年版,第2—3页。

不可否认，马汉的理论处于海权论研究的初始阶段，该理论本身也有其局限性。一方面马汉受到其所处时代的限制，仅仅考虑了海上贸易与海上军事的关系；另一方面，他主要是按国家来分析海洋力量对其的影响，并没有上升到国际体系层面。继马汉之后，有学者将对海洋权力的分析上升到了国际体系的程度，其中比较著名的是美国学者莫德尔斯基提出的周期理论。莫德尔斯基提出了每百年一个长周期，用来解释在15世纪以来的500多年期间发生的国际冲突和领导权更替的模式：在1449年到1580年间，葡萄牙称霸世界；1580年到1688年，荷兰成为世界上最重要的国家；1688年到1792年，英国取代荷兰成为世界的领导国；1792年到1914年，英国继续维持其领导地位；1914年到1973年直到20世纪后期，美国一直都是世界霸主。除了周期理论之外，莫德尔斯基对于海权理论最大的贡献还在于他对成为"世界大国"必要条件的阐述。其中最重要的一点是，如果一国能够维持其全球性的政治和战略组织，比如海军力量，同时集中拥有占有整体一半以上的海军力量，则该国距离世界霸主地位又近了一步。[①] "海军占据优势，不仅能够确保海上交通线，还能够保持优势地位。要想拥有全球性的强国地位，海军虽然不是充分条件，却是必要条件。"[②]

如今，在全球经贸快速发展，国与国之间联系更为紧密、且总体上相对安全的大时代背景下，海权对于一个国家更重要的意义，是其给一个国家带来了经济效益以及领土主权安全的代名词。杰弗里·提尔认为，海洋对于一个国家的意义主要有四点，包括海洋资

---

[①] 王逸舟在《西方国际政治学：历史与理论》中总结了莫德尔斯基的观点，主要包括：第一，从地理环境看，世界大国必须是有"安全盈余"的岛国或半岛。第二，要能维持海军力量等全球性政治和战略组织、集中拥有占世界整体一半以上的海军力量。第三，必须是"主导经济"，以经济创新能力为中心的综合经济实力的国家。第四，国内政治是开放的和稳定的，即便有偶尔的内乱或政局不稳等国内问题，也不足以削弱其对外领导作用。

[②] George Modelski and William R. Thompson, *Sea power in Global Politics*, 1949 – 1993, Seattle: University of Washington Press, 1988, pp. 3 – 26.

源、海洋运输、文化传播和海外扩张的途径,海洋的这四点特征决定了海权对一国的重要性。①

毋庸置疑,海洋作为一个巨大的资源库,丰富的海洋生物不光是人类食物的来源,同时海底的油气资源等对一国的经济发展也具有重要意义。对珍稀海洋资源的争夺,也是历史上乃至现在很多海上冲突的重要导火索。而作为国际贸易的重要运输渠道,海洋运输对于一国经济贸易的发展具有更加重要的意义。如马汉所说,海洋运输的优势并不是"偶然的或者暂时的"。正是由于海洋运输促进了世界贸易的迅速发展,在过去的三十多年来,超过95%的世界贸易是通过海洋运输完成的。世界贸易总量也迅猛增长,从20世纪70年代的26亿吨增长到2005年的71.2亿吨。同时,由于海洋运输的需求,造船产业也蓬勃发展,2005年的世界商船贸易总量与2004年相比增加了7.2%,达到了9.6亿载重吨。② 海运促进了全球贸易发展,给很多国家经济发展带来的好处,这是毋庸置疑的,但是同时也会成为战争的导火索。"贸易,既是促进物质文明发展的动力,同时也成为国家发展海洋军事力量的动力。"③ 全球海洋贸易体系是脆弱的,所以海洋军事对贸易的保护也是理所应当的。在通过海运进行国际贸易的过程中,人与人之间的沟通也促进了国家间文化、宗教等的传播与交流,同时也促进了先进的科学技术、知识等在国家间的流通;但另一方面,船舶在国家间架起的桥梁,也带来了海外扩张、海外殖民的问题。"通过海洋贸易和较强的海军实力控制海洋,就意味着对世界有了主导权……同时,这也是国家繁荣富强的主要因素。"④

---

① Till Geoffrey, *Seapower: a guide for the twenty-first century*, p. 23.
② 转引自 Till Geoffrey, *Seapower: a guide for the twenty-first century*, p. 26.
③ Mahan, Capt. A. T., *The Problem of Asia and its Effect Upon International Policies*, London: Sampson, Low, Marston & Co. Ltd, 1900, p. 177.
④ 转引自 Livisey, William E., *Mahan on Sea Power*, Norman, OK: University of Oklahoma Press, 1981, pp. 281–282.

在分析了海洋对一国的重要性之后，我们需要明白究竟什么是海洋战略。首先，什么是战略？虽然如今"战略"这个词已经广泛使用在各种领域中，比如商业战略、管理战略等等，不再仅仅局限于政治、军事相关的领域，但在此，我们仍回归到战略最原始的定义，根据李德·哈特的定义，战略是一门"用军事方法达到政治目的的艺术"。[1] 那么，究竟什么是海洋战略？杰弗里·提尔提出了五个问题：对实际的海战来说，海洋战略真的重要吗？海洋战略究竟是一门艺术还是科学？海洋战略的主要原则是固定不变的，还是应该随着科技和战略环境的改变而改变呢？海洋战略的主要原则具有普适性吗？海洋战略与陆地或空中战略有何不同，在多大程度上不同？[2]

杰弗里·提尔认为，对于像马汉和科贝特这样的海洋战略研究者来说，很难衡量他们的理论究竟在多大程度上具有现实意义。"对于马汉来说，在20世纪初，他更多的是从美国海军发展中获益，而非美国海军利用他的理论得到发展"。[3] 关于海洋战略究竟是一门艺术还是一门科学的争论，主要的分歧在于关注的侧重点不同。从量化和物质角度（即主要关注船只数量以及布局、武器性能等方面）研究战争的学者，通常认为海洋战略是一门科学，战略是"死的"。关注不可量化的人为因素（比如领导力、指挥力、动机等）对战争影响的学者，则认为战略是一门艺术，指挥官的作用至关重要。马汉认为战略是一门艺术，"战略是战争艺术家们在作战中正确运用的原理和准则"。[4] 同时，海洋战争的规模越大，规格越高，则海洋战略的主要原则就更具有长远的指导意义。海洋战略的概念是具有普

---

[1] Liddell Hart, B. H., *Strategy: The Indirect Approach*, London: Faber and Faber, 1967, p. 335.

[2] Till Geoffrey, *Seapower: a guide for the twenty-first century*, p. 43.

[3] Ibid., p. 42.

[4] Mahan, Capt. A. T., *Naval Strategy: Compared and Contrasted with the Principles and Practice of Military Operations on Land*, Boston: Little Brown & Co, 1911, pp. 2, 299-301.

适性的，但是对于海洋战略运用的效果，则是因各国而异。海洋战略作为一国大战略的一个子集，海军的意义与陆军、空军的意义相同，海洋战略和海洋行动本质是一致的。① 正如苏联最后一任、俄罗斯第一任海军总司令、海军上将切尔纳温所说："……战争并没有具体分工。只有各方力量一起努力才能取得胜利，这需要我们融会贯通各领域的军事知识。"②

综上所述，因为海洋是一国经济发展、文化传播、军事安全的一个重要介质，所以海洋战略的制定对一国具有十分重要的经济意义，也是一国文化软实力传播的渠道，同时更是一国领土安全、军事发展不可或缺的一部分。海洋战略的制定应该服务于一国整体的大战略，与其他部门互相协助，这样才能在最大程度上发挥其优势。

## 二、主要海洋大国的海洋战略思想

历史的车轮不断向前滚动，但海洋对一个国家的重要性却从未被忽略。从两千多年前伯罗奔尼撒战争中修昔底德对一国海洋力量发展重要性的肯定开始，海军力量对世界政治舞台上的大国兴衰起到了不可忽视的重要作用。而冷战后，在这个全球化的时代，海洋对一国的发展又具有了新的意义。它不再是战场，而是国家间经济贸易往来、科学技术传播以及文化发展的重要渠道，海洋成为联通国家间的桥梁。追溯历史，在冷战前，海洋霸权国的更替是一环扣一环，这些国家前赴后继奔向海洋并想要占领海洋的背后有什么指导性的战略思想？而在冷战后，他们的海洋战略思想又有何改变？

---

① Till Geoffrey, *Seapower: a guide for the twenty-first century*, p.44.
② Admiral V. Chernavin "On Naval Theory" (trans) Morskoi Sbornik, No.1, January 1982.

以下将以英国、美国、德国以及俄罗斯四个国家为代表,简单介绍其海洋战略指导思想的发展。

## (一) 英国

英国是世界上最早一批拥有较为全面海军力量的国家之一,但同时它的海军却也是世界上发展完备最慢的海军之一。[1] 英国地处大西洋,与欧洲大陆中间相隔北海、英吉利海峡。作为一个岛国,其四面环海的地理位置给予了英国发展海上力量的极大优势,它能通过控制欧洲几大海峡从而封锁来自欧洲大陆竞争对手的海上往来要道,有效抵御欧洲其他国家入侵。同时英国控制了重要的海上贸易要道,其人口和资源也赋予其发展一个精良的海军的先天优势。正因如此,英国的发展是与海洋分不开的,从而也注定了英国把自己视为一个以海洋力量为主,陆地力量为辅的海洋大国。海上贸易、海上力量以及海洋霸权这三者,是英国谋求海权的着力点。

英国的海洋力量发展可以分为以下几个阶段:1567—1604 年,英国与西班牙的斗争;1689—1815 年,英国与法国的斗争;1914—1918 年,一战时英德的海上军备竞赛;以及 1939—1945 年,二战中英国的衰落和美国的崛起。英国的海洋战略也正是随着其海洋力量的发展而逐渐转变的,但不论英国的海洋战略有怎样的转变,核心都是服务于其国家大战略,即维持欧洲均势。因为英国地理位置的特殊性,从地缘政治的角度来说,一旦欧洲出现陆地霸权,作为岛屿国家的英国就会受到威胁。因为陆地霸权一方面会控制往来英国的资源,另一方面会占据威胁英国安全的战略要地,即英吉利海峡附近的低地国家(包括今天的卢森堡、比利时以及荷兰),这都将直

---

[1] Modelski, George, and William R. Thompson, *Seapower in Global Politics*, *1494 – 1994*, Macmillan, 1988, p. 202.

接威胁到英国的利益。① 正是出于这样的考虑，英国一直秉持欧洲均势战略，利用自己的财富和海洋力量，与欧洲陆地同盟国共同对抗任何想要称霸欧洲的国家。

同时，英国也正是利用了这一点，让欧洲陆地国家之间相互牵制，自己凭借海外贸易获得的财富以及装备精良的海军对陆地战争进行补给，从而一次又一次击败了想要称霸欧洲的荷兰、西班牙以及法国。但是就在英国成功击败法国霸权之后，英国也面临了其第一次失利，即在美国独立战争中的失败。在与美国斗争的过程中，由于不再有陆地国家对其进行帮助，而仅凭英国一个岛国是几乎不可能成功击败幅员辽阔、自然资源丰富的美国的。

进入19世纪末20世纪初，以德国、美国为代表的后起国家，开始挑战英国的霸主地位。其中最激烈的莫过于英德之间的海上军备竞赛。德国的崛起严重地威胁到了英国在欧洲大陆维持的均势以及英国的全球利益。英国及时调整了其与法、俄的关系，形成三国协约，与以德国为核心的三国同盟抗衡。虽然一战之后英国仍是世界海上霸主，但是在英国忙于重塑欧洲均势之时，美国和日本积蓄力量，成为英国潜在的威胁，同时苏联也成为英国欧洲均势的一个最大隐患。因为英国始终不相信"流淌着共同血液"的美国会危害自己的权益，所以英国专注于压制一直在寻找出海口的苏联。虽然二战的主战场仍在陆地，但是海战的影响还是巨大的。在二战中英国大伤元气，丢失了世界海洋霸主的地位，美国成为新的世界海洋霸主。1944年10月27日，丘吉尔在美国取得莱特湾海战胜利后曾致信罗斯福总统，他在信中说道："为了美国海空力量最近在对日本的重大战役中所赢得的辉煌的巨大胜利，请接受我代表英王陛下政府致以最诚挚的祝贺。"此举表明，英国承认了美国的海上霸主国地

---

① Gray, Colin S., and Roger W. Barnett, eds, *Seapower and Strategy*, Naval Inst Press, 1989, p. 161.

位。"英国承认皇家海军已经失去了以往的首要地位,全球海上优势的衣钵正在转到美国海军手中"。① 一年后,英国参谋长委员给美国海军作战部长的一封信,更加明确地表达了英国认可美国强大的海军力量,同时也表明了英国希望和美国继续保持良好关系,达成英美海上联盟的一种美好愿景。② 虽然英国此举并非心甘情愿,但它必须接受美国强大的事实。

英国的"均势大战略"最早可追溯至伊丽莎白一世(1558—1603),其战略的出发点是防止欧洲大陆出现霸权从而威胁自身安全,此后随着英国国家实力的增强,它更希望能够通过维持这种均势保证自己在欧洲大陆的领导地位,所以英国的海洋战略一直都在为其"均势大战略"服务。历数英国在欧洲大陆实行均势大战略的战争,可以发现,英国想要控制的对手无一不是大陆国家,包括荷兰、法国、德国以及沙俄。因为英国占据着绝佳的地理优势,所以它可以保持一种与欧洲大陆隔海相望但却能以海权力量制衡大陆的状态。"以海洋战略为主导,综合运用军事、经济和外交手段维持欧洲均势是英国大战略传统的精髓"。③ "从1945年至今,英国海洋战略的决策者主要考虑如何使用海军力量维持均势,包括思考使用威慑手段阻止战争以及参战后英国将扮演怎样的角色等。"④ 虽然美国取代了英国成为海上霸主,但其实最终英国也借助美国的力量延缓了自己霸权影响衰弱的速度,同时也通过美国海军传播了英国的海

---

① 斯蒂芬·豪沃思著:《驶向阳光灿烂的大海——美国海军史》,王启明译,北京:世界知识出版社,1997年版,第244页。
② 信中这样写道:"在刚刚结束的这场伟大斗争中,作为你的朋友和同事。我们,英国的参谋长们,在你从美国海军作战部长职位上退休的时刻,向你致以真诚的良好祝愿。美国海军在你作为总司令的领导下,以前所未有的速度,发展成为全世界最强大的海上力量。"同上书,第247页。
③ 胡杰:"英美海上霸权转移的历史考察",《历史教学》,2012年第14期,第57页。
④ John B. Hattendorf and Robert S. Jordan, *Maritime Strategy and the Balance of Power: Britain and America in the Twentieth Century*, London, Macmillan, 1989, pp. 348-349.

洋战略文化。[1]

（二）美国

回顾历史，在美国的海上霸权征讨过程中，始终把增强海军力量放在优先位置加以考量。美国发展海上力量的脚步从未停歇，而是越走越急，越走越稳，最终缓和地取代了曾经的海上霸主英国，成为新的海上霸权。

美国第一任总统乔治·华盛顿在独立战争期间进攻加拿大受挫时曾说过一段话："没有一支起决定作用的海军，就不能取得关键性的战果，而有一支这样的海军就可以赢得辉煌的胜利。如果经常保持海军优势，将迅速结束战争……如果海军早日出现，则整个战役的决定权操在我手。"[2]可见从那时起美国领导层就已经意识到了海洋力量对一个国家的重要性，当然那时对于"重要性"的认识，还是限于拥有海上力量之后就可以捍卫美国的独立，保证其进行正常的航运以及对外贸易。继华盛顿之后，总统约翰·亚当斯、托马斯·杰斐逊都十分重视美国海军力量的发展。在同一时期，美国首任海军部长本杰明·斯托德特曾提出一些建议完善美国海军力量，以抵御英国海军的侵犯。虽然他的计划因为美法战争而搁置，但是他提出的利用海军力量将敌人驱逐于国门之外，同时用辩证的角度看待大幅度投入发展海军力量的观点，都对日后美国海军建设起到了指导性的作用。

在美国取得了独立战争的胜利之后，杰斐逊总统大力支持发展海军力量。在此期间，美国陆军部长约翰·卡尔洪系统阐释了"海军第一"的思想，在内战前，美国已经达成这一共识，同时美国的

---

[1] John B. Hattendorf and Robert S. Jordan, *Maritime Strategy and the Balance of Power: Britain and America in the Twentieth Century*, London, Macmillan, 1989, p.350.

[2] 聂荣信等译：《华盛顿选集》，北京：商务印书馆，1983年版。

海军实力已居世界第三。虽然内战时美国仍秉持"海军第一"的思想，但是"海权论鼻祖"阿尔弗雷德·马汉则在此基础上将此理论上升到另一个高度，提出了"海权论"，标志着美国从陆上战略转向海上战略，美国也大手笔地实施了"大海军计划"。一战之后，英国海洋力量受到重创并开始衰落，而此时的美国海军已经拥有16艘"无畏"级一线战列舰，装备的都是当时最先进的设备和武器，并且服役年龄均不超过8年。当时英国的舰只尽管在数量上比美国多，但大都是老式的，缺少现代火炮控制系统等。二战之后，美国正式取代英国成为世界海洋第一强国。冷战期间，美国与苏联进行了全面的竞争，值得一提的是对于公海控制权的争夺。1981年，美国海军部长小约翰·莱曼提出了指导海上战略制定的八大基本原则[①]，同时督促美国海军制定了"海上战略"。此战略是二战后美国提出的第一份比较系统的战略，说明了美国的目标是"同兄弟军种及盟国的武装力量一起，通过使用海上力量，使战争在对我有利的情况下结束。"[②]

冷战结束之后，美国已经基本确立了世界霸主的地位，颁布了一系列文件，开始了其"由海向陆"的计划。正如马汉所言，"控制海洋才能控制世界市场，控制世界市场才能控制财富，控制财富就是控制世界"。在如今全球贸易自由化的大背景下，海上交通线的正常运行是其保持经济地位的重要条件，同时也因为"9·11"事件的影响，海上安全也成为美国的核心价值之一。从2001年开始，美国相继颁布了《国家安全战略》（2002年）、《国家海上安全战略》

---

[①] 莱曼提出的"海上战略"的八项原则：一是"海上战略来源于而且从属于国家安全的总战略"；二是"国家战略为海军规定的基本任务"；三是"海军承担的任务需要建立海上优势"；四是"海上优势要求有一个严谨的海上战略"；五是"海上战略必须以对威胁的现实估计作为基础"；六是"海上战略必须是一种全球性理论"；七是"海上战略必须把美国和盟国的海军结合成一个整体"；八是"海上战略必须是前沿战略"。详情见小约翰·莱曼：《制海权：建设600舰艇的海军》，第153—173页。

[②] James D. Watkins, *The Maritime Strategy*, U. S. Naval Institute, 1986, p. 3.

(2005 年)、《21 世纪海上合作力量》(2007 年)。值得一提的是,美国在 2005 年 9 月正式颁布的《国家海上安全战略》,这是美国在国家战略层面上提出的第一个海上安全战略。[①] 由于受到 2001 年"9·11"恐怖袭击的影响,美国的传统安全观发生转变。2004 年 5 月,美国海上安全工作组成立,2005 年海上安全政策委员会成立,这些变化的背后是美国政府对海上安全环境的重新评估。美国政府正沿着"基于能力"的主线构建新的海上安全战略,开始了一个多部门合作、以海上力量为主的纵深防卫体系。这个新战略的核心目标是保卫美国本土安全,并确保美国赖以生存和繁荣的海上生命线不会受到妨碍。[②] 在《国家海上安全战略》这份文件的第一页就直接明确地指出"保证世界海洋的安全使用,是关系到美国领土和经济安全的重要利益"。[③] 报告的第二部分列出了恐怖袭击之后美国的五大海上安全威胁,包括民族国家、恐怖分子、跨国犯罪和海盗、环境破坏以及非法海上移民。第三部分阐述了美国四个海上安全战略目标,主要有防止恐怖袭击和犯罪或敌对行为,保护海洋相关的人口中心和关键的基础设施,最小化损失并快速恢复,以及保卫海洋及重要海洋资源。基于以上威胁和目标,报告详细给出了美国的战略行动规划,主要有以下五大战略行动:第一,"加强国际合作,以确保实施合法和及时的强制行动来应对海上威胁";第二,"最大程度增强海域感知,以支持有效决策";第三,"将安全植入商业活动的各个环节,以降低脆弱性并推动商业发展";第四,"部署分层式安全措施,以协调和统一公共和私人机构的安全措施";第五,"确保海上运输系统的连续性,以便在海上恐怖袭击或其他类似破坏性事件发生后,能维持重要的商业活动运转并做好防护准备"。

---

① 冯梁等:《中国的和平发展与海上安全环境》,北京:世界知识出版社,2010 年版,第 22 页。
② "美国海上安全战略及防卫体系初探",2011 年 9 月 30 日,http://mil.sohu.com/20110930/n321598618.shtml。
③ "The National Strategy for Maritime Security of the United States", http://www.dhs.gov/xlibriary/assets/HSPD13_ MaritimeSecurityStrstegy.pdf, p.1.

### （三）德国

在 19 世纪末 20 世纪初，由于德意志第二帝国的国家实力的增强，有限的陆地市场已经不能满足其迅速的发展，向海洋扩张成为德国的必经之路。在海上霸权争夺中，其海洋战略指导思想经历了与英国开展"海上决战"到"控制交通线"获得制海权，再到开展"海上贸易战"的演化，虽然德国海洋霸主的梦想最后破灭了，但是其海洋战略思想仍有鉴戒意义。

德国是一个陆海复合型国家，只有少数地区濒临海洋，所以一直没有将发展重点放在海洋力量上。从 1890 年开始，德国进入经济高速增长时期，随着工业化的发展，德国国内对于向外输出制成品以及从海外攫取原材料的呼声越来越高。一个正在崛起的大国遇到了 19 世纪末帝国主义海外扩张浪潮，再加上当时德皇威廉二世对海军的特殊情结，德国选择了挑战英国，放弃之前一直奉行的"大陆政策"，转向"世界政策"，积极寻求海洋力量的发展。当时的威廉二世认为马汉的著作"是第一流的著作，所有的观点都是经典性的"。[①] 他甚至在一次演讲中这样评价马汉的"海权论"："我现在不是在阅读，而是在吞噬马汉的著作，努力把它消化、吸收，牢记心中。它是经典性的著作，所有的观点都非常精辟。这本著作为每个舰船所必备，我们的舰长们和军官们都经常学习和引用它。"[②] 从此，德意志帝国走上了大规模的海军建设之路。

时任德国海军部参谋长的铁毕子为德国海军的发展，提出的政策建议是，通过不同方式最终获取制海权。之后，也是他向德皇提出德国应该采取一种较为激进的方式把英国当成"假想敌"，以建造

---

[①] ［美］罗伯特·西格著:《马汉》，刘学成等编译，北京:解放军出版社，1989 年版，第 205 页。

[②] Livezey, *Mahan on Sea powe*, Oklahoma, 1980, p. 67.

能够对当时海上力量最强大的英国产生威胁的海军军队为目标,这可以归结为其"海军冒险"理论的中心。也正是由于这样的理论指导,导致了一战前夕英德之间在海上力量的军备竞赛。虽然一战是始于陆地,终于陆地,海上作战没有像美西战争、日俄战争那般重要,但是当时的一系列海上封锁与反封锁、破坏海上交通线与保卫海上交通线的斗争却比以往历次战争更加激烈,其意义也更加重大。甚至可以说,一战时期的海洋战区对陆战区产生过巨大的影响,甚至对整个战争的进程都有深刻影响。①

一战后,德国许多军事理论家纷纷对之前的"海军冒险"理论进行重新思考,其中最突出的是韦格纳中将在他撰写的"世界大战中的海军战略"中指出,"控制交通线是寻求海上决战的真正目标和唯一目的"。② 这标志着德国海军战略思想从"海上决战"转变为通过"控制交通线"获得制海权。后来,哈茨将军提出了"海上贸易战"的思想,这一思想成为德国在第二次世界大战中出现的雷德尔"巡洋战争"战略和邓尼茨"潜艇制胜"战略所依据的理论基础。③

在第二次世界大战期间,由于希特勒大量扩充军备,野心勃勃,宣布向外争夺"生存空间"。虽然德国战败,但在二战中"海上战争的主动权曾长时间掌握在德国海军手中,不论是雷德尔的'海上巡洋战争'理论,还是邓尼茨的'潜艇战争'理论,基本指导思想都是打击英国的海上交通线,从而导致英国及其同盟国海军的战略必须以保护海上交通线为核心来运筹"。④

(四) 俄罗斯

从沙皇俄国到苏联,再到如今的俄罗斯,海洋力量的发展在其

---

① 王生荣著:《海洋大国与海权争夺》,北京:海潮出版社,2000年版,第125页。
② 同上书,第127页。
③ 同上。
④ 同上书,第176页。

历史上从未被低估，但是因为种种原因，其发展一直受到制约。直到21世纪，俄罗斯才有了整体的战略思想。与其他国家相比，虽然俄罗斯系统的海洋战略思想成形较晚，但是不可忽视的是谋求海上发展一直是俄罗斯人的目标。

苏联解体后的俄罗斯无暇顾及海洋力量的发展，也失去了其奋斗三百多年得来的出海口，海洋地缘环境恶化。直到叶利钦执政的后期，俄罗斯政权稳固后，俄罗斯才开始重新关注海上力量的发展，提出海洋战略的初步设想。

以1997年俄罗斯颁布的《俄罗斯联邦"世界大洋"目标纲要》及其子纲要为标志，俄罗斯重新开始对其海洋战略布局，同时也确立了俄罗斯国家主导渐进发展的海洋战略方针，具有俄罗斯复兴海洋行动战略的历史意义。《俄罗斯联邦"世界大洋"目标纲要》既是其协调工具，同时也是其政策指南。在纲要中明确提出了"综合解决研究、开发和有效利用世界海洋的问题，以实现国家经济发展和保障安全"的俄罗斯海洋发展的总体战略。

但是在1998年、1999年期间，由于金融危机以及科索沃战争的发生，俄罗斯不得不放缓其追求海洋利益的脚步。之后随着普京上台，俄罗斯又开始走向追求成为有影响力大国的道路，这其中就包括恢复其传统海洋强国地位，标志性文件是1999年12月29日公布的《千年之交的俄罗斯》，其中明确提出了以"强国"理念为标志的俄罗斯新的发展目标，普京也提出了"俄罗斯只有成为海洋强国，才能成为世界大国"的论断。进入2000年之后，俄罗斯恢复了其对海洋发展的关注，又重新绘制了新的海洋发展蓝图。2001年7月27日出台的《2020年前俄罗斯联邦海洋学说》是俄罗斯对总体海洋战略的官方观点体系，界定了俄罗斯海洋政策的实质和主题，确立了俄罗斯在世界海洋上的利益，以及国家海洋政策的目标和原则，并从功能和区域方向对海洋战略的具体方面及其紧迫任务作了规定。文件提出要"实现和维护俄罗斯在世界大洋上的国家利益，巩固俄罗斯在海洋强国中的地位"。这份文件明确了俄罗斯海洋战略的目标与原则，同时也标志着俄罗斯海洋战略基本形成。自此，俄罗斯第一次有了目标明确的海洋战略，进入了拓展海洋利益的新阶段。面对迅速变化的国际形势和地区格局，2015年7月，俄罗斯发布了更新版本的海洋学说，《2030年前俄罗斯联邦海洋学说》，但是主体框架与2001年的版本没有大的差别，也表明了俄罗斯独立以来海洋政策、海洋战略所具有的连贯性。

## 三、结语

彼得大帝曾经说过："凡是只有陆军的统治者，只能算有一只手，而同时还有海军的统治者，才算是双手俱全。"[1] 一个国家的地理位置是无法改变的，这点对于想要发展海洋力量的国家来说更为明显，因为海洋国家与陆地国家、陆海复合型国家的先天条件就决定了其海上力量的发展前景。

通过对比，我们发现大陆濒海国家的国防战略决策容易处于被动，岛屿国家的地缘关系相对简单。他们与邻国之间大多领土相望而不相接，或者只是存在距离较近但相互连通性差的相隔关系。因此不存在直接来自邻国的安全威胁。受地理条件的制约，岛国的陆上空间相对狭小，国家的发展基本依赖于海上交通线的畅通与安全，因此拥有一支强大的海上力量成为岛国国防的关键。[2] 而根据邵永灵与时殷弘两位学者对于"陆海复合型大国"的定义，对于像德国、

---

[1] [苏] 戈尔什科夫著：《国家的海上威力》，北京：三联书店，1977年版，第5页。
[2] 王银星："安全战略、地缘特征与英国海军的创建"，《辽宁大学学报》（哲学社会科学版），2006年第34卷第3期，第91—95页。

俄罗斯这样"背靠较少自然障碍的陆地、又同时濒临开放性海洋空间"[①]的陆海复合型国家来说，每当其想要专心发展海洋力量的时候，陆地安全就会对其发展有所牵制，使其在战略目标和资源的投入上无法集中，且易成为海洋霸权国和周边大陆国家的防御对象。这一特点从一战、二战德国的失败经历就可以看出。而对于俄罗斯来说，作为一个一直努力寻找出海口的国家，追求海洋力量发展，成为一个综合性的海洋强国，也是其努力的方向。

"英国海权的崛起是武力手段与和平手段兼用完成的，美国海权的崛起过程尽管也是通过一系列的扩张完成的，也在局部与既有的海洋霸权英国发生过冲突，但是美国在总体上并没有以挑战者的身份出现，而是通过'孤立主义'、'门罗主义'、'威尔逊主义'等总体的、循序渐进的外交战略完成的。"[②] 诚然，通过对比英德、英美之间对于海洋霸权争夺的历史经验，时代背景、地理条件等都对一国海洋力量的发展起到了重要的影响，同时也会给不同的国家带来迥异的挑战与障碍。但可以确信的是，随着全球经济的进一步深化，海洋对于一个国家的发展具有越发不可忽视的重要意义。

---

[①] 邵永灵、时殷弘："近代欧洲陆海复合国家的命运与当代中国的选择"，《世界经济与政治》，2000年第10期，第47页。

[②] 刘中民："关于海权与大国崛起问题的若干思考"，《世界经济与政治》，2007年第12期，第10页。

# 第二章 彼得大帝至亚历山大二世时期俄国海洋战略

21世纪，世界上国土面积最大的国家是俄罗斯，而这个今天地跨欧亚两个大陆的国家曾经是一个名副其实的内陆国家。严峻的气候、不良的耕地条件，缺少天然屏障保护的地理环境，还有其他游牧民族的虎视眈眈等，都是阻碍这个国家发展的不利因素。但也正是这些条件构成了其内在的扩张基因，在俄罗斯后来的国家政策中，求生存、扩张、争夺出海口将是其不变的主题。

通常，河流和海洋战略最初都与国家的商业发展密不可分，对于俄国来讲也不例外。但起初，俄罗斯的海洋只是被当作是内河的延伸，海洋概念也只是大陆概念的拓展。俄国与海洋战略相关的历史更多的都与河流紧密相连。俄境内有许多大川大河，如伏尔加河、第聂伯河、涅曼河、德维纳河和涅瓦河等，在这片土地上生存的人们一直都借此从事贸易、运输、捕鱼、征战等活动，并也都临河而居，繁荣也是因河而起。从第聂伯河到伏尔加河，散落在其广袤大地上的各个城市和公国都是临河而建，而随着公国的发展，贸易和航道对于海洋的依赖也日益凸显。从基辅罗斯开始，俄国人一直希望能够控制波罗的海至黑海的航道，即"从瓦良格人到希腊人"的商路；试图控制哈里发国家经高加索、里海、伏尔加河中上游与诺夫哥罗德到波罗的海的贸易路线，以扩展他们与阿拉伯世界的贸易与往来……北起波罗的海，经涅瓦河、拉多加湖、沃尔霍夫河、伊尔门湖、洛瓦季河，到达第聂伯河和基辅，再顺流入黑海，抵达君士坦丁堡。①受拜占庭影响，基辅罗斯和莫斯科公国自身发展的动因，以及由其发展而不断壮大的海洋事业，都在逐渐扩大着这个国家对于更广阔海域的控制欲。

无论是出于政治还是经济考虑，历史上具有发展眼光和野心的沙皇如伊凡雷帝、彼得大帝（1672—1725）和叶卡捷琳娜大帝（1729—1796）都希望能在俄国与西方之间建立起稳固的联系，尽可能靠近世界文明的中心，改变自身的落后面貌，并提升俄国的大国地位。所以他们都极力希望能够控制波罗的海、黑海和太平洋等海域。尽管今天的俄罗斯体量庞大，政治经济和军事实力绝不容小觑，但直到17世纪末，俄国还是一个封闭落后、文盲率超过90%的内陆农业国家，工商业在国民生产中所占比例微乎其微。沿河发展都只能算是俄国与"水"的第一次邂逅，在其成为拥有世界第一国土面积的大帝国道路上，海洋与其领土扩张形影不离。

在某种程度上，俄国的发展历史就是一部扩张史，这部扩张史也可以被看作是一部寻求出海口和军事安全的演进史：从彼得大帝在瑞典手中夺得波罗的海出海口，到叶卡捷琳娜大帝对土耳其的进攻从而获得了几代俄国人梦寐以求的黑海出海口，在波罗的海和黑海站稳脚跟，获得了与欧洲列强比肩的实力。俄国在海洋战略上的野心与胜利，为19世纪末俄国参与"东方问题"②、争夺世界霸权奠定了坚实基础。

其实，早在历史上第一位沙皇伊凡四世时期（1530—1584），俄国的疆土在北方就已经到达了北海和巴伦支海，但由于恶劣的地理

---

① 陈新明：《十八世纪以来俄罗斯对外政策》，北京：中共中央党校出版社，2012年版，第34页。
② "东方问题"指的是近代欧洲列强为争夺昔日地跨欧、亚、非三洲的封建神权大帝国——奥斯曼帝国及其附属的领土和权益所引起的一系列国际问题。从欧洲来看，奥斯曼帝国地处其东，故统称为"东方问题"。

条件和气候条件,其北方的出海门户常年处于冰冻期,通行十分不便,不仅与欧洲的距离甚远,而且也远离国家的经济中心;在南方,黑海属土耳其的势力范围;西部的波罗的海也一直由瑞典把控,可以说俄国根本没有属于自己的可以自由通行的出海口。

18世纪初,彼得大帝通过北方大战从瑞典手中夺取了波罗的海出海口,从一个内陆国迈入了濒海国家的行列。期间,俄国也由于海军力量的薄弱有多次战败经历,但得益于彼得大帝的改革,俄国建立了至今有三百多年历史的波罗的海舰队,开始拥有了日益强大的海洋力量,为其后续的海洋扩张奠定了基础。

1768年到1792年,叶卡捷琳娜女皇通过两次俄土战争,使俄国获得了达达尼尔和博斯普鲁斯两个海峡,并兼并了克里米亚和格鲁吉亚。俄国四大舰队之一的黑海舰队也是在这两次战争中逐渐建立并发展壮大的。

经过几代沙皇的经营,到了19世纪,俄国的领土已经扩展到了波罗的海、白海、黑海和里海地区。这个地跨三大洲的国家,同时也成为一个海岸线从北冰洋延伸到太平洋的海洋强国。

需要特别提出的是,由于俄国紧邻北冰洋与太平洋,彼得大帝和叶卡捷琳娜女皇的目光也投向了美洲和亚洲,在这两个方向得到了不少土地,开辟了新的航路,设立了相应的机构,找到了通往北冰洋和东方的出海口。但总体来看,俄国的战略重点明显是在波罗的海和黑海,因此,本章将重点放在这两个地区。

## 一、 俄国海军的肇始: 彼得大帝时期

在莫斯科河畔坐落着一尊巨型的雕像:彼得大帝手持卷轴,站在象征着他改革成果的远洋舰船船头眺望远方。三百多年前,正是

他为俄罗斯海军开创了一个新时代。

发端于15世纪的大航海联通了世界,促进了欧洲国家资本经济的发展和商品经济的繁荣,海洋贸易走出了地中海走向世界,更拓展了英国、荷兰和西班牙等国的海洋势力。同时,波罗的海等区域也一直在这些国家的掌控之下。与之相对比,俄国仍然是落后的封建农奴制国家,政治机构不健全,政府腐败、效率低下,严重制约着国家政治、经济、军事和社会的发展,更遑论其在众海域的话语权。17世纪西欧各国在经济和军事实力上的突出成就、俄国南下黑海的受挫等,都使得思维一向开放的彼得大帝渴望将自己的俄国打造成现代而强大的帝国。于是,渴望分享欧洲的文明繁荣成果、改变俄国落后面貌的想法,促成了彼得大帝的扩张计划,由此,海洋力量的建设不可避免地就成为他的首要关注点和着眼点。

(一)围绕出海口的战争

从16世纪起沙皇俄国的海洋战略目标就非常明确:夺取入海口,在北冰洋、地中海、波罗的海等地区占有控制权。从波罗的海到黑海、从高加索到乌拉尔河,贸易活动的不断发展也是俄国对外扩张的主要动力之一。无论是波罗的海沿岸及其各港口还是黑海海峡,都能够拓展俄国与世界的联系,尤其是与欧洲各国开展对外贸易。因为这些港口城市的市民比俄国人更擅长航海和经商,所以"面向欧洲的窗户"既是文化和政治意义上的,同样也是经济意义上的。① 而港口城市的繁荣反过来也促进了冶金等产业的发展,有助于战争的供给和保障。比较著名的波罗的海港口城市有圣彼得堡和里加等,后来都成为俄国外贸的主要口岸,商业地位和影响力一直持

---

① [美]尼古拉·梁赞诺夫斯基、[美]马克·斯坦伯格:《俄罗斯史》,杨烨、卿文辉、王毅(主译),上海:上海人民出版社,2013年版,第267页。

续到 19 世纪。

俄国统治者主要采取的两条进攻路线和扩张思路分别是，向西夺取波罗的海出海口，以打通俄国通往大西洋的通道；向南控制黑海出海口和黑海海峡，挺进欧洲。彼得大帝统治时期三场主要的战争：亚速战役（the Azov Campaign），北方大战（the Northern War）和与波斯的战争（the Persian Campaign）都与获取出海口直接相关。

这其中，彼得大帝首选的是黑海。其目标是，通过征服奥斯曼土耳其帝国控制黑海及其出海口，掌控达达尼尔和博斯普鲁斯两海峡，从而进入地中海："谁掌握着这两个海峡谁就可以随意开放和封锁通向地中海的这个遥远角落的道路。"[1] 俄国如果夺取了这两个海峡以及伊斯坦布尔，就可以控制亚、非、欧的枢纽，进而争夺世界霸权。

1695 年彼得一世率领军队攻打亚速要塞，但是由于没有海军，最终战败。此役令俄国的弱点暴露无遗，也坚定了彼得大帝决定要改革军事、创建海军，夺取黑海要塞的决心。于是，他开启了海军建设。到 1696 年，他亲自指挥一支由 27 艘战舰组成的舰队远征土耳其，迅速获得了战争的主动权，最终夺取了亚速要塞。

此后，彼得大帝决定将重点放在向北争夺波罗的海的霸权，这成为俄国这一时期军事、海洋以及外交的重点，是其西进政策的关键环节。

17 世纪，前期俄国与其北方邻居瑞典一直相安无事，作为一个边缘力量，俄国也无力与瑞典抗衡，其对外战争的相关政策也一直是针对奥斯曼土耳其制定的。但从 17 世纪 50 年代开始，俄国社会的政治和文化环境发生了激烈的变化，波兰和拉丁文化在精英阶层广为传播，同时输入的还有地理大发现的新鲜知识。俄国社会，主要是精英阶层开始接触到了西方文明的璀璨成果，俄国的商人和港

---

[1]《马克思恩格斯全集》第九卷，北京：人民出版社，2007 年版，第 240—241，16—18 页。

口城市的发展也从中获益。在瑞典不断扩张的过程中，先后占领了爱沙尼亚和因格里亚（Ingria）等地，将俄国与波罗的海的连接切断。这对于正在积极吸取欧洲文明养分的俄国是无法接受的，也成为让彼得大帝下决心与瑞典开战的一个因素。他认为俄国需要一个入海口和港口来促进繁荣，维护实力，并保持和欧洲国家的联系，但瑞典阻挡了俄国从欧洲文明获益的道路。同时，他也认识到了军事上的胜利对于维护国家强大和外交实力的重要性。[1] 另外，在开始他著名的改革活动之前，彼得大帝派出了自己的使团前往欧洲，虽然没有成功策动欧洲各国与自己结成反土耳其同盟，但这一失败恰好印证了欧洲各国无暇东顾的现实，俄国把自己的战略重点定在了波罗的海，而非黑海。

1700—1721年，沙皇俄国为争夺波罗的海出海口的霸权与瑞典进行了北方大战。俄国利用波罗的海国家与瑞典之间的各种国内外矛盾，积极游说丹麦和波兰，与俄国结成了反瑞典的"北方同盟"，并最终打败瑞典，与后者签订了《尼斯塔特和约》，夺取了波罗的海出海口。

虽然北方大战最终以俄国的胜利告终，但在战争刚刚开始的1700年，俄国却由于海军力量的匮乏，大败于瑞典。俄国在纳尔瓦（波罗的海门户城市）战役中惨败。这使得彼得大帝再次意识到，仅有决心和意志不足以支撑弱小的海军力量。于是彼得大帝利用在纳尔瓦战役胜利后瑞典转而忙于攻击故敌波兰的机会，又组建了一支拥有几百艘战船、几十万士兵的强力海军，并再次将矛头转向瑞典，夺取了芬兰湾的入海口，得到了涅瓦河三角洲。到第一个十年结束，俄国人夺取了原来属于瑞典人的波罗的海东岸的土地。到1720年，俄国利用新建立的波罗的海舰队彻底打败了瑞典，在北方大战中获

---

[1] Dominic Lieven, *The Cambridge History of Russia Volume II Imperial Russia 1689－1917*, Cambridge: Cambridge University Press, 2006, p. 489.

胜。从签订的《尼斯塔特和约》中，俄国终于获得了波罗的海出海口、芬兰湾、里加湾、爱沙尼亚、拉脱维亚等地。内陆的俄国变成了三面邻海、地跨欧亚两大洲的滨海国。这意味着俄国人已经在波罗的海地区站稳了脚跟，得到了对其命运攸关的"通往欧洲的窗口"，而且这些胜利都奠定了俄国作为一个帝国的基础。①

## （二）彼得大帝的海军建设

在1699年攻打亚速要塞时，彼得大帝曾在人员匮乏的情况下组织了一支舰队，并亲任舰长，拿下了亚速要塞，但俄国人这种临时拼凑的海上力量并不能被视作有生的海上力量。在1701年的北方大战中，俄国人在海上根本没有可以抵御瑞典的军事力量。1703年，彼得开始建设圣彼得堡市和俄国海军。到1705年，俄国人已经拥有9艘巨型战舰和36条小舰船，但主要是从英国和荷兰购入。1710年，在与土耳其的普鲁特合约中，俄国放弃了全部南方领土，俄国第一支黑海舰队也随之终结。② 在这支舰队存在的十几年中，一共造出58艘船只。这一时期是俄国人在造船上做出尝试和改进、获得基本经验的时期。

从俄国人与其北方敌人的战争中，仅仅在造船方面就可以看到俄国海军的初步发展成效：1710年以前，瑞典有巨型战舰43艘，丹麦41艘，俄国是0艘；到了1721年战争结束时，俄国人的战舰总数达到了1024艘，除了从外国购买的舰只外，其中有686艘是在1701年到1714年之间制造的，巨型战舰先后有53艘，人员总数接近18000人。

俄国在北方大战中的胜负转换能够显示出，正是彼得大帝在海

---

① ［美］尼古拉·梁赞诺夫斯基、［美］马克·斯坦伯格，《俄罗斯史》，第219页。
② ［美］唐纳德·W·米切尔：《俄国与苏联海上力量史》，朱协译，上海：商务印书馆，1983年版，第32页。

军建设方面进行了大刀阔斧的改革，尤其是其军事力量的转变，才使得俄国能够取得北方大战的最终胜利。俄国由此获得了波罗的海出海口及一些沿岸地区，也使俄国从一个内陆国家迈入了濒海国家的行列，并走上了成为欧洲强国的道路。

彼得大帝在海洋方面的改革涵盖了海军、教育、商贸等众多领域。

1696年，俄国以立法的形式开始了海军力量的建设，这也被认为是俄罗斯帝国海军的元年。而其建立的正规海军和陆军则为俄国未来军事力量的强大奠定了坚实的基础，俄罗斯现役四大舰队中历史最悠久的舰队就是由彼得大帝一手创建的波罗的海舰队。

彼得大帝对创建军事学校，改良军事设备，督办舰艇船只的制造，建立和扩展海军力量，事无巨细，事必躬亲，足以证明彼得大帝对于海洋战略之于国家发展的重视。

彼得大帝在位期间最重要的一项成就就是他的"欧洲使团"。这一使团不仅从欧洲学来了众多现代化的理念和技术，更对俄国海洋力量的强大做出了不可磨灭的贡献。1697年他以一名留学生的身份"微服私访"，与250人的高级访问团周游了欧洲列国。参观造船厂时，他们见识到了瑞典、波兰等海洋大国的超凡实力，目睹了海洋强国的造船技术。回国后，彼得大帝加紧督促船舰队伍的建设，不仅高薪从国外聘请海员、海军将领、后勤人员和建造工匠，还注重本国的人才培养，选派年轻的贵族子弟到荷兰和英国学习海军知识，同时创办航海学校，培养和训练俄国海军专门人才。

彼得大帝时代总共制造了1024条船，并在波罗的海附近建立起了众多船坞和海军基地。仅在1701—1709年间，俄国用于建造海军的费用就高达630万卢布，而1701年全国总收入也才仅仅是387万卢布。

经过彼得大帝的军事改革，亚速舰队和波罗的海舰队的力量加起来拥有了2.8万海军和几百艘舰只；1715年的时候，船员中只有大约半数的军官是俄国人，发展到1725年，俄国已经拥有了足够多的自己的下级军官。

海军行政管理方面，1703年设立海军部，指挥南北两支主舰队（波罗的海和亚速海）和两支小舰队（白海和里海）；1712年建立双重行政机关：圣彼得堡海军局和莫斯科海军司，1718年这两个部门合并为海军委员会，设在圣彼得堡，下设10个局，分别负责船舶管理、基础训练、海岸防御等事务。但同时应该注意到，由于外聘军官的来源整体素质并不高，军队内部的待遇也不理想，所以总体上无论是海员还是军官的能力都不是很强；海军基地的工作质量也不高，有经验的工程师不多，维修设备简陋，没有系统的彻底检修程序等。[1]

1703年，俄国开始了圣彼得堡的建设。起初，圣彼得堡只是一个军事要塞，在抵御瑞典军队上意义重大。在地理上，圣彼得堡靠近波罗的海，彼得大帝在此建立了波罗的海舰队。

另外，彼得大帝在经济贸易和农业发展等方面的改革也施行了众多与海洋和河流相关的政策。如兴建港口和通商口岸，开凿运河，兴修水利等，制定关税细则，在这期间，俄国的外贸额翻了两番。

彼得大帝的改革最初开始于海洋战争，同时也推动着俄国国内政治、经济和文化等的全面革新；与海洋力量建设相关的事务又同时是大改革的重要组成部分，如数学和航海学学校及海军学院就为这个希望融入西方文明的国家培养了一批能够读懂新式报纸、接受新思想的知识分子。俄国在军队管理制度、船只建造、海洋人才培养等方面的成绩成为日后俄国成为海洋大国的坚实基础。

---

[1] ［美］唐纳·W·米切尔：《俄国与苏联海上力量史》，第41, 43页。

## （三）小结

彼得大帝对于西欧的生产方式、海军的浓厚兴趣，与大航海之后西欧的经济军事发展有着重要的关系，因此，"改革"也是彼得大帝对于俄国落后生产方式以及战败后痛定思痛的决定。

自沙皇俄国有了自己的海军力量，并战胜了强大的瑞典人后，成为一个海洋大国、强国的目标变得不再遥不可及。马克思曾说："他对土耳其第一次作战，目的在于征服亚速海；对瑞典作战，目的在于征服波罗的海；对土耳其的第二次开战，剑指黑海。"彼得大帝向西夺取波罗的海出海口只是完成了帝国海上扩张的第一步，最终的目标是通过征服波罗的海，打通通往大西洋的通道；通过夺取黑海出海口，进入地中海；通过控制日本海，进入太平洋；以及从中亚寻找南下印度和印度洋的通道来建立俄国的海上霸权。"[①] 而强大的彼得大帝临终前打败土耳其、问鼎黑海的夙愿，最终由俄国的另外一位沙皇——叶卡捷琳娜大帝实现。

## 二、俄国海军的黄金时代：叶卡捷琳娜二世时期

得益于彼得大帝的改革，俄国不仅拥有了扩张领土为自己赢得安全感的硬实力和资本，更已然成为欧洲各国不可小觑的重要国际力量，最终得到黑海出海口也意味着其在与欧洲列强的斗争中占据了一席之地。

---

① 马克思：《十八世纪外交史内幕》第六章，第80页。

## (一) 争夺黑海出海口

北方大战胜利后到叶卡捷琳娜二世在位期间，俄国实力和信心大增，开始在黑海站住了脚跟。

黑海是俄国南下地中海，染指欧洲的重要通道，还通向欧洲几条重要的河流，如多瑙河和第聂伯河。作为连接欧洲与亚洲的通道之一，历来为兵家必争之地，为此所引发的战争从未停歇。因此，俄国与土耳其的矛盾前后延续了两个世纪。从17到19世纪，为了争夺克里米亚和黑海等地进行的一系列战争，双方互有胜负，海洋通道的权益和归属也几经易手。

与土耳其斗争的过程充分反映出了俄国实力的变化。俄国与奥斯曼土耳其的斗争的目标是到达黑海，获得它所认为的自己的天然的南部疆界。[①] 在俄国与瑞典就波罗的海进行厮杀的同时，也没有忘记在南方与土耳其进行争夺。虽然早在1695年和1696年，彼得大帝经过两次远征从土耳其手中夺取了亚速，但当时羽翼未满的俄国海军尚未强大到可以同时两线作战，短时期内也根本无法战胜奥斯曼土耳其帝国，因此黑海是在俄国成功解决了波罗的海问题后才成为俄国的海洋战略主攻方向。最终是在叶卡捷琳娜二世在位时解决了土耳其问题。

随着奥斯曼土耳其帝国的衰落，欧洲列强加入到了争夺帝国遗产——巴尔干地区及黑海海峡的行列，这必然与一直在这一问题上势在必得的俄国形成对抗的关系。因此，俄国在争夺黑海出海口的过程中的敌手不仅仅是土耳其，更有虎视眈眈的欧洲列强，因此俄国的黑海战略也必然与其近东政策、欧洲政策密不可分。欧洲的英法等国不能坐看俄国的势力在黑海地区的壮大，于是也竭尽所能地

---

① ［美］尼古拉·梁赞诺夫斯基、［美］马克·斯坦伯格：《俄罗斯史》，第256页。

试图削弱俄国在这一地区尚未立足的薄弱根基。先后迫使迫俄国签订条约，使其将原先通过战争在两海峡获得的先机拱手相让。

1768年到1774年土耳其在法奥两国支持下对俄宣战。《库楚克凯纳吉条约》让俄国获得了在土耳其水域的自由贸易和航海权，包括俄国商人通过海峡的权力。另外，俄国还得到黑海北岸大片土地，包括黑海重要港口、海军基地和一条很长的海岸线，终于打通了黑海出海口，开始成为"黑海沿岸国家"。但是，俄国人只是部分完成了他们的目的，黑海北岸部分地区还在土耳其手中，克里米亚还不属于俄国。值得一提的是，鉴于克里米亚在黑海地区重要的地理位置，叶卡捷琳娜二世一直以各种政治或非政治的手段企图使这一半岛归自己所有，并曾同克里米亚汗萨希布格来缔结条约，规定克里米亚脱离土耳其，成为俄国的保护国，并于1783年并入俄国版图。这之后与土耳其相安无事的13年中，叶卡捷琳娜二世在半岛上创建了在俄国后来的历史中建立过卓越战功的四大海军舰队之一的黑海舰队。仅仅两年之后，这支驻扎在黑海沿岸的要塞地区塞瓦斯托波尔的舰队的规模，就已相当可观。显然叶卡捷琳娜二世希望以此为基地进一步挺进黑海。

在1787—1792年的俄土战争中，黑海舰队再次为俄国取得了胜利。在战争中，俄国人兴建新的兵工厂和港口，同时，在战争中也涌现出了多位善于审时度势、指挥得当的优秀海军将领，这都证明了俄国人的海军实力在经过了一个多世纪之后，从船只到人员、从作战到管理都有了质的飞跃。

土耳其要求俄国归还克里米亚，承认格鲁吉亚为土耳其属地，授权土耳其检查通过海峡的俄国商船。土耳其出动了20万军队和一支强大的舰队对俄开战。叶卡捷琳娜二世拉拢奥地利组成了俄奥联盟；英国刚刚在美国独立战争中战败；法国也正处于大革命前夕的动荡时期，因此国际形势有利于俄国。1788年，奥地利对土耳其宣战。就这样，土耳其在巴尔干半岛的兵力被分散。正当俄军节节胜利之际，土耳其盟国瑞典却对俄国宣战，俄国因此面临两面夹击。叶卡捷琳娜二世拉拢丹麦参战，威胁瑞典。就在俄国面临瑞典和普鲁士的双重压力时，大革命的爆发将欧洲列强的注意力都转移到了法国，瑞典也退出了对俄国长达三年的战争。1790年，俄军攻克了伊兹梅尔要塞，黑海舰队在黑海重创土耳其舰队，掌握了制海权。至此，第二次俄土战争全面结束。1792年俄土签订《雅西和约》，土耳其承认俄国兼并克里米亚和格鲁吉亚。通过这次战争俄国实现了称霸黑海的目标，获得了黑海出海口。

经过两次俄土战争，俄国实现了历代沙皇所梦寐以求的南方出海口，加之彼得大帝时期夺取的波罗的海出海口，沙皇俄国已经成为了名副其实的海洋大国。

对于俄国的海洋扩张，恩格斯曾写道："到叶卡捷琳娜逝世的时候，俄国的领地已经超过了甚至最肆无忌惮的民族沙文主义所能要求的一切。俄国不仅得到了出海口，而且在波罗的海和黑海都占领了广阔的濒海地区和许多港湾，受俄国统治的不仅有芬兰人、鞑靼人和蒙古人，而且还有立陶宛人、瑞典人、波兰人和德国人。"①

（二）起伏不定的海洋政策：至亚历山大二世时期

相比俄国海上力量的黄金时代——叶卡捷琳娜二世统治时期，其后的继任者们显然没有超越她的辉煌。19世纪开始之后，国家的扩张势头和海军力量的发展趋势，与18世纪俄国狂飙突进的北方波罗的海和南方黑海出海口的争夺战相比，略显后力不足。这与俄国所面临的国际环境有关，也与统治者的意志紧密相连。

---

① 恩格斯：《沙皇俄国政府的对外政策》，《马克思恩格斯全集》第二十二卷，北京：人民出版社，2007年版，第28—29页。

由于前任沙皇的开疆扩土，后继任的统治者似乎开始满足于这刚刚到手的霸权。尤其是在以沙皇俄国为核心的"神圣同盟"建立之后，沙皇的专制统治制度和封建农奴制对国家造成的负面影响被忽视了。并且鉴于现实情况制约，1878—1895年，俄国奉行的是防御性海军政策，主要考虑的是强敌封锁俄国海岸的情况下，如何突破的问题，战略重点是波罗的海和黑海。

保罗一世（1754—1801）在海军政策方面继续秉承发展俄国各个海军舰队的传统，改进造船业，波罗的海舰队有390艘船，其中有45艘战舰，黑海有115艘船，其中15艘战舰。另外在黑海、伏尔加河和鄂霍次克海也发展了一些小舰队，除了海军事务，他还关心水路勘探和贸易的促进[①]。

1815年以后，亚历山大一世（1777—1825）一改保罗的反英政策，采取了叶卡捷琳娜的近东政策。利用已有的在欧洲大陆的优势地位，开始向巴尔干和黑海迅速扩张，为俄国开辟通向地中海的道路。为此俄国干涉希腊起义，并借机削弱土耳其势力。在与土耳其、法国和英国的周旋中，亚历山大一世对于海军不可谓不重视，但从大多数其他方面来看，他对海军无疑是缺乏大力支持的。虽然经费没有削减，但是相关的改善工作却毫无建树。

亚历山大一世逝世后，继任的尼古拉一世（1796—1855）继续执行亚历山大一世所制定的东方政策，在希腊问题上对土耳其丝毫不作让步。在他领土扩张的坚定步伐中，海军发展的持续性不足，很多时期陆军的重要性显然高于海军，海军经费在19世纪40年代之后的骤减就能说明这一事实。

---

① ［美］唐纳德·W·米切尔：《俄国与苏联海上力量史》，第123页。

表1　1805年—1856年海军部经费（单位：百万卢布）

| 年份 | 经费 | 年份 | 经费 | 年份 | 经费 |
| --- | --- | --- | --- | --- | --- |
| 1805 | 12.4 | 1833 | 30.5 | 1845 | 14.5 |
| 1812 | 18.6 | 1834 | 30.2 | 1846 | 10.7 |
| 1815 | 15.0 | 1835 | 37.5 | 1847 | 11.3 |
| 1818 | 22.7 | 1836 | 35.9 | 1848 | 11.4 |
| 1822 | 25.4 | 1837 | 36.4 | 1849 | 15.4 |
| 1825 | 20.7 | 1838 | 35.6 | 1850 | 12.4 |
| 1826 | 21.9 | 1839 | 37.7 | 1851 | 14.6 |
| 1827 | 24.1 | 1840 | 11.6 | 1852 | 17.9 |
| 1828 | 27.5 | 1841 | 11.6 | 1853 | 20.7 |
| 1829 | 31.3 | 1842 | 12.3 | 1854 | 14.4 |
| 1830 | 31.6 | 1843 | 11.0 | 1855 | 19.1 |
| 1831 | 30.9 | 1844 | 10.7 | 1856 | 18.2 |

资料来源：S.F·奥格戈罗德尼可夫：《海军部百年来的发展和活动历史概述》，1802—1902，圣彼得堡，1902年，第130页。

经过多次俄土战争，俄国保住了南乌克兰、克里米亚及高加索的部分领土，并在黑海沿岸树立了自己的地位。俄国利用希腊独立战争，再次南下摩尔多瓦并直逼伊斯坦布尔。1826年俄土两国签订《阿克尔曼条约》，确认俄国在黑海和伊斯坦布尔港口的通商自由。1828年，俄土战争爆发，土耳其在无力抵挡俄军进攻的情况下，与后者签订了《阿德里安堡条约》，俄国由此获得多瑙河口及其附近岛屿和黑海东岸，以及高加索的大片土地，土耳其承认格鲁吉亚、伊梅列季亚、明格列利亚并入俄国。土耳其对俄国商船开放黑海两海峡，承认希腊独立。《阿德里安堡条约》让俄国在巴尔干半岛实力大增，从而得以将势力深入伊斯坦布尔和两海峡。1830年，俄国终将黑海两海峡置于自己的控制之下：借助第一次土埃危机，俄国对土耳其施压，土耳其被迫与俄国签订《温卡尔—伊斯凯莱西条约》，为报答俄国对其保护,一旦出现战事必须封锁达达尼尔海峡,而只有俄国舰队可以出入,不能让其他外国舰队进入。[①] 这使得俄国不仅仅能够自由出入地中海,而且日后一旦与英法等列强开战,后者根本无法从地中海进入黑海从海上攻击俄国。

当俄国凭借武力在南北出海口站稳脚跟之后,俄国的海洋政策也不再局限于海军建设和战争策略了。夺得了出海口的控制权之后,不仅能避免在战时被各大国封锁、钳制,从而保障俄国本土的安全,更能在和平时期,通过沿岸的城市、港口,以及商船的自由通行权,加强与欧洲各国的经贸和人文交流,全面推动国内的发展。

在争夺博斯普鲁斯海峡和达达尼尔海峡时,经济利益的考虑一直都处于重要地位。长期以来,俄国都力图获得使其商船和军舰通过黑海两海峡的权利。1774年的《库楚克—凯纳吉条约》规定,俄国商船可以出入两海峡;1805年俄土同盟条约中,土耳其同意在反法同盟战争中帮助俄国军舰和运输船只通过海峡;1829年,俄国拥有了在黑海和伊斯坦布尔港口的通商自由,商船可以自由通过海峡。

随之而来的一系列问题也在情理之中。俄国在黑海充满野心的企图和实际政策毫无疑问激起了欧洲列强的不满,他们认为沙皇的行为破坏了近东势力均衡,损害到了他们的利益。

1841年俄国在不占优势的情况下,与英、法、奥、普和奥斯曼土耳其帝国之间签订了关于对各国军舰封闭达达尼尔和博斯普鲁斯海峡的《伦敦海峡公约》,俄国将自18世纪以来在俄土双边交涉中所获得的一切优势拱手交给了欧洲列强。土耳其也从屈服于俄国转而受制于欧洲列强。尼古拉一世终于同英国结盟,孤立法国,然而在东方问题上,俄国显然过于轻视英国和自己之间潜在的巨大矛盾,从而没有估计到英、法、奥三国对其在土耳其扩张的阻力与联合,并最终导致了克里米亚战争的爆发,俄国全线崩溃。

---

① 王绳祖:《国际关系史》第二卷,北京:世界知识出版社,1995年版,第102页。

1856年的《巴黎和约》废除了俄国在土耳其帝国内的所有优势,黑海被宣布中立,其港口和水域要对各国商船开放,禁止沿岸各国或任何其他国家军舰通行。由此,俄国在黑海及两海峡上的优势地位被大大削弱。

直到1871年,亚历山大二世才从1856年的战败中解脱,关于俄国不能在黑海保有舰队等的条款也终于取消。

可以看到,18世纪末19世纪初俄国的海洋战略是与其近东政策,尤其是对土耳其政策紧密相连的,但都毫无疑问是俄国对外扩张的国家战略必不可少的重要部分。

## 三、野心勃勃的发端:起伏不定的发展

从彼得大帝到亚历山大二世时期,俄国的海洋政策的主旋律是扩张,海上军事力量更多依靠统治者的意志和能力而发展。俄国从无到有建立起了海军力量,无论是武器装备,海军后备力量的培养还是战术经验都在大大小小的海洋战争中得到了积累。伴随着俄国海洋力量增长的是俄国的国家实力。

从18世纪到19世纪的俄国海洋战略,是典型的陆权国家为了霸权目标而追求"海权"扩张的战略。海洋战略是俄国实现国家的海陆扩张目标过程中的主要手段和途径,从而成为国家总体战略中的核心。

在彼得大帝时期,扩张和改革是其统治的关键词,他始终坚持海权对于俄国获得的大国地位的必要性。彼得大帝在改革期间一直实行重商主义政策,在这一政策下国家经济得到迅速发展,也使得俄国对于出海口和扩大海外贸易的需求更加迫切。海上贸易与海上军事互为推动力,兴建造船厂、组建强大海军成为彼得大帝为俄国

寻求荣耀与强大的途径。其海洋战略也就围绕着如何打赢与瑞典等波罗的海诸国的战争，夺取波罗的海出海口展开。彼得大帝初建了俄罗斯海军力量，使俄罗斯走向海洋的梦想不再只是囿于一种设想，并帮助他成功夺下了波罗的海要道。

俄土之间的一系列战争，也促使叶卡捷琳娜女皇迫切需要在黑海建立一支军事力量来支持俄国与土耳其之间的争斗，因此便有了在塞瓦斯托波尔和赫尔松（Kherson）建立黑海舰队的想法。早在1695年彼得大帝曾建立了一支亚速海舰队，而1783年叶卡捷琳娜女皇建立的黑海舰队最初的舰船即在此基础上得以延续和发展。建成后的两个世纪里，黑海舰队主要是对土耳其和法国舰队作战。其海军势力也逐渐向地中海挺进。在1798—1800年的第二次反法同盟战争中，黑海舰队曾作为支援土耳其的重要军事力量远征地中海。

波罗的海舰队和黑海舰队建设的决定，都是在争夺出海口的大背景下做出的，是实际战争的需要，而俄国在这一时期的海洋战略仍然是从属于其领土对外扩张的战略。正如彼得大帝将海军力量比作两只臂膀中的其中之一，真正指挥双臂行动的是来自大脑的控制，国家扩张政策正是这一控制的中枢所在。

1725彼得大帝逝世的时候，留给继任者48艘主力战舰、787艘小型和辅助的船只、28000名官兵，其中波罗的海舰队有战舰34艘、三桅炮舰9艘。但到叶卡捷琳娜继位的中间的37年中，由于更迭频率过高，且统治者的能力所限，彼得的海军不可避免地走向了衰败。在彼得二世时期（1727—1730），俄国海军的经费甚至一度被削减了50%。叶卡捷琳娜二世看出必须要重整海军力量的主力——波罗的海舰队，才能使之成为国家外交的有力武器，因此为其造战舰103艘、三桅炮舰90艘。同时，在两次俄土战争中间的十几年的和平时期，叶卡捷琳娜也毫不放松海军的建设，先后组建了顿河小舰队、亚速舰队，重建了里海舰队，兴建赫尔松港口城市等，增加了海军人数，弥补了俄国海军的固有缺陷。叶卡捷琳娜二世在18世纪80

年代逐渐建立起了她的黑海舰队，到1787年，这支舰队共拥有46艘战舰，还有塞瓦斯托波尔作为基地。①

但后继者们，保罗一世、亚历山大一世、尼古拉一世在新的帝国外部环境的影响和联盟的更迭中，并无法效仿彼得大帝和叶卡捷琳娜二世的决心与魄力，无法将俄国海军力量推向持续强大的道路。

俄国的出海口战略面临诸多困境，外有欧洲列强的抵制，内有制度对政策发展的限制。尽管彼得大帝进行了伟大的改革，但并没有从根本上改变专制制度，俄国经济也并未随之繁荣。具体到海军力量的建设上，也存在技术装备落后、人员管理僵化等等一系列问题。加之后世沙皇们的野心与能力的限制，即使是有了几位君主的开始，俄国的海军建设和海洋战略也没能得到很好的可持续性的发展。同时，在海军体系并不十分完备、作战经验并不十分丰富的条件下，俄国海洋政策就必须是依靠军事加外交的方式才能得到较好地实现，这也需要彼得大大帝和叶卡捷琳娜二世这样有着雄心的君主的主持和引领。而一旦国家的领导人在对海军的认识与支持力度不够，则前代君王苦心经营的成果，很快就被消耗殆尽了。从俄国历史来看，俄国的海军及海洋战略的起伏，与领导人的思想、能力之间有着非常密切的关联。

---

① ［美］唐纳德·W·米切尔：《俄国与苏联海上力量史》，第85页。

# 第三章 亚历山大二世至十月革命前俄国海洋战略

## 一、引言

如果说彼得大帝开了发展俄国海洋战略的弓,那么继叶卡捷琳娜二世之后,从亚历山大二世到尼古拉二世,俄国海洋战略的发展历程就好比是彼得大帝手中那支离弦的箭,依靠着彼得大帝为俄国海洋战略发展所制定的宏伟蓝图,在世界范围内工业革命蓬勃发展的背景下,集俄国举国上下之力,火力全开地向前迅猛发展。在俄国三代沙皇的苦心经营下,俄国一度成为世界范围内的海军强国,跻身于世界海洋强国之列。然而,放眼于历史的长廊,这种转瞬即逝的辉煌,看起来却更像是烟火般短暂的燃烧。燃烧了俄国原本薄弱的国家积累,剩下的却是沙皇俄国腐朽封建制度的灰烬。尽管在这段时间,俄国的海军建设无论是在规模上,还是在海洋力量的覆盖范围上,都达到了前所未有的高度,但是,总体上来说,俄国海洋战略的发展,却呈现了盛极而衰的趋势。

在本章中,笔者将在梳理亚历山大二世至俄国十月革命之前俄国海洋战略发展概况的基础上,进一步分析俄国海洋战略总体呈现颓势的原因,并提出笔者对这期间俄国海洋战略发展的思考。借鉴玛莎·费丽莫在《国际社会中的国家利益》[①]一书中的观点，国家利益的再定义常常不是外部威胁和国内利益集团要求的结果，而是由国际共享的规范和价值所塑造的，规范和价值构造国际之生活并赋予其意义。如果进一步观察亚历山大二世至十月革命之前俄国海洋战略发展的历程，我们也同样可以发现，这一时期俄国海洋战略的发展，体现了两个明显的特点：其一，俄国这一时期海洋战略的发展，受到了欧美资本主义国家发展海洋事业的热情的影响。也就是说，主要资本主义国家对海权的追求，已经形成了当时国际共享和追求的一种规范和价值，这在马汉等人关于海洋的学说普遍得到了当时国际社会的青睐中可以看出。随着资本主义在全球的扩张，以及海洋开拓的方兴未艾，发展海洋大国的目标已经成为国际社会共享的一种规范和价值，并且成为评判一国是否是国际强国的重要指标，反过来也因此成为计算一国国家利益的重要部分。自彼得大帝改革以来，俄国就逐渐成为资本主义世界中的一环，尽管与先发的资本主义强国相比，在实力上还有一定差距，但是已经不可避免地开始受到同样的国际结构的影响，发展俄国的海洋事业，因此成为自彼得大帝以来历代沙皇的重要目标。这个时期的俄国沙皇，无论是基于彼得大帝以来的政策惯性，还是基于其本身对世界形势的观察，在发展海权有利于俄国国家利益的实现这一点上，基本上达成了比较一致的共识，尤其在通过发展海权以帮助俄国成长为世界霸权这一重要的国家利益上，这个时期的沙皇们都采取了一定的措施。其二，这一时期受到国际结构影响而发展起来的俄国海洋战略，与农奴制下沙皇俄国的内在属性是相悖的。在生产力相对低下的俄国，发展海洋事业必定意味着国家资源的大量转移，其结果就是导致国内阶级矛盾的不断升级；同时，由于生产力低下，俄国在发展

---

[①] 玛莎·费丽莫著：《国际社会中的国家利益》，袁正清译，杭州：浙江人民出版社，2001年版。

海洋战略的过程中，并不具备相应的科技实力和战略实力，这使得沙皇俄国往往通过直接花钱购买技术和设备的方式来谋求海军力量的加强，却并没有形成有利于海洋战略长期发展的管理模式，同时缺乏强劲的内生力，一旦资金耗尽就无以为继，这也就是为什么俄国海洋战略的发展呈现出了盛极而衰、昙花一现的特点。

## 二、亚历山大二世至俄国十月革命前俄国海洋战略的发展概况

（一）亚历山大二世（1818—1881）：克里米亚战争及其海洋战略

亚历山大二世在位期间，俄国的海洋战略围绕着克里米亚战争的发生，开始了从制造技术层面进行海军建设的新里程。在战争失败而痛定思痛的心情中，俄国的海洋战略得到了一定的发展，但是总的来说止步于应激式的技术模仿。在这个阶段，沙皇对海军力量的不重视，与前任者形成了鲜明的对比，加上各国普遍争夺海上力量这一国际结构的存在，亚历山大二世在位期间的海洋战略发展呈现了新特点，但却步履维艰。

进入19世纪后，尤其是19世纪前半叶，俄国争夺出海口的政策受到了英国、法国、德国、美国和日本等海军强国的挑战。英国担心俄国在巴尔干半岛的扩张会对英国通往印度的海上航线形成威胁；法国也担心俄国的进一步扩张会影响其在中东的利益。英法因此联合起来，推行把俄国排挤出地中海的政策，把海军联合舰队开到黑海地区，力图掠夺土耳其的经济和财政利益，对俄国进行威慑，最终导致了克里米亚战争。

1. 克里米亚战争对俄国海洋战略的影响

（1）克里米亚战争期间俄国的海洋战略

1852年俄国趁土耳其将耶路撒冷圣地的伯利恒教堂交给天主教掌管之际，要求土耳其给予在土境内的东正教徒特别保护权，遭到了土耳其的拒绝。10月俄土战争爆发，英法加入土耳其一方作战。克里米亚战争是在产业革命的背景下展开的，工业的蓬勃发展引起了军事上的技术革命。具体到海军来说，这个时期的海军已经由帆桨军舰过渡到装有蒸汽机、采用金属装甲船体、螺旋桨推进器并拥有强大火炮装备的军舰时期。因此，在克里米亚战争中，与英法海军相比，俄国明显处于劣势。据统计，当时英法的战列舰和炮舰是俄国海军的两倍；蒸汽机军舰是俄国的十倍。俄国海军装备的落后，决定了俄国在这场战争中是防御性而不是进攻，而这和海军的战斗目标相违背，因为海军本质是一个最富机动性的军种，应当担负在海上搜索和消灭敌人的任务，这也成为决定克里米亚战争胜负的影响因素之一。

在这场战争中，一开始英法联军的目标是将俄国军队赶出巴尔干，后来，攻势扩大到白海、太平洋、波罗的海和黑海，并且以黑海为中心形成了主要战区。英法两国利用海军优势向黑海源源不断输送军力，在海陆两面围攻俄国的主要海军基地塞瓦斯托波尔，致力于夺取俄国的这个基地并且摧毁黑海舰队。战争以塞瓦斯托波尔保卫战为起点，前后持续了11个月之久。虽然在最初与土耳其的锡诺普海战中俄国取得了胜利，但是当英法舰队进入黑海之后，俄国由于海军技术落后而无法坚持海上战斗。塞瓦斯托波尔沦陷之后，黑海舰队已经几乎不复存在。根据英国的资料，俄国在塞瓦斯托波尔总共损失14艘帆船战舰、4艘三桅炮舰、5艘轻巡洋舰和双桅方帆船、82艘其他船只和5艘汽船。[1] 在随后的波罗的海战役中，俄

---

[1] 克洛斯爵士等人编：《皇家海军史》（波士顿，1897—1902年），第6卷，第469页。

国的波罗的海舰队自知与英法的实力差距悬殊，采取的战术是将主要军舰停泊在港内，筑造强大的防御工事，海军活动大部分集中于靠近海岸的水域，因此英法联军并没有对俄国的波罗的海舰队造成重大损失。在随后经历的一些小型战役如在白海上的战斗后，俄国战败，最终于1856年分别与英、法签订合约。

（2）克里米亚战争对俄国海洋战略的影响

克里米亚战争的失败对于俄国的影响是深刻的。首先，俄国被迫割让多瑙河口和南比萨拉比亚的一部分，放弃对多瑙河各公国的保护权；其次，黑海中立化，俄国在黑海的舰队退出黑海，其对黑海扩张的长期努力化为乌有，而自由进入地中海入海口的目标也变得更加遥远了；最后，克里米亚战争之后，俄国海洋战略的南下势头受阻，转而向东拓展。1858年，俄罗斯东西伯利亚总督穆拉维约夫率领的70余艘军舰进入黑龙江，迫使中国与俄国签订《瑷珲条约》，割占中国黑龙江北岸领土；1860年，俄国公使伊格纳提耶夫以"调停第二次鸦片战争有功"为名，又逼迫清政府签订《北京条约》，割占中国乌苏里江以东领土；同年，俄国将海参崴更名为符拉迪沃斯托克，成为西伯利亚舰队基地。也就是说，从19世纪50—60年代，沙俄先后与中国清朝政府签订了《中俄瑷珲条约》（1858年5月）、《中俄天津条约》（1858年6月）和《中俄北京条约》（1860年11月）等不平等条约，在取得了其他帝国主义国家在华同样特权的同时，割占了中国黑龙江以北、乌苏里江以东100多万平方千米的领土，这给俄国打开了一条通向太平洋的便利水路，并找到了东方出海口。

克里米亚战争对俄国在军事技术层面上的认识也发生了改变。战争的失败使得俄国人深刻地意识到，蒸汽推进远比帆桨推进更加有效。新制造技术的使用，也再次体现了国际结构是如何进一步影响俄国海洋战略的制定，也再一次证明，当时发展海军力量的这一国际结构，并没有真正刺激俄国海军力量的发展，反而是如何一步步地消耗着俄国国内有限的国内资源。1855年到1863年期间，俄国制造了130多艘蒸汽军舰，并布置在波罗的海。正如我们在前文所探讨的，从数量上看，俄国在这期间所建造的军舰已经非常庞大了，但是关于使用装甲舰的认识却没有在俄国海军内部取得一致的共识，克里米亚战争之后的十多年，没有任何一种海军政策取得了主导地位。在这里，海军数量的扩大与俄国海军目标的实现之间形成了极大的反差。与此同时，克里米亚战争之后，在太平洋的另一边，美国爆发了南北战争，俄国于1863年曾派波罗的海舰队达到纽约，林肯接待了来自遥远俄国的这支舰队。此后，也许是受美国影响，[①] 俄国人开始发展浅水重炮舰型，同时也建造英国型的装甲舰，对商船袭击型的快速装甲舰也产生了浓厚的兴趣，潜艇、水雷等制造技术也开始更新。

在战争后的几十年中，俄国人对于建立一支用蒸汽发动和铁质军舰的现代化舰队的热情并没有下降，但是效果也是好坏参半的。有进步的方面是俄国海军将帆船变为汽船的过程完成得十分之快，建造了蒸汽舰船73艘，帆桨舰船85艘。这些汽船包括7艘螺旋桨战列舰、11艘螺旋桨三桅炮舰、12艘螺旋桨轻巡洋舰和43艘其他舰艇。在随后的二十年间，帆船多为汽船所替换。[②] 然而，总体来说，俄国对于海军应该如何进一步发展，并没有清晰明确的战略，改进之后的海军对比其他欧洲大国，仍旧有着明显的差距，这也就解释了为什么在克里米亚战争后的1/4个世纪，俄国都没有恢复自己在黑海的地位，其舰队的威力和效率也没有得到本质性的改变。尽管1871年俄国废除了不准在黑海拥有舰队的条款，然而沙皇统治者却依旧没有真正意识到海军的重要作用，也没有采取强有力的措

---

① 编者注：在19世纪大部分时间内，美国非常看重海岸防御和袭击商船，这与俄国人历史上重视海岸防御，视海军为陆军的侧翼的思想非常接近。

② ［美］唐纳德·W·米切尔：《俄国与苏联海上力量史》，朱协译，商务印书馆，1983年版，第206页。

施进一步恢复和发展俄国的海军实力，对海军在国际关系和战争中所起的作用严重低估，导致俄国在后来的战争中不得不再次付出严重代价。此外，克里米亚战争是俄国历史上一个非常重要的分界线，此后俄国的社会经济生活发生了巨大变化，俄国开始医治战争创伤，走上发展资本主义的道路。

2. 小结：频繁受挫的海洋战略

综上所述，争取自由地进入地中海的出海口，是继彼得大帝以来俄国南方政策中的主要目标，因为这不仅关系着俄罗斯的商业经济利益，也是俄国加强对巴尔干半岛以及小亚细亚半岛控制的主要方式。对于俄国来说，其海洋战略向东拓进的难度比较大，尤其在与中国签订三大条约之后，可以获利的余地变小，海洋战略向东开拓的代价由于地理上的距离而提高了。对比遥远而自给自足、闭关自守的东方，向南拓进可以带来更大的海洋贸易，也是进一步对巴尔干半岛以及小亚细亚半岛施加影响的最佳途径。然而，在克里米亚战争之后的三十年里，俄国尽管损失惨重，却仅仅占据了黑海北部和东部沿岸。在其他大国不断介入的情况下，俄国沙皇统治者无法依仗一支强大的海军力量来迫使其他大国退出在黑海海域内的争夺，反而往往被迫后退，甚至无法独立自主地进行决策，被迫屈从于大国的安排。因此，我们可以得出结论，从海军建设层面来说，一支强大的海军力量存在的缺失，是造成俄国海洋战略在这个阶段失败的重要原因；而从海军战略管理层面来说，每当沙皇统治集团不重视海军发展，无法使海军保持当代要求的水平时，俄国不是在战争中屡战屡败，就是导致其和平时期的政策达不到预期的目的；从国际结构层面来说，世界上主要的资本主义国家对海上力量的谋求，形成了海军力量竞争的零和博弈局面，为了加快发展本身的海军实力，其他主要资本主义国家联合起来，对俄国发展海上力量的努力进行打压，使原本比较落后的俄国无法获得和平有利的国际环境，来发展自身的海军力量。

## (二) 亚历山大三世 (1845—1893) 的海洋战略

亚历山大二世死后，他的儿子亚历山大三世 (1845—1893) 继位。作为一个强有力的专制君主，亚历山大三世使用一切可能的手段实行中央集权并加强个人权力，同时野蛮地压制自由主义者和臣属各民族，他的统治时期是一场反动的噩梦。[1] 不合时宜的沙皇专制，使得国内经济进一步恶化，无法真正为海军建设提供资金上的支持。尽管亚历山大三世对于海军不甚了解，但是他认为对于俄国来说，强大的陆军和海军都是非常必需的，因此赞成发展海军力量。从表1我们可以看出，亚历山大三世在位期间，用于海军的军费逐年递增，到1893年已经达到了50.4百万卢布，比1881年增长了约20%。受国际拓展海上力量这一国际结构的影响，俄国沙皇决心利用更多的国家资源来发展海洋战略，而不顾国家资源的透支。

表1 1879—1902年俄国海军经费[2] （单位：百万卢布）

| 年份 | 经费 | 年份 | 经费 | 年份 | 经费 | 年份 | 经费 |
| --- | --- | --- | --- | --- | --- | --- | --- |
| 1879 | 31.0 | 1885 | 38.5 | 1891 | 45.5 | 1897 | 59.9 |
| 1880 | 29.4 | 1886 | 44.6 | 1892 | 48.2 | 1898 | 67.1 |
| 1881 | 30.7 | 1887 | 40.0 | 1893 | 50.4 | 1899 | 83.1 |
| 1882 | 30.7 | 1888 | 40.9 | 1894 | 51.2 | 1900 | 86.6 |
| 1883 | 34.0 | 1889 | 40.8 | 1895 | 54.9 | 1901 | 95.6 |
| 1884 | 34.2 | 1890 | 40.9 | 1896 | 58.0 | 1902 | 98.3 |

亚历山大三世在位期间，俄国在海洋策略上主要奉行防御性原

---

[1] 《俄国与苏联海上力量史》，第207页。
[2] 资料来源：S. F. 奥戈罗德尼科夫著：《海军部百年来的发展与活动历史概述》，圣彼得堡，1902年版，第216，243—244，259页。

则，以波罗的海和黑海为主要区域，主要目标是实现俄国海岸在被封锁的情况下突破封锁并打击敌军。在这个时期，海军舰艇得到了一定程度的发展。1881年，俄国提出了二十年海军发展规划，要建造19艘一级、4艘二级战列舰，25艘各种型号的巡洋舰和各种较小船只。[①] 在80年代，俄国为波罗的海舰队建造了"亚历山大二世"号、"尼古拉一世"号、"汉古特"号和"纳瓦林"号，它们自6500吨到9500吨不等，还为黑海舰队造了"格奥尔基·波别多诺谢茨"号和"十二使徒"号两舰。这六艘军舰分属五种类型，大部分炮数不足而速度又慢。到90年代海军制造稍有进步，但俄国造船业仍然只能制造出一些质量很差的舰只。黑海舰队的战列舰"三圣者号"、"罗斯季斯拉夫"号和"波捷姆金·塔夫里切夫斯基公爵"号，都是约12500吨吐水量，质量较好，但不幸它们分属三种不同类型，在速度、装甲和炮数上也不统一。[②] 另外，俄国海军从美国内战和俄土战争中吸取了一定的经验教训，加强了鱼雷快艇的建造，使俄国海军成为鱼雷快艇数量最多的国家。同时，俄国的基地设施也有所发展，不仅在彼列科普地峡修建了运河，连接起克里米亚半岛，大大缩短了军舰沿黑海北岸活动的航程，还重建了塞瓦斯托波尔港；并在黑海沿岸的北高加索地带建立了深水的新罗西斯克港。到1893年，俄国海军规模超过了意大利和德国。按一级战列舰数量来看，英国35艘，法国16艘，俄国11艘，居世界第三。与此同时，对俄国海军的建设也带动了俄国工业的发展，但是由于技术上高度依赖外来技术，俄国工业依旧不能满足海军军备的需要。

虽然亚历山大在发展海军的过程中加大了对海军的投入，也取得了一定成就，但是他对于训练海兵、选拔军官、军事演习、国外巡航等海军管理的细节都比较忽视，造成了船只和船员停留在港内

---

[①] 《俄国与苏联海上力量史》，第216页。
[②] 《俄国与苏联海上力量史》，第219页。

的现象越来越频繁，一些水兵和军官甚至受革命党人的影响，暗地里成为革命党人，为后来俄国发生革命埋下了伏笔。在这个阶段，我们可以清晰地看到，当时国际结构和俄国政治、社会制度的交织，是如何将俄国一步步地引入了通过消耗有限国家资源而谋求海军泡沫式发展之路。

（三）尼古拉二世（1868—1917）：日俄战争及其海洋战略

到了尼古拉二世，回顾海洋战略发展的过程，我们可以更加清晰地看到，当时的国际结构是如何进一步驱使沙皇动用国家资源来谋求海军力量的壮大的。如果说俄国开眼看世界从彼得大帝开始，那么，可以说，到了尼古拉二世，俄国对开眼看世界的必要性已经深信不疑，但是却并没有思考如何在开眼看世界的过程中，结合本国的经济发展状况和政治社会制度，来正确处理俄国与所处的国际结构之间的关系。

1. 海权论的广泛传播

19世纪90年代，马汉的"海权论"也传播到了俄国。俄国海权理论家尼古拉·克拉多深受影响，认为马汉的理论也适用于俄国。这种思想得到了对海军建设颇有热忱的尼古拉二世的重视，沙皇政府开始着力建立一支以远洋战列舰为主体的强大海军，以满足同其他帝国主义国家争夺世界霸权的雄心。尽管克拉多深受海军是陆军的海上侧翼的传统观念影响，但他提出建立远洋舰队的主张，并通过对远东问题的深刻研究，提出俄国的国家利益必须在远东得到体现的观点。这一观点得到沙皇尼古拉二世的支持，作为资本主义世界里薄弱一环的俄国开始建立一支具有实力的远洋海军。到19世纪末，俄国海军在全世界海军中取得了名列第三的地位。1898年，它拥有20艘战列舰，22艘海防舰、11艘装甲巡洋舰、2艘防护巡洋舰、20艘巡洋舰、9艘鱼雷炮艇、5艘驱逐舰、约75艘长一百英尺以上的鱼雷快艇以及各种辅助舰。① 虽然从表面上看，俄国海军取得了不错的成绩，但是长期存在于俄罗斯海军内部的问题依旧非常严峻，如船舰质量相对低下，军官贿赂现象严重，管理水平不足等。

2. 国际结构对俄国海洋战略的影响

（1）日俄战争：俄国海洋战略的重大溃败

在俄国海军步履蹒跚的成长过程中，此刻的国际社会，由于帝国争夺而在俄罗斯外部酝酿着另一个危机。中日1895年甲午战争之后，日本通过《马关条约》将辽东半岛占为己有，这与俄国在远东的扩张活动产生了冲突。由于符拉迪沃斯托克每年几个月的冰封期并不能满足俄国人通向太平洋的需求，因此俄国迫切希望能够获得辽东半岛。因此，俄、法、德共同反对日中条约中的条款，日俄政治斗争开始公开化，在远东的矛盾孕育着新的战争。随着1900年中国"义和团"起义的发生，各国之间的矛盾进一步尖锐化。英、美、日三国希望将俄国从中国的满洲驱逐出去，在英美的影响下，日本加紧备战，酝酿对俄的战争。

1903年，日本和英国签订了共同反对俄国的条约，条约中规定，各国需在远东水域保持一支比俄国舰队强大的舰队，突出了海军在即将到来的战争中的重要作用；同时，美国也明确表示一旦法英支援德国，则将加入英国阵营中。这也就意味着一旦进入战争，俄国可能就要进入同世界上两个最大的海洋国家英美进行海洋战争的境地，而这两个国家运用海军解决军事政治问题的手段是极其成熟的。

在面对如此严峻的形势的情况下，俄日双方在备战海战的不同态度上，也体现出了日方政治家决策者的远见卓识，并衬托出俄国领导人这种品质的缺乏。首先，日本将中国战败之后的赔款都用于建设一支强大的海军；此外，日本广泛地寻求来自英美的军事帮助，

---

① 《俄国与苏联海上力量史》，第223页。

比如从英国方面获得了战术性能佳、装备精良的装甲舰。与此相反，尽管俄国统治者明白在远东的战争不可避免，但是却没有出台具有远见的措施，继而加剧了对备战的懈怠，而远东的战略形势也不利于俄国。从两国在太平洋的海军力量对比（见表2），就可以看出俄国明显处于劣势。

表2 日俄战争开始时日俄海军在远东的兵力编成（单位：艘）

| 舰种 | 俄国 | 日本 |
| --- | --- | --- |
| 舰队装甲舰 | 7 | 6 |
| 装甲巡洋舰 | 4 | 8 |
| 巡洋舰 | 7 | 12 |
| 舰队驱逐舰和驱逐舰 | 37 | 47 |

数据来源：《海军学术史》，莫斯科军事出版社，1967年版，第82页。

在实力悬殊如此大的情况下，俄国海军统帅和沙皇却没能准确地判断海军在即将到来的战争中将扮演的角色，也就没有及时调动在波罗的海和黑海的海军力量至太平洋舰队，而当时俄国舰队在太平洋上的基地建设也尚未竣工，舰艇的驻泊也无从谈起。就在这种海军力量分散、战争准备薄弱的情况下，俄国于1904年将自己推向了与日本的对阵当中去了。1904年2月9日，日本利用有利的国际形势、在沙皇俄国备战不力的情况下，凭借着在质量和数量上都优于俄国的海上力量发起了战争。

战争以日本海军对俄在旅顺和仁川的海军发起攻击开始，虽然削弱了俄国的舰队，但是日本却并没有掌握制海权，俄方如果能够全力以赴，战争胜负也未成定局。然而，这个时候，正如上面所说，俄国沙皇对海军力量的认识不足再次导致了海军的失败。在战争中，沙皇委任熟悉敌方和战区且精通海军战术的海军中将斯·奥·马卡洛夫为太平洋舰队司令。但是，在海军在战争中的作用和海军兵力如何使用的问题上，代表沙皇的远东总督与舰队司令发生了严重的分歧，马卡洛夫关于舰队如何积极备战和提高战备的所有建议都遭到了阻挠。战争期间，俄方的舰艇大部分都停泊在基地内，没有进行有效的侦查活动，也就没有对日本的海上运输实行阻断，位于旅顺口的俄国分舰队完全停止了积极行动，而一心想打好战争的马卡洛夫也随着舰艇的炸毁而殉国。当1904年8月24日，从波罗的海派出的第二支太平洋分舰队同旅顺分舰队会合的时候，整个战区的形势已经成为定局，有利于俄国的最好时机已经错过。如果对于正常战争有更好的部署，早日采取支援，情况将大为不同，参考表3我们可以很轻易地得出这个结论。

　　从表3可以看出，俄国的分舰队当时还具有一定的兵力，可以继续承担海上战斗的任务。然而，俄军首脑再次表现出了对于海军力量运用的愚昧，竟决定拆毁军舰，把舰上的武器装备和人员用于陆上防御，最终经过八个月的奋战，旅顺口陷落了，预示了这场战争的最终结局。1904年10月15日，由罗热斯特文斯基海军中将带领的第二太平洋舰队开赴远东，虽然这支种类繁杂、军舰航海性能差而缺乏远航经验的舰队在克服了没有基地停靠进行补给、进行军舰修理的情况下到达了朝鲜海峡，却被在武器和战斗技术装备上占优势的敌人狠狠打击，经过惨烈的对马海战之后，俄国大多数军舰被击沉，日本人夺得了制海权。列宁在叙述这段历史时写道："俄国海军彻底被消灭。吃败仗是注定的了……我们面临的不仅是军事失败，而且是专制主义在军事上的彻底崩溃。"[①] 就这样，日俄战争以沙皇海军的覆灭而告终。1905年9月5日，在美国的调停下，日、俄两国签署了《朴次茅斯合约》，俄国不得不将大连、旅顺等良港让与日本，并将库页岛南部及附近岛屿割让出去。总体看，日俄战争使沙皇政府试图以战争来称霸远东，巩固其统治地位的企图破灭了，

---

① 摘自《列宁全集》第八卷，人民出版社，1963年版，第451页。

而沙皇政府对海上实力对于俄国的意义认识不清，是造成俄国海军软弱、战斗不力的基本原因，这最终导致了沙皇制度在军事上的惨败。

表3 太平洋第二分舰队如能开赴远东日俄两国舰队兵力编成表①（单位：艘）

| 舰种 | 俄国 | | | 日本 |
| --- | --- | --- | --- | --- |
| | 旅顺口分舰队及海参崴大队 | 第二太平洋分舰队 | 小计 | |
| 舰队装甲舰 | 7 | 8 | 15 | 8 |
| 装甲巡洋舰 | 4 | 1 | 5 | 8 |
| 岸防装甲舰 | — | 3 | 3 | — |
| 装甲军舰合计 | 11 | 12 | 23 | 16 |
| 巡洋舰 | 7 | 8 | 15 | 15 |
| 舰队驱逐舰及驱逐舰 | 37 | 9 | 46 | 63 |

（2）日俄战争对俄国海洋战略的影响

日俄战争给俄国海军沉重而深远的打击，极大地削弱了俄国海上扩张和争霸的实力。如果说克里米亚战争使俄国海上力量遭受重挫，日俄战争却使俄国海军几乎一蹶不振，俄国海军由战前的世界二流海军下降为四等海军。美国海军史学家唐·米切尔指出，"从海军角度看，俄国的失败是一场灭顶之灾……俄国海军几乎一夜之间从世界第三位跌到第六位，被美国、德国和日本超过"，② 俄国已经根本失去在外海和内海与其他列强争霸、抗衡的实力。日俄战争之后，太平洋及远东的制海权完全交给了日本，沙皇俄国向东进行扩

---

① ［苏］谢·格·戈尔什科夫：《国家海上威力》，海洋出版社，1985年版，第110页。
② ［美］唐纳德·W·米切尔：《俄国与苏联海上力量史》，朱协译，商务印书馆，1983年版，第297页。

张的企图被遏制。俄国历代沙皇一直致力于发展海军，认为夺取海权是实现其帝国梦想的重要步骤，但是这个帝国梦想在与西方海军的较量下变得支离破碎。

日俄战争俄国损失惨重，俄国社会开始进一步认识到海军在现代战争中的作用，并促使沙皇政府进一步迅速恢复和建设海军。尤其是日俄战争造成俄国太平洋舰队和波罗的海舰队的覆灭，引发了俄国统治集团对于优先发展海军还是强化陆军的争论。例如，外交大臣伊兹伏尔斯基从帝国扩张政策需要出发，提出"俄国作为大国是需要舰队的，没有舰队是不行的"的主张，同时认为，俄国舰队不应"拘泥于某一海域或海峡的防御任务。政策指向哪里，它就应在哪里行动。"① 虽然沙皇政府致力于重建海军，并且制定了若干发展海军力量的计划，但是沙皇政府并未从根本上改变对待海军的态度，建设海军依旧着眼于国家声望而没有从俄国拥有海上实力的必要性出发。

（3）国际结构与发展海洋战略之间的矛盾性

在这里，国际结构和俄国本身素质的不相容性，给俄国海洋战略所带来的负面影响进一步凸显了。从具体措施来看，俄国海军建设一味追赶外国海军，盲目仿造外国不完善而陈旧的舰艇型号；不考虑舰艇的作战条件；也不考虑由于地理条件对俄国海军建设提出的特殊要求。比如，俄国海战区域分散，应该综合设计各战区的兵力机动机制；再次，考虑到各战区之间缺乏开发成熟、设备完善的航线和驻泊点，俄国应该加强舰艇停泊的港口建设和航线开发工作，这就要求沙皇政府重视俄国航海家通过航行考察发现的一系列岛屿和海外领土；此外，由于俄国的海战区域分散，俄国采取的策略就是在每个海域建立一支独立舰队，这就导致俄国在每个海域的实力都弱于该战区潜在敌人的海军，因此，要解决各个战区之间海军兵

---

① ［苏］罗斯图诺夫：《第一次世界大战的俄国战线》，莫斯科，1976年，第32—33页。

力机动的问题，必须建造远航舰艇，同时要求培养具有战略远见的海军领导人才，以保证各战区的海军力量可以适时集中起来。然而，日俄战争之后发生了1905年革命虽然被镇压了，但是俄国内部的革命之火已经形成燎原之势，加上当时主要的资本主义国家内普遍出现大规模经济危机的先兆，一场世界范围内的战争不可避免。在内忧外困的情况下，沙皇俄国对于进一步加强和发展海军力量已经力不从心了。从彼得大帝开始苦心经营，叶卡捷琳娜二世时期取得辉煌成就的俄国海洋战略，到此时已经呈现出一派颓废的景象。

（四）十月革命前俄国海洋战略的发展

十月革命前俄国海洋战略的发展，突出表现在数量、资金的增加以及装备的更新上，结合当时海运呈现指数型增长的背景，可以说其必要性进一步被证明。然而，正如烟火燃烧得最灿烂的时刻，也就是灰烬产生的时刻。国内资源的过度消耗进一步加快了沙皇统治崩塌的步伐。

1. 十月革命前俄国海军规模的扩大

在此期间，俄国海军将主要的注意力放在建造新舰艇上，在建造舰艇的过程中开始分级建造和装备。在原有波罗的海舰队和黑海舰队的基础上，为太平洋舰队配备了旅顺和海参崴两个海军基地。此外，一支小舰队也在地中海得到了保留。到1898年，俄国海军已在世界海军中稳居世界第三，拥有20艘战列舰、22艘海防舰、11艘装甲巡洋舰、2艘防护巡洋舰、20艘巡洋舰、9艘鱼雷炮艇、5艘驱逐舰、约75艘长100英尺以上的鱼雷快艇和各种辅助舰只。[①] 与此同时，沙皇俄国的海军预算也从1896年的5940万卢布增加到1904年的10640万卢布（如表4所示）。然而，需要指出的是，虽

---

① 《俄国与苏联海上力量史》，第223页。

然俄国海军造舰大体上与美国同时进行，但落后的工业基础导致俄国的舰艇效能无法同美国媲美。俄国海军的舰艇由于长期依赖国外技术，自主性差；加上外购舰只同级规格差别大，编队行动困难导致舰艇设计无法发挥全部作战潜力；此外，俄国舰艇火炮数量不足、海军基地作风散漫、贪污腐败盛行都使得海军没有取得实质性的进步。尤其限制俄国海军发挥作用的一点就是，俄国舰艇分散在地理位置相隔甚远的三个舰队中，无法实现统一作战，这些因素都导致俄国无法在扩张战争中占据主导权。

表4　1896—1904年俄国海军预算[①]（单位：百万卢布）

| 年度 | 海军预算 | 造舰费用 | % |
| --- | --- | --- | --- |
| 1896—1897 | 59.4 | 26.3 | 44.3 |
| 1897—1898 | 61.0 | 23.7 | 39.0 |
| 1898—1899 | 69.3 | 28.2 | 40.7 |
| 1899—1900 | 85.6 | 32.3 | 38.4 |
| 1900—1901 | 88.2 | 37.7 | 42.7 |
| 1901—1902 | 98.9 | 38.3 | 38.7 |
| 1902—1903 | 100.1 | 37.6 | 37.6 |
| 1903—1904 | 106.4 | 41.2 | 38.7 |

日俄战争失败之后，随着第一次世界大战的爆发，俄国抱着借机实现占领巴尔干半岛、控制土耳其两海峡的愿望，加入到了一战当中。第二年，英法两国同意将君士坦丁堡、黑海海峡和马尔马拉海峡划归俄国。然而，由于俄国军事力量薄弱，加上在战争过程中应协约国联盟的要求，不得不在西面和西北面对德进行战争，造成本来就孱弱的俄国军队兵力分散，最终战争归于失败。俄国在战争

---

[①] 索罗金：《1904—1905的日俄战争》，第17页，转引自吴春秋：《俄国军事史略》。

中消耗了大量的人力和财力，据统计，共有约11.2%的俄国人先后参与到了战争当中，共计1900万人；而从战争开始的1914年，每日战争的开支就高达1630万卢布，原本穷困的俄国变得更加积贫积弱，国内的矛盾变得更加尖锐，这直接导致了后来革命的发生。

2. 海洋战略：与资本主义的发展齐头并进

与此同时，俄国国内资本主义的进一步发展使得海运获得了一定的进步，这也进一步对俄国发展海上力量提出了一定的要求。随着欧美资本主义国家海外财富的进一步积累，一方面西方人口进一步增长，另一方面欧洲国家的土地面积不断缩小，这使得欧美国家对于来自俄罗斯的粮食需求进一步增大，因此对于海洋运输的需求也随着水涨船高。在1550—1600年间，东欧国家向西欧出口价值一直保持在进口的2倍以上，而在波罗的海粮食贸易的主要港口但泽，裸麦价格上涨了247%，大麦价格上涨了187%。[①] 而这种情况一直持续到19世纪末，虽然俄国早先就进行了农奴制改革，在一定程度上解放了生产力，但是改革并没有在最大程度上推进俄国的资本主义发展，俄国在资产阶级革命没有完成的情况下过渡到了帝国主义时期。这一时期，海上贸易对俄国资本主义发展起到了重要作用。1901—1911年十年间，俄国海运货物总量（进出口总量）由1816.3万吨激增至2984.3万吨，增长了64.3%。而1911年俄国对外贸易总额27.54亿卢布（如表5所示）中有16.07亿卢布的商品是通过海路运输，只有11.46亿卢布商品通过铁路进行运输。就商品总重量而言，海运承担了俄国出和进口商品总重22.65亿普特中15.62亿普特的货物量，占到当时俄国对外贸易运输口总量的2/3以上。在这样的情况下，随着俄国对外贸易需求的激增，1912年俄国政府向杜马提交了更改海运港口行政区划和进行两个五年期大规模港口改造的法案，预算总额预计为2.17亿卢布。

---

① 吴于廑、齐世荣：《世界史 近代史》（上），高等教育出版社，1992年版，第260页。

表5　1911年俄国对外贸易情况（单位：千卢布）

| 方向 | 出口 | 进口 | 商品运输总额 |
| --- | --- | --- | --- |
| 白海 | 28034 | 4140 | 32174 |
| 波罗的海 | 464690 | 382892 | 847582 |
| 黑海—欧洲 | 321310 | 63627 | 384937 |
| 黑海—高加索 | 119766 | 27695 | 147461 |
| 亚速海 | 189871 | 5399 | 195270 |
| 普鲁士边界 | 257563 | 436195 | 693758 |
| 奥地利边界 | 72071 | 46938 | 119009 |
| 罗马尼亚边界 | 7041 | 2071 | 9112 |
| 芬兰 | 53668 | 42048 | 95716 |
| 亚洲 | 77397 | 150677 | 228074 |
| 总计 | 1591411 | 1161682 | 2754093 |

杜马批准了该法案，1913—1918年为该法案第一期，计划共投入9000万卢布，首批1800万卢布已列入1913年预算。但由于俄国的资本主义工业发展不充分，海洋事业对俄国经济发展的实际促进作用十分有限。例如，俄国90%的对外贸易货运运输都由外国船只承担，悬挂俄国国旗的船只1911年运输量只占海运货物总量的20.2%。这些都表明，尽管沙俄商船队取得了巨大的发展，但还不能满足国内需求，俄国需要进一步采取措施拓展海上势力范围，以保障海运的畅通，达到促进经济发展的目标。然而，针对发展海运的法案还没有来得及全部实施，1917年的十月革命就推翻了沙皇俄国政权，代之以苏维埃政权。几代沙皇苦心经营的海洋战略，最终也随着罗曼诺夫王朝的覆灭而消亡，俄国的海洋战略发展进入了新的历史阶段。

3. 俄国海洋战略：秀而不实

总的来说，这一时期的海洋战略，虽然叶卡捷琳娜二世之后的沙皇俄国统治者，基本延续了向水域扩张的国策，但总体上看，他们对进一步发展海洋事业的目标，都定位在辅助夺取欧洲大陆霸权这一目标上。尽管受到了世界范围内主要资本主义国家热衷于发展海权的影响，但是沙皇们关于发展海洋战略对于一个国家的真正意义，并没有结合本国的政治、经济、地理和社会状况而得出深刻的理解和认识。海洋战略的制定和实施，也就往往流于形式、盲目追求数量的增长，以及范围的扩大。1814年，亚历山大一世打败拿破仑的法国之后，建立起以沙皇俄国为核心的"神圣同盟"，在取得欧洲霸权的同时，沙俄的势力进一步疯狂扩张，同时也消耗了俄国本身比较贫乏的资源。在拿破仑战争末期，俄国海军开始进入了艰难时期，这是俄国海军史上最黑暗的时代之一。与彼得大帝时期海洋战略的蓬勃发展不同，亚历山大二世至十月革命之前的俄国海军，尽管由于君主对于俄国发展海洋战略的态度不尽相同，其形势的好坏此起彼伏，但是总的来说呈现出一派颓势。同时，随着俄国进一步参与到全球利益争夺的进程中，欧洲列强对俄国所表现出来的野心持谨慎的态度，不断加大对俄国的遏制。而此时在封建农奴制下不断挣扎的俄国，加上沙皇实行的专制政体，已逐步跟不上欧洲列强的步伐。最终，在内外因素的共同作用下，沙俄出海口战略逐步陷入困境，并最终在革命的炮火中宣告失败。

造成俄国海军屡遭重创的原因也是多层次的。首先，在这个时期，俄国走向海洋的政策没有实现彼得二世"以战养和、以和维战"的战略思想，俄国的海外贸易并没有随着出海口的打通而进入实质性的繁荣，也就缺少了马汉在"海权论"中所提出的"海军、商船、殖民地"三大体系中的一个重要环节，俄国海军缺少进一步拓展的强大动力和经济支持。其次，从亚历山大二世即位到俄国十月革命之前，俄国的海洋战略的兴衰起伏在很大程度上与历代沙皇对于海洋战略的重视与否有着莫大的联系。而这一时期在位的沙皇，大多都不约而同地对俄国的海权发展表示出了冷漠的态度。虽然尼古拉二世有心改革，但是在强大的阻力面前还是收效甚微。举例来说，从沙皇任命的海军领导者看，这一时期的海军首脑大多是庸碌无能的人物，他们认为海军对于国家来说是不堪重负而又是无用的奢侈品。对于当时的海军建设，十二月党人施泰因格尔曾有过这样的评论："……彼得大帝的最优秀的杰作，已被德特拉维尔斯侯爵毁坏殆尽。"① 水兵则训练无素，被指示干一些无关紧要的任务。从海军装备来说，海军舰艇几乎处于不出海状态，海军内缺乏具有丰富经验的舰长和军官。著名的海军将领瓦·米·戈洛夫宁就曾写道："……破烂不堪、装备低劣的舰艇；衰老多病、学识短浅，一到海上就六神无主的海军将领；再加上徒有水兵其名的一群庄稼汉凑成的舰员，如果说这也能称其为海军，那么这样的海军我们倒是有的。"②

与此同时，随着欧美国家工业革命的开展，俄国这只巨熊在与西方国家力量的角逐中越发显得力不从心。欧美国家在工业革命带动资本主义发展的过程中，不断地撬动着俄国在欧亚大陆上的既有影响力，克里米亚战争和日俄战争中俄国的失败就是体现。俄国沙皇在王朝统治末期的风雨飘摇，使得俄国的海洋发展战略唇亡齿寒，不断陷入"重建—覆灭"的循环之中，并最终在这种恶性循环中拖垮了整个国家。

## 三、俄国海洋战略衰落的原因 （1885—1917）

为什么沙皇俄国的海洋战略在彼得大帝和叶卡捷琳娜二世时期能够顺应时代的潮流，取得显著的成绩，而到了亚历山大二世，经

---

① 摘引自A.K.鲍拉兹金主编的《十二月党人书信和供状选》，1906年版，第61页。
② T.E.巴甫洛夫："十二月党人尼·别斯图热夫和他的'俄国海军的历史经验'"，参见别斯图热夫：《俄国海军的历史经验》一书，列宁格勒造船工业出版社，1961年版，第9页。

过亚历山大三世，最后到尼古拉二世时，却不可避免地走向了衰败，并随着十月革命的一声炮响而走向消亡呢？笔者认为主要有以下几个原因。

（一）腐朽的沙皇制度

18世纪后半期，最早从英国爆发的工业革命席卷欧美各国，资产阶级革命在欧美国家方兴未艾，法国大革命、美国独立战争、德国统一纷纷为资本主义的发展扫清了障碍，经济的发展呈现出一片生机勃勃的景象。然而，幅员辽阔、横跨欧亚洲的俄国却依旧处于沙皇专制的统治之下，封建农奴专制成为资本主义在俄国发展的最大制约因素。

笔者认为，以下三点是导致俄国海洋战略在18世纪后半期到19世纪早期呈现一派颓势的重要原因，这三个原因既带有俄国海洋战略长期以来存在问题的共性，又在这一阶段表现得尤其突出。

1. 沙皇专制与海洋战略管理低水平的联系

首先，沙皇专制下俄国海洋战略管理水平低下。沙皇专制制度最显著的特点就是战略政策的最终决定权牢牢掌握在沙皇一人手中，地方军政事务都由沙皇总督实施管理。这造成了门阀制度盛行、行政管理混乱。例如，在任命海军将领的过程中，沙皇往往带有很强的个人偏见，往往不是以被任命人的实际才能做出选择，这就造成了在黑海舰队、太平洋舰队等海军中有许多甚至对海军战略、作战技术不甚了解的军官；在实施海军战略战术的过程中，少数海军精英被业务不强的将领所排挤，往往不能发挥其真正的军事才能。

其次，沙皇专制制度使得对外扩张顺理成章。马汉在《海权论》中谈到发展海权的三大要素之一就是殖民地的获取。受此影响，由于沙皇拥有至高无上的权力，可以任意地动用国家资源进一步向外扩张，抢占新的原料产地和殖民地市场。侵略扩张野心的不断膨胀使得俄国频繁发动对外战争，导致国内积贫积弱的局面长期难以改变，国内阶级矛盾不断积累发酵，资本主义的充分发展也就无从谈起。在一个农奴制盛行、阶级矛盾尖锐的封建俄国，沙皇为了维护自己的专制统治不得不花费大量的力气去镇压接连不断的国内革命，也就无法真正集中资源来发展海军和制定长远可行的海军发展战略。

最后，沙皇专制制度下海洋战略的发展态势很大程度上取决于沙皇个人的意志。俄国的精英阶层对于俄国是否应该发展成为一个海洋大国一直有着不同的争论，对发展海洋力量也一直处于左右摇摆的过程中。在这种情况下，统治者的重视程度直接决定了一国海洋战略的性质和海上事业的兴衰。正如马汉所说，"特殊形式的政府和制度，以及不同时期各个统治者的特点，已经对海权的发展起到了非常明显的作用。"① 虽然历代沙皇中不乏对于发展海权十分热衷的君主，如彼得大帝、叶卡捷琳娜二世和尼古拉二世，但是大多数的俄国沙皇始终认为，俄国本质上是大陆国家，海军只是陆军的辅助手段，其主要作用在于近岸防御。因此，俄国的海洋战略一直缺乏长期稳定的战略部署，其发展的高峰与低谷，往往取决于当朝的沙皇对于海洋事业的重视程度。而俄国海军整体的装备、能力和水平在大部分时间落后于其他欧美国家，这与彼得大帝时期就确立下来的通过海军向大洋扩张的霸权追求形成了难以调和的矛盾，也是俄国海洋战略总体上趋于失败的原因之一。

（二）地理位置的先天缺陷

俄罗斯地处高纬度北极地区，气候条件恶劣，海岸线漫长但是可利用率低，冬季漫长严寒，不利于可供常年使用海港的建设。即便是南部的波罗的海和黑海，尽管冬季温暖不冻，但是具有陆间内

---

① ［美］马汉：《海权对历史的影响：1660—1783》，解放军出版社，1998年版，第55页。

海腹地小、水深浅的缺陷。加上俄国本身一直没有属于自己的出海通道，与之接近的巴伦支海、鄂霍次克海以及日本海的海上通道都受制于其他外部力量。最后，非常重要的一点是，俄国布局在四大海洋上的四支舰队相距遥远，没有长久占据的海港，因此也就无法形成珍珠链式的海洋力量部署。一旦战争发生，各个舰队在战略方向上都是彼此孤立的，难以形成合力，在战略部署上十分被动，容易遭受像对马海战里全军覆灭的致命打击。而舰队作为海军力量的重要承载，一旦重建，往往会消耗大量的财力物力，这对于本来贫穷落后的俄国来说无疑是沉重的负担。因此，从严格意义上来说，俄国本身并不具备能够大力发展海权的地理条件，正如戈尔什科夫后来总结的，俄国建设海军的军事地理条件是不利的：一是海军缺乏畅通的出海口，要经过帝国主义控制的海峡和狭水道，进入大洋困难；二是气候寒冷，大多数海军基地分布在冰冻地区，对海军的各种保障工作提出了许多特殊要求。[1] 这也解释了为什么俄国在为发展海洋战略，真正走向大海，付出了比其他海洋国家更多资源和努力的情况下而依旧收效甚微。对于俄国来说，"俄国呼吸到了海洋的气息，但并不畅快，始终只是一个两只手发育极不平衡的巨人。在历次海战中，除了对相对弱小的瑞典海军、土耳其海军小有胜利，并与英国联手战胜过拿破仑的地中海分舰队外，很难与英、美海军，甚至德国、日本海军争雄，并有克里米亚战争和日俄战争惨败的记录。"[2] 当俄国的海洋战略发展遇到了"地利"的限制之时，加上将海洋战略定位为海外扩张途径，俄国不顾自身实力的"东施效颦"就只能一再遭遇挫败了。

---

[1] 陆俊元："海权论与俄罗斯海权地理不利性评析"，《世界地理研究》第7卷第1期，1998年6月。

[2] 姚晓瑞："地缘环境对俄国海军发展的影响"，《广播电视大学学报》，1999年第3期。

### (三) 战略的制定与俄国实力不相匹配

早在彼得大帝时期，沙皇俄国就制定了其具体的海洋战略构想，即通过夺取顿河河口进入黑海，控制黑海海峡进入地中海；夺取涅瓦河口进入波罗的海，最终进入大西洋；夺取黑龙江河口进入鄂霍次克海，最终进入太平洋；同时积极南下夺取印度洋出海口。彼得大帝所确立的出海口战略，其最终目的是通过在波罗的海、黑海、地中海和日本海的出海口，最终控制大西洋、太平洋和印度洋。彼得大帝之后，向水域发展一直是沙皇俄国历代统治者追求的目标。

1861年，亚历山大二世废除了农奴制，资本主义因此得到了一定程度的发展，但是长期以来的贫困使得俄国仍然是资本主义世界里最薄弱的一环。在世界列强纷纷瓜分世界、争夺海上霸权的背景下，俄国也不甘示弱，坚定地希望通过海洋争夺获取世界霸权。为了在海洋战争中占据一席之地，落后的沙皇俄国不顾国内船舶工业能力的低下、科技水平的落后，将大量的财富投放到建设一支远洋舰队的事业当中而不顾国内民生，使得国内阶级矛盾不断积累升级。此外，在这个过程中，沙皇俄国大量依赖欧美国家的技术，甚至为了实现海军声望的提升而直接从国外购买相关的船只，花费大量的财富，但是对于海军的管理和作战战略的制定，俄国沙皇政府却没有实力来提高。种种状况都表明，沙皇俄国的这种国家发展战略无疑是杀鸡取卵和舍本逐末，俄国根本不具备相应的实力来支撑其海洋战略的实施。维护国家安全是自莫斯科公国以来俄国的主要关注点，但是土地贫瘠与依赖农业生产的固有矛盾限制着俄国国家的战争能力。每当战败都会引发自上而下的"赶超式"发展，但缺乏西欧内生性的资本主义经济发展导致俄国经济在短暂的"冲刺"后后继乏力，从而陷入停滞。这其中有着深层次的经济结构和制度原因。也就是说，沙皇俄国长期以来以国家资源转移为代价来发展海权和陆权，这个沉重的战略包袱是任何一个国家都难以长期承担的，因为"一个国家无论多么强大，都很难长期做双料强国，因为任何国家的资源都难以同时成功地支持两个方向的战略努力，战略集中是在国家竞争中生存和取胜的前提。"[1] 这也就解释了为什么在彼得大帝和叶卡捷琳娜二世之后，尽管历代沙皇苦心经营，但是俄国的海洋战略依旧夙愿难寐。而更为悲剧性的是，由于沙皇俄国致力于海上霸权的扩张，还招致了来自更加强大的其他欧美国家的对抗和遏制，英、法、德、美、日等资本主义强国都纷纷对沙皇俄国在土耳其、阿富汗和中国等地的殖民地占领活动表示出强烈的不满。在18世纪的后半期到19世纪的初期，落后的沙皇俄国不得不面对来自先进的资本主义强国的联合遏制，进行长期的抗衡。其中，最显著的例子就是克里米亚战争和日俄战争，沙皇俄国的舰队都遭遇了全军覆没的悲惨经历，使得俄国国力透支，导致其"在不同的时期有不同的侧重点……俄国对外政策重心频繁转移，反映了它的霸权主义倾向与力不从心的深刻矛盾和虚弱本质。"[2]

总的说来，俄国贫穷落后的经济实力不足以支撑其包含着强大野心的海洋战略，而俄国地理条件上的先天不足使得其海洋霸权难以实现，加上统治者思想意识上的不统一和来自发达资本主义国家的遏制，沙皇俄国的海洋战略逐步陷入困境。在克里米亚战争和日俄战争失败的阴影下，国内阶级矛盾进一步激化，沙皇俄国加入到一战的过程也因此成为其葬身于革命的导火线，沙皇制度最终被自身拖垮，而这一阶段依赖着沙皇制度发展起来的海洋战略，也最终化作世界海洋战略史上璀璨而转瞬即逝的烟火。

---

[1] 邵永灵、时殷弘："近代欧洲陆海复合国家的命运与当代中国的选择"，《世界经济与政治》，2000年第10期。

[2] 崔丕：《近代东北亚国际关系研究》，东北师范大学出版社，1992年版，第40页。

# 第四章 十月革命至卫国战争期间的苏联[①]海洋战略

1917 俄国十月革命建立了人类历史上第一个社会主义国家，俄罗斯民族、乃至整个人类社会也迈入了崭新的历史阶段。一方面，第一次世界大战摧毁了德意志、奥匈、俄国、奥斯曼四个帝国，中东欧出现了一大批新独立的中小国家，使得欧洲地缘政治板块更加破碎化，安全形势更为复杂；另一方面，意识形态之争空前加剧，资本主义、社会主义、法西斯主义之间的斗争日趋白热化，进一步刺激了本就脆弱的欧洲政治格局。还必须强调的一点是，从军事技术角度看，世界各海军强国正在经历一场军事技术革命——传统的"大舰巨炮"主义正日薄西山，航母时代的曙光已跃然于地平线。

作为一个全新的政权，苏联所秉持的意识形态、对所处的国际环境的认知都深刻地影响了它对国际形势与安全环境的判断，进而影响了其海洋战略的制定。另一方面，苏联海洋战略的制定也深受其地缘环境、国内政治经济条件、以及固有的"重陆轻海"思潮等传统因素的影响。这些因素导致这一时期苏联海洋战略的指导性思想和建设方案——"小规模海战"理论及后来的斯大林"大舰队"计划——既表现出对客观环境的清醒认知，又表现出对技术进步与

---

[①] 1922 年 12 月 30 日，由苏俄、白俄罗斯、乌克兰和外高加索联邦四个苏维埃社会主义共和国合并而成。1917 年十月革命后至苏联成立这段时期，一般简称俄国为苏俄。为方便阅读和写作，除非有明确的时间节点，本章一般统称为苏联。

军事革命的盲目无知。

"战略"一词内涵的丰富性不再赘述，但是无论从哪个角度看，战略思想的引领与指导性作用都是无可取代的。同时，考虑到国防安全在苏联海洋战略话语中极为重要的分量，本章将以"小规模海战"理论与斯大林的"大舰队"计划为主线，对1917—1945年间苏联海洋战略的产生、发展与实践做系统地梳理，并与同时期英国、美国、德国、日本等西方强国的海洋战略发展进行比较，再结合苏联海军在二战中的战争实践做一定的反思。这一时期苏联渔业与贸易的发展、对北极地区的勘探不在讨论之列。

## 一、"小规模海战"理论

进入20世纪30年代后，苏联关于海军建设政策的探讨重新变得活跃起来，其结果是最终形成了一种较为成熟的海军建设理论——"小规模海战"理论。"小规模海战"理论是苏联成立后提出的第一种系统性的海洋战略思想。在它的指导下，苏联海军建设迅速摆脱了建国初期的混乱局面，走上了科学规划、具备完整作战能力的道路。更为重要的是，该理论后来对许多社会主义阵营的国家（包括中国）的海洋战略都产生了重大影响。因此，"小规模海战"理论产生的原因、具体的内容及其实践结果都值得去探究。

（一）创立

"小规模海战"理论的创立是在复杂的国内外形势之下被迫做出的。它的制定主要基于三个方面的考虑：苏联的国防需求、苏联的经济技术条件、世界军事技术革命的影响。

地缘环境、历史经验与国际政治格局共同形塑了苏联的国防需求。且不论历史上遭遇的多次入侵，仅在十月革命后，苏俄就面临着一系列十分严峻的挑战：国外有来自德奥和协约国的武装干涉，国内则有高尔察克、邓尼金等白军的反叛。此外，濒临破产的国民经济、民族分离运动的兴起，使红色政权随时有倾覆的可能。尽管布尔什维克在历经数年残酷的国内战争和苏波战争后巩固了政权，但是这段历史极大地影响了苏联对国家安全形势的评估。

正如乔治·凯南在其著名的"8000字长电报"[①]中对苏联所做的剖析，苏联的国家安全形势有其固有的脆弱性。但这种脆弱性并非由其政权性质导致，而是由俄国地处平原、无险可守的地缘环境和数百年来屡遭入侵的历史记忆塑造的。此外，作为当时仅有的社会主义国家，苏联因为奉行特有的意识形态及制度形式，而长期承受的孤立与包围也加剧了对安全的担忧。因此，苏联海洋战略的逻辑起点，正是在这些历史经纬与意识形态的影响下形成的：帝国主义国家与苏维埃社会主义政权之间存在不可调和的矛盾，帝国主义势力要颠覆破坏苏联，而苏联则要推动世界范围内的无产阶级革命。因为苏联国家安全固有的脆弱性，为有效保卫国家安全，苏联必须着手发展海军力量。

但是，经济技术条件的限制很大程度上制约了苏联海上力量的发展。在帝国主义国家中，沙皇俄国的工业实力相对十分薄弱，经济支柱依然是农业。再加上第一次世界大战与数年内战极为严重的损耗，苏联的工业及生产水平直到1926年才恢复到战前1913年的水平。根据《苏联武装力量（建设史）》[②]的说法，在第一个五年计

---

[①] "乔治·凯南8000字长电报"，百度文库，http://wenku.baidu.com/view/f353df2fed630b1c59eeb5be.html。

[②] 苏联国防部军事历史研究所编著，《苏联武装力量（建设史）》，北京：战士出版社编译出版，1981年版，第66页。

划完成之前，苏联海军补充舰艇的主要途径是修理可用的舰船，其中包括修复从海底打捞上来的残损舰艇，以及建成一些在第一次世界大战期间已经开始建造并已大部分完工的舰艇。可以看出，苏联此时并不具备大规模设计建造军用舰只的能力。

因此，当1922年4月，苏俄海军在莫斯科讨论如何振兴海军的事宜时，最终采取了"少壮派"发展"空、潜、快力量"①的建议。当时，在会议上根据不同的意见形成了两大阵营：一派主张建立一支以战列舰为主体的远洋舰队，由于他们坚持既有的以战列舰为海军主力舰艇的传统观点，因此他们又被称为"传统派"。另一派则被称为"少壮派"，他们主张建立一支由轻型水面舰艇、潜艇以及陆基飞机为主的海军力量。需要说明的是，对"少壮派"观点的采纳并不意味着苏联高层完全认识到了军事技术进步的潜在影响，否则斯大林的大舰队计划也不会出炉。实际上，苏联的决策层并非不想拥有以战列舰为主体的远洋海军②，而是迫于有限的经济条件与技术储备，只得通过以"空潜快"为主的方式尽可能保卫苏联沿海的安全。

尽管苏联高层的决策者未必意识到军事技术进步，将给海战方式造成的革命性变化，但是苏联海军内部并不缺乏关注西方先进军事理论和军事技术演变的职业军人。1930年，苏联海军科学院的亚历山大罗夫写了一篇对海军建设及在未来战争中发挥作用方式的专题研究文章。③ 在这篇文章中他批判了马汉的海权论，分析了自20世纪以来的海战形式的变化。他认为，现代化战争已经表明严密封锁是不可能的；潜艇、鱼雷艇及鱼雷发射装置等防御性武器在战争期间都可以制造。武器的飞速发展改变了战争的形式和方法，战争

---

① "空潜快"为军事术语，是海军航空兵、潜艇和轻型快速水面舰艇的简称。
② 即使在资源非常有限的情况下，苏联海军也希望集中资源优先修复战列舰，如1926年末，苏共中央通过了一个6年造船计划，明确规定要大修1艘"十月革命"（过去的"根库特"）号战列舰。《苏联海军的战斗道路》，第132页。
③ 戈尔什科夫：《国家海上威力》，生活·读书·新知三联书店，1977年版，第222—223页。

期间的生产力，而非战争开始时的实力才是决定胜利的主要因素。文章最后总结道：海军理论不应仅靠历史为依据，而应以对正在实行的五年计划进行有效防御为依据；海军独立作战的观点应当受到反对，与陆军紧密配合的理论则应予赞扬。

亚历山大罗夫在这篇文章中所提出的观点，受到了苏联海军上将穆克列维奇的支持。1931年穆克列维奇在苏共第十六次代表大会上发表讲话，他在亚历山大罗夫的观点基础上，更进一步地提出了在海战中使用潜水艇、水雷和海军飞机进行小规模战争的观点。穆克列维奇的这一观点得到了当时苏联军方的广泛认同，在亚历山大罗夫和穆克列维奇的观点理论化、系统化的基础之上，形成了"小规模海战理论"。

少有论及的是，尽管从表面上看，苏联海军与其前任——沙皇俄国海军，在装备、规模与作战方式上存在很大的落差，但实际上两者存在密切的内在联系。沙俄海军虽曾于19世纪末期时强盛一时，但吨位与规模上的优势掩盖了训练、指挥及制度建设上的滞后，因此曾位居第三的俄国海军才随即在日俄战争中遭到毁灭性的打击。从那之后，沙皇俄国在国内风起云涌的改革与革命势头和欧洲不断激化的大国矛盾的双重压力下日趋衰弱，其重建海军远洋舰队的计划难以有效展开。对于风雨飘摇之中的沙皇俄国来说，远洋舰队实际上已经是无法触及的黄粱一梦，当时最为急迫之事已非在大洋同敌国决战并掌握制海权，而是在即将到来的战争中守护帝国的海岸线，防止敌军登陆。因此，在沙俄末期的海军建设规划中，造价较为便宜、适合防守的潜艇就占到了十分重要的位置。[①] 所以，"小规模海战"理论虽有创新，但实际上隐含着深刻的继承性——在国力有限的条件下，以尽可能低廉的成本实现保卫陆地的根本目标——本质上依然是基于陆权的思考。

---

① 唐纳德·米切尔：《俄国与苏联海上力量史》，北京：商务印书馆，1983年版，第304页。

## （二）内容

"小规模海战"理论认为在近岸海区，潜艇、鱼雷艇、水上鱼雷飞机携带鱼雷，能够有效地对抗装备重炮的战列舰和巡洋舰舰队，因而以苏联海军当时的装备就能够完成沿岸防御任务。根据当时造船工业的能力和海军的任务，苏联重新确立了海军武装体系的结构：建立轻便的水上、水下力量，加强沿岸与水雷阵地的防御，建立和强化岸基海军航空兵。此外，"小规模海战"理论还明确了舰队的防御作战任务：协同沿海地区陆军作战，共同防御沿海政治经济中心和海军基地，以及破坏敌人海上交通线。

不难看出，"小规模海战"理论的实质，就是在靠近海岸的海区内，以海军诸兵种合成兵力对敌军实施坚决的短促突击，打退和击破敌人对海岸的攻势。这种理论决定了苏联海军建设的是一支防御性的舰队，海军建设以潜艇、鱼雷艇、飞机、海岸炮和高射炮等为主。其作战地点为苏联近海地区，作战对象为敌军战列舰和巡洋舰舰队，作战目标为"阻止"而非"歼灭"。这些特点在《1937年工农红军海军暂行战斗条令》这一注重多兵种协同作战的作战条例中表现无余。

1937年《工农红军海军暂行战斗条令》规定了海军作战的基本理论原则与战术方式。条令规定：

（1）对敌人的舰艇、岸上目标和海上交通线，应以有限的海军兵力进行不间断的袭击。为了破坏和切断敌人海上的战略和战役运输，应以潜艇、航空兵和水面舰艇的兵力在敌人交通线上进行独立的战役。潜艇能够"进行持久的作战并对敌人的战斗舰艇和运输工具实施猛烈而隐蔽的鱼雷、水雷突击，而不受战斗中兵力数量对比的限制"。

（2）为了直接支援在濒海方向、濒湖地区和沿河地区作战的陆军并掩护其翼侧，宜用舰队（区舰队）的部分兵力进行不间断的袭击和偶然的出击。为了掩护海军主力、陆军的集结地域和展开地域以及濒陆交通线免遭敌人的海上突击，应构筑强大的水雷炮火阵地和设置防御性水雷障碍。

（3）在舰队完成各种任务时，应十分重视航空兵的使用问题。海军航空兵是一种能够"独立地或者与舰艇协同对敌人的舰艇、海上交通线、海空军基地实施猛烈的轰炸和水雷鱼雷突击"的力量。

（4）海军的防御任务，是根据它的兵力编成和战斗能力在战役战略计划中规定的。而且，阵地斗争手段（海岸炮兵、水雷障碍）和强大的水雷炮火阵地起着重要作用，以它们为依托，海军的舰艇和航空兵能杀伤敌人数量上占优势的海军兵力。[1]

通过对作战条例的解读，不难发现它渗透着浓重的陆权色彩：它不寻求与敌军舰队的主力决战，不谋求掌控特定海域的制海权，而是以保卫沿海安全、防止敌军登陆为根本目标。一方面原因是，沙皇俄国是典型的陆权强国，其扩张的主要方向是在陆上，海军始终只起到辅助性的作用，因而缺乏重视海洋控制权的战略传统。另一方面原因是，新生苏联的首要任务是在孤立与包围中确保国家的安全，且国民经济是独立于资本主义世界市场之外的，对外贸易极为有限，所以也不需要向海外派出军舰对海上航线进行保护。

（三）评价

"小规模海战"理论是以苏联当时的工业水平和造舰速度为依据的，符合当时苏联的国情，对于苏联海军的恢复和发展有着重要的指导意义。它解决了在海军舰只较少、舰队人员不多的情况下用小

---

[1] M·M·基里扬：《军事技术进步与苏联武装力量》，北京：中国对外翻译出版公司，1984年版，第118页。

型舰队和步兵、空军协同的办法解决国家沿海防御的问题，提出了以舰队的有限力量完成战斗任务的有效办法。戈尔什科夫在《国家的海上威力》一书中是这样评价"小规模海战"理论的——"当时为了防御自己的沿岸，使用舰队的有限力量与最强大的海上敌人战斗，这种方式是最有效、最现实、最具体的方法。"[1]那么，在"小规模海战"理论指导下进行建设和作战的苏联海军在二战中的实际表现如何呢？

  总的来说，大约只能用中规中矩来描述了。众所周知，控制海面、掌握制海权自古以来就是海军存在最为重要的理由。但是，在防御性理念指导下的苏联海军，鲜有以此为目的的作战行动。根据唐纳德·米切尔的《俄国与苏联海上力量史》一书的记载，整个二战期间苏联水面舰艇未能击沉一艘较大型的轴心国军舰或商船，自己反而损失了一艘战列舰、两艘巡洋舰等水面舰艇。潜艇部队的战绩也是平淡无奇。在二战爆发前夕，苏联海军拥有约250—260艘潜艇，是世界上规模最大的潜艇部队。但是，其战绩却是各主要海军里最平庸的，只击沉了约100艘货轮和30艘小型军舰，共计不到30万吨，而自己的损失却高达80艘左右。[2]

  相比之下，苏联海军的鱼雷快艇部队较为活跃，虽然取得的战果很有限，且败多胜少，但是往往能制约敌方的行动。海军航空兵虽在战争初期遭受重大损失，但在战争中逐渐得到恢复，取得了较为不错的战果。此外，必须提到的是广大苏联海军官兵在保卫国土时奋勇参战，如在列宁格勒保卫战中，许多海军官兵被编入地面部队作战，而且在喀琅施塔得的军舰的舰炮也被拆下来用作敌方阵地的炮台。在塞瓦斯托波尔保卫战中，海军官兵也进行了英勇不屈的抵抗，尽管军港最终失守，但是也展现了红色海军顽强不屈的战斗

---

[1] 戈尔什科夫：《国家海上威力》，第162页。
[2] 唐纳德·米切尔：《俄国与苏联海上力量史》，北京：商务印书馆，1983年版，第496页。

意志。

可以看出，一方面，在水面作战和争夺制海权领域，苏联海军不仅缺乏行动，而且战绩颇为惨淡。另一方面，苏联海军在保卫沿海重要城市与港口，防止敌军大规模登陆方面进行了英勇但惨烈的战斗，基本实现了战争中的防御目标。因此，苏联海军在战争中的表现只能算是中规中矩，它所具有的规模与它所发挥的作用远不相称。以潜艇部队为例，纳粹德国海军的潜艇规模在开战时远不如苏联，但是却取得了十分辉煌的战果：共击沉盟国149艘各型军舰（包括6艘航空母舰，2艘战列舰），击伤48艘；击沉2882艘商船，计1441万吨；击伤264艘商船，计199万吨。[①]

总之，"小规模海战"理论作为一种防御性战略，基本可以满足苏联保卫国家的需求。它正确地判断了新式武器和新兵种造成的影响，制定了正确的作战原则，并为军队在新的条件下完成战斗任务提供了的理论原则和实际建议。但是，它所付出的高昂成本与低下的作战效率却是十分明显的弊端。如果说苏联在经济实力和技术储备不足时不得不以这种方式来保卫安全，那么当它成为二战的胜利者时，这样保守的海洋战略已成为它成长为世界性大国的绊脚石。在接下来的冷战里，它既不能有效对抗西方海洋强国的海权优势，也不能在世界各地伸张苏联的权力与影响力。

## 二、斯大林的"大舰队"计划

1938年，在斯大林的主导下，苏共通过了用十年时间建立远洋舰队的决议，正式提出建设远洋大海军的规划：建造有能力与强敌

---

① Kriegsmarine, Wikipedia, http://en.wikipedia.org/wiki/Kriegsmarine.

在公海进行单独作战的战列舰与巡洋舰，使大型水面舰艇成为海军的基本力量。根据规划，苏联要在太平洋和波罗的海拥有强大的舰队，切实加强北方舰队和黑海舰队，并建立一支强大的、可与舰船编队协同行动的岸基航空兵。然而，由于苏德战争的爆发，这一计划几乎在刚开始便被打断，因而对战争的进程几乎没起到任何影响。本章之所以特别加以讨论：一是因为该计划在战后马上恢复实施；二是它反映出30年代苏联领导层、特别是斯大林个人对苏联海洋战略发展的新思考。

（一）原因

斯大林为何要提出"大舰队"的计划呢？这实际上可以分为两个问题：一是斯大林为何要建立远洋海军？二是为何选择战列舰作为主力舰只？

关于第一个问题，一般讨论认为有如下两个理由。第一，从意识形态角度看，苏联在当时并未把自己作为一个普通国家来看待，因为它肩负有推动"世界无产阶级革命"的使命。尽管苏联幅员辽阔，但缺乏出海口的现状和与波兰等邻国关系的紧张，使得苏联的地缘政治环境颇为封闭。为了有效支持世界范围内的革命运动，苏联急需一支能够远离本土构成威慑的强大海军。1936年的西班牙内战，使得苏联更深刻地体会到缺乏远洋海军所造成的困境。第二，从当时的欧洲局势看，法西斯势力已经在意大利和德国攫取了政权，大规模战争再次爆发的可能性在迅速提高。为了遏制法西斯势力的扩张，苏联曾做出联合英法的努力，但却没有得到西方的有力回应。斯大林认为，苏联的外交主张之所以无人理会，主要是因为没有强大的海军力量作为后盾；其他国家认为红色海军主要依赖于小规模潜艇部队，并由此轻视苏联的实力。①

关于第二个问题，笔者认为原因十分复杂，但有两点一定要考虑在内。首先，当时欧洲各大国纷纷掀起建造战列舰的军备竞赛。在最先出现的一些违反武器限制公约的事态中，最显著的例子就是德国建造了"德意志级"袖珍战列舰，该舰不符合《华盛顿海军公约》和《伦敦海军公约》中的任何相关标准。此后，德国又相继建造了数艘"沙恩霍斯特级"战列舰，直至后来建成了令英国皇家海军都几乎无可匹敌的"俾斯麦级"战列舰。法国对此首先做出了回应，它建造了"敦刻尔克级"快速战列舰。紧接着，意大利、英国、美国继而纷纷宣布了各自的战列舰建造计划，在吨位、火力、航速上的竞争越发呈不可逆转之势。日本的国力在列强之中并不算雄厚，却倾全力建造了两艘人类有史以来最大的"大和"级战列舰。世界范围内如此激烈的军备竞赛，不可能不触及苏联领导人的神经。而且，马汉"只有无畏舰才能与敌方无畏舰对抗"的思想长久深深地影响着俄国的精英阶层。② 斯大林决定大规模建造战列舰应该是最正常和直接的反应。

其次，以斯大林为代表的苏联精英对以航母为代表的军事技术革命并没有深刻的认知——这在前文曾点到过。实际上，在各个列强掀起建造战列舰狂潮的同时，以英美日为代表的传统海权强国也丝毫没有放松航空母舰的建造工作。到二战爆发前，这三个国家已拥有相当强大的航母舰队，并形成了成熟的作战方法。二战爆发后，英国皇家海军航母奇袭意大利塔兰托军港，以数十架舰载机击毁意大利三艘战列舰，为航母主宰的时代首开纪录。接下来，日本偷袭珍珠港获胜实际上已经宣告了传统的"大舰巨炮"主义已经过时，

---

① 米兰·L·豪勒：《海军作战学院评论》2004年春季号，以"美国历史学家探索惊心动魄的军备扩张大时代：斯大林的大舰队"为题载于《舰船知识》网络版 http://mil.news.sina.com.cn/2005-01-13/1500258289.html。

② 同上。

而美日之间此后一系列以航母为核心的海空大战正式标志着人类海战的战争方式发生了革命性的变化。然而，让人遗憾却又感到不解的是，斯大林不仅在战前对战列舰情有独钟，甚至在战后依然痴迷于大舰巨炮的美梦。他对海洋军事技术革新的漠视由此可见一斑。

（二）反思

在苏联海洋战略理论和实践的探索中，值得反思之处不在少数。前者如斯大林执迷不悟于战列舰的建造，后者如赫鲁晓夫沉醉于导弹核武器的威力。这两位苏联领导人，一位无视甚至鄙夷新技术的发展，另一位却又无限夸大新技术的影响。这涉及战略领域一个根本性的问题，即人们应当如何正确看待新技术的发展及影响。由于本章主旨所限，本章无力也无意就这一深刻的问题展开讨论，但是希望通过对斯大林"大舰队"计划的反思，可以对这个问题提供一些有益的思考。

斯大林何以如此执着于战列舰——这一已被战争实践证明过时的武器呢？米兰·L·豪勒是美国知名的历史学家，他曾于2004年在《海军作战学院评论》春季号上撰文就这一问题做出解释。[①] 在他看来，斯大林的计划主要是出于对个人权欲和苏联大国地位的追求。战列舰在数百年来一直作为海上霸权的象征而存在，其无与伦比的火力、体型与吨位渗透出的是权力的至高无上与不可挑战。斯大林作为苏联至高无上的领袖，这些要素都是他极为看重的。除了30年代就出现的个人崇拜之风，还有一点巧合，就是苏共通过决议建设远洋舰队的时间，正是斯大林的"大清洗"运动席卷全国之时。

---

① 米兰·L·豪勒，美国威斯康星大学（麦迪逊分校）历史系资深教授、英国剑桥大学和布拉格查理大学历史学博士，曾任教于捷、英、德、美等国大学，并一直担任美国伍德罗·威尔逊国际中心东欧研究中心主任。原文发表于《海军作战学院评论》2004年春季号，后以"美国历史学家探索惊心动魄的军备扩张大时代：斯大林的大舰队"为题载于《舰船知识》网络版。

尽管"大清洗"运动的动因依然存在争论，但是谁都无法否认斯大林通过此举极大地巩固和增强了个人权力。斯大林是否有通过建造战列舰彰显个人权威、震慑反对声音的意图呢？这或许永远无法考证。但可以肯定的一点是，笔者的怀疑与推测是有一定依据的。

可是，尽管斯大林作为苏联的最高领导人有一锤定音的权力，但把错误完全归于斯大林也是不公的。苏联海军不乏洞察海上军事变革的能人智者，英美海军也有推崇战列舰的保守声音，但两者为何走上截然不同的发展道路？一般讨论深入到这里时，都会把根源归入制度问题：英美是开放的民主国家，允许多元声音的存在，所以不同的观点可以得到充分的讨论和进行验证的机会；苏联是封闭的极权国家，斯大林的决定不允许也不可能遭到反对，因此出现错误也无法及时纠正。这种观点有相当的说服力，也十分有意义。当时，苏军总参谋长叶戈罗夫元帅认为海军需部署6艘航母：2艘部署于北方舰队，4艘部署于远东。而时任海军部长奥尔洛夫认为只需部署2艘小型航母，到后来为取悦斯大林他甚至全盘放弃了航母部署计划。我们当然可以设想，如果苏联内部可以就专业问题充分表达意见的话，情况或许要好很多。但是本人认为，这一论证并不充分。要知道，战前日本同样是一个较为封闭和专制的国家，但是日本海军对航空母舰的重视程度仅通过其庞大的航母舰队就足以表明。

在笔者看来，问题的根源在于苏联海洋文化的缺失。在回顾二战战史的时候，笔者发现了一个有趣的巧合：假如抛开轴心国与反法西斯盟国的阵营划分，单从地缘政治权力属性的视角来看，以英美日为代表的海上强国的海洋战略都表现出对航空母舰的极大关注，而以苏德为代表的陆权强国的海洋战略均具有明显的保守色彩。笔者认为，关于什么是海洋文化，是十分难以定义的。或许，当一个民族背陆向海，以海为生时，大海所赋予他的思维向度和世界观就有了迥然不同于陆地的特质。这种特质无法言传身教，但是却可以从每天吹拂的海风、摄人的海鱼、庆祝的节日等活动中有所体会。

这种体会源于对海洋千百年的接触和感悟的积累,源于对海水和风向特有的敏锐与解读。这种血液中的海洋特质,使得他们善于发觉和洞察与海洋有关的一切变化。因为若不了解海洋,他们就无法生存——而大陆民族却可以迁往远离海岸的内陆。若非如此,笔者实在找不到对这惊人巧合的更好的解读。

## 三、 结语

从 1917 年十月革命到伟大卫国战争结束,苏联海洋战略走出了一条迥然不同于西方大国的、富有特色的发展道路。特别是"小规模海战"理论,其影响远远超过苏联的国土范围,为包括中国在内的诸多社会主义国家的海洋战略造打上深刻的烙印。因此,对这一时期苏联海洋战略的内容和实践加以总结,是十分必要和有益的。

如前诉说,"小规模海战"理论有其成功的一面,但在后来也束缚了苏联海洋力量的进一步成长。整个地球有 71% 的表面积被海水覆盖,这一物理特性造就了海军不同于陆军的一大特色,即海军是一个战略增值型军种:陆军再强大,也只能在本国领土范围内活动和部署;海军舰只作为活动的国土,却可以在广阔的公海巡航游弋——非但不受限制,还受到国际法的保护。对于苏联来说,二战之前的第一要务为防止帝国主义对领土的入侵,因此一支小规模的近岸海军足以实现这一目标。但是,当苏联成长为一个超级大国,国家利益遍布全球时,一支强大的远洋舰队就成为国家所必需的。赫鲁晓夫曾认为航空母舰不过是导弹核武器时代"浮动的钢铁棺材",但古巴导弹危机让苏联明白远洋海军的缺失对大国来说是多么的致命。

那么，如何建设一支符合需要的远洋海军呢？这一时期苏联海洋战略的理论和实践又能提供哪些参考经验呢？诚然，海洋战略的成败取决于诸多因素，如地理环境、水文条件、战略环境与周边态势、国家综合国力及国民性格等，因此符合某一国家的成功经验未必适用于另一个国家，它需要基于时间和空间的变化来适当调整。但是，成功的海洋战略总是有一些共通的规律性因素。本章试着总结为两点。

首先，需要科学规划发展路线，而不凭个人喜好。

海军是典型的技术密集和知识密集型军种，它的成功需要充分尊重客观规律和科学知识，并对先进技术的发展趋势抱以高度的关注和敏感。在这方面，斯大林的"大舰队"计划可谓提供了最佳的反面例证。斯大林不仅对于海洋军事技术的革命性发展无动于衷，甚至对身边的有识之士还大行镇压之举。更令人不可思议的是，苏联在二战中获胜后，斯大林仍对航母持否定的态度，还想继续建造以战列舰为主的远洋舰队。[①]

要做到科学规划，还需要完善制度建设，以充分发挥广大海军官兵和专业人士的积极性，使不同的意见和声音能得到充分的讨论和检验。人类文明史表明，战争与科学技术的互动或许是最为频繁和有效的。近代中国之所以屡战屡败，主要是由于盲目自大、无视西方先进的军事技术。同时，人类的智识天然具有有限性，庄子说的"吾生也有涯而知也无涯"即为此意。不同的人对同一事物产生不同的认知是再正常不过的事，在科学技术飞速发展的今天更是如此。如果不能从制度上保证直接参与海军建设和海洋活动实践的海军官兵和专业人士广泛讨论，防止"一言堂"现象的出现，又怎么能确保海洋战略的正确性和有效性呢？

然后，也是更为重要的一点，是重视海军人才和海洋文化的

---

① 米兰·L·豪勒："美国历史学家探索惊心动魄的军备扩张大时代：斯大林的大舰队"。

建设。

　　海军建设，人才是根本——这是由它知识密集型的特点所决定的。凡是世界海军强国，无一不重视海军军官和专业人员的培养。彼得大帝厉行改革，为建立一支强大的海军，做的第一件事就是亲自出国考察西欧的造船业，兴建专门的海军院校和技能学校，并高价聘请西欧富有经验的军官和工匠来培训俄国自己的军官、水手和工人。十月革命后，沙俄海军的专业军官与水手大量流失。内战结束后，苏联重建海军最重要的也最为紧迫的就是在两年内选送约1000名共青团员进入海军学校学习，因为这不仅填补了革命后海军人才大规模流失的缺口，也从政治上保证了海军的可靠性。仅在1922—1925年，苏联海军就设立了海军指挥员学校、海军工程学校、海军水文地理学校、中央海军政治学校等海军院校。这些学校在培养海军人才方面发挥了巨大的作用。[①]

　　建设海洋强国，海洋文化是关键——这是海洋事业的长期性和复杂性所决定的。其实，通过上文对英美日和苏德的比较，我们不仅应反思苏联等陆权国家所犯的具体错误，更应反思为何海权国家在海洋军事技术革命上的敏感度高于苏联。这就像一个人犯了错，不仅应反思犯了什么错误，更应反思为何犯错。笔者认为，海洋文化的缺失和落后正是根源所在。在苏联，莫说关注海洋和研究海洋，连看到过、触摸过海洋的人恐怕也不在多数。如果一个民族绝大多数人对海洋缺乏最直接和感性的体验，又怎能希望他们去关注和研究海洋呢？如果海洋在一个民族深层的精神世界中几无立锥之地，又怎能全民树立海洋意识呢？

　　军方有句俗语，叫"十年陆军、百年海军"。这不仅是因为海军建设的资金和时间成本远高于陆军，也因为海洋文化的培养绝非一朝一夕所能完成的——对于中国这样一个传统上以陆为主的国

---

[①] M·M·基里扬：《军事技术进步与苏联武装力量》，第393—396页。

家更是如此。资金的筹措、舰船的建造等物质上的硬件短时间内或能迅速追赶，但面向海洋、重视海洋、思考海洋的精神品质和关注海洋、研究海洋的人才梯队，却是需要几代人的不懈努力才能完成的。

# 第五章　二战后的苏联海洋战略

海上力量是一个国家权力的重要体现，海洋战略则是经营海上力量的思考与智慧。作为一个巨大的陆海复合型超级大国，苏联在大洋上发挥举足轻重地位的同时，也在向世界提供具有苏联特色的海洋认知。俄罗斯人对海洋的诉求，在苏联时代达到了巅峰，也有了诸如《国家海上威力》这样的海洋战略经典。

对苏联而言，海洋战略中相当大的比重是一种军事思维，海军是最重要的一个环节。不能说海洋战略就是海军，但在苏联，尤其是二战结束以后的苏联海洋战略发展进程来看，军队似乎意味着一切。这当然和具体的历史条件有关，苏联著名海权学者戈尔什科夫将"国家海上威力"视作一个包罗万象的概念，运输、渔业、科研等等相关产业都在其中，但同时他自己也承认，"在存在着相互敌对的社会体系下，海军一向居于首位"。[1] 军事优先是考察苏联时期海洋战略不可回避的一个问题，是苏联海洋战略的一个总体特征。

本章以时间为轴分为四个部分，分别从斯大林时期、赫鲁晓夫时期、勃列日涅夫时期和戈尔巴乔夫时期，探讨苏联海军的兴起、全盛与衰落。从中我们可以看到经济发展对海洋事业的推动，以及领导人的好恶对海军战略的重要影响。

---

[1] [苏]谢·格·戈尔什科夫：《国家海上威力》，方房译，北京：海洋出版社，1985年版，第2页。

在两极格局下，争霸与国家安全是苏联首要关注的目标，壮大军队是实现目标最直接有效的手段。在勃列日涅夫时期，苏联终于建立起了一支强大的远洋舰队，苏联开始在全世界投射兵力，扩大权力空间。但正如保罗·肯尼迪对过度军事扩张造成的国力衰退的论述，[①] 到了戈尔巴乔夫时期，沉重的军费支出已经严重拖累了苏联国民经济。苏联不得不在戈氏"新思维"下进行战略收缩，改变政治经济体制，海洋战略让位国内政治经济矛盾，而随之而来的苏联崩溃，彻底终结了苏联一代的海洋情缘。

苏联的航运、渔业和科考等，这些事业的发展程度正如她的国土一样宏大，在航运、捕鱼量等几项指标中，苏联都位居世界前列，看得出苏联在海洋上的大国姿态。然而这些震撼人心的数字，却缺少质量上的优势，在技术层面苏联仍显粗糙，逊于美国等在海洋上的先发国家。同时受制于军事优先的指导原则，苏联的民用海洋事业还掺杂着军事的考量，做不到"各司其职"。苏联的商船、渔队从某种程度上扮演了苏联舰队的先遣队的角色，这无疑对其他海洋事业的产能造成一定的影响。

## 一、斯大林时期

之所以在这一阶段以斯大林为开端，是因为在二战结束后将近10年的时间里，苏联的海洋战略是对二战之前的苏联海洋战略的回归和延续，其中最具代表性的当属苏联海军"大舰队"计划，而主持这一项目的正是当时苏共最高领导人斯大林。其政策从30年代开

---

[①] "大国兴起，起于经济和科技发达，以及随之而来的军事强盛和对外征战扩张；大国之衰，衰于国际生产力重心转移，过度侵略扩张并造成经济和科技相对衰退落后"是保罗·肯尼迪在《大国的兴衰》中的主要论点。

始，卫国战争期间暂停，二战结束后再次启动，再到赫鲁晓夫时期改变。一方面，受制种种条件，苏联长期实行"近海防御"的海洋战略，但是另一方面斯大林最终还是把重点放在了海军远洋力量的建设方面，追求建造更多的战列舰、巡洋舰、驱逐舰和潜艇。其对舰队的关心，甚至达到了由他本人定期审查舰队设计方案，而不让舰队司令了解所在地区船厂情况的境地。① 这种矛盾的海洋发展战略一直伴随着苏联，直到斯大林逝世。

拥有一支强大的海军，对苏联而言具有重要意义。在国际上，西方国家在意识形态上和苏联对立，而苏联又是一个庞大的陆海复合型国家，国际态势和地缘环境，客观上决定苏联必须拥有高水平的海军舰队。但由于内战对经济的摧残和本身落后的工业与技术基础，以及1921年喀琅施塔的水兵暴动所引发的对海军的担忧，使苏联的海军在苏联红军中的地位长期处在低迷状态。在较长的一段时间内，苏联海军奉"近海作战"和"小规模海战（small war in the sea）"理论为海权的圭臬，维持较低的发展水平，苏联海军在三个军种实力最弱且处于萎缩状态。这种情况在进入1930年代后有了转变。30年代世界性的经济危机激起了国际关系的紧张，德国和日本先后走上法西斯道路，对世界和平构成了威胁，苏联则面临着东西夹击的威胁。在国内，随着苏联第一个五年计划和第二个五年计划的顺利进行，基本实现了社会主义工业化，就工业产值而言，成为欧洲第一，世界第二的工业国家。② 与经济进步同时发动的政治上的大清洗，确立了斯大林对苏联的绝对领导。鉴于国内外的这些新形势，斯大林开始重新思考建立苏联大海军的可能性。

斯大林不是第一个想要大海军的人，早在1931年，苏联海军学校校长齐伟尔就出版了他的著作《海军战略基础》，公开反对当时主

---

① ［美］米兰·L·豪勒:"斯大林的大舰队"，《国际展望》，张宏飞编译，2004年12期，第56—67页。

② 陈之骅主编:《苏联兴亡史纲》，北京：中国社会科学出版社，2002年版，第238页。

流的"小规模海战"理论，主张苏联建立一支能够制取海权的大海军。[①] 但他的主张对当时的苏联而言不切实际，也并没有产生重要的影响，他本人也死于后来的大清洗。在他死后的相当长的一段时间内，苏联没有再诞生出一位有足够影响力的海权学者。从某种程度上讲，如果不是斯大林的指示，苏联要想改变"小规模海战"理论的统治地位会十分困难。1934年3月，在苏共第十七次代表大会上，斯大林发动了一场"苏联爱国主义"运动，促使了1935年苏共对海军的重新审视。1935年底，斯大林开始着手实施大舰队计划，其总排水量将超过任何一支别国的海军，并将会使苏联海军在周边海域形成绝对的优势。1936年8月15日，苏联海军最高指挥部出台了第一份海军计划，这份计划规定，在1947年之前，建造不少于15艘战列舰、22艘重驱逐舰和31艘轻巡洋舰、162艘各式驱逐舰、412艘潜艇以及众多的辅助舰只。[②] 同年5月27日，劳动和国防委员会制定130万吨的造舰计划，其中太平洋舰队45万吨、波罗的海40万吨、黑海舰队30万吨、北海舰队15万吨。1938年苏联通过了用十年建设远洋海军的决议，正式提出建设大海军的构想。虽然此时的苏联并没有成形完整的海洋战略，但是在造舰的计划上，已经展示出了壮志雄心。在卫国战争开始前，苏联已经成为中等海军强国。

遗憾的是，苏联在海洋战略方面的探索被战争中断。首先，苏联的船舶工业遭到战争的重创，生产和技术能力不足。其次，苏德战争在欧洲大陆展开，而苏德又均为传统的陆上强权，决定了陆战在战争中的决定作用，因此使有限的资源被优先服务在陆战和空战上，在整个二战期间，苏联海军扮演的角色更多的是陆军的辅助兵种。不过，在战争胜利的曙光已经逐渐浮现的1944年，苏联通过了

---

① 参见钮先钟：《西方战略思想史》，台北：麦田出版社，1995年版，第551—555页。
② Jürgen Rohwer and Mikhail Monakov, "The Soviet Union's Ocean-Going Fleet, 1935-1956", *The International History Review*, 1996, Vol. 18, No. 4, pp. 837-868.

新的十年造舰计划，包括不少于 4 艘战列舰、10 艘战列巡洋舰、3 艘重巡洋舰、54 艘轻巡洋舰、6 艘重型航空母舰、6 艘轻型航空母舰、132 艘重型驱逐舰、226 艘驱逐舰以及总计 495 艘的大中小潜艇。全部计划要在 1956 年 1 月 1 日完成。

二战结束后，苏联与西方世界因为共同反法西斯的战争而被掩盖的意识形态对立重新浮出水面。此时的美国已经成为头号资本主义强国，在海军方面拥有大小战舰 1000 余艘，垄断了核武器，并组成了以自身为核心的北大西洋公约组织。苏联也成为在欧亚大陆具有重要影响力的政治军事大国，几乎控制了整个东欧地区。双方因意识形态的分歧和欧洲利益的分配而剑拔弩张，苏联感受到了来自昔日盟友美国的结构性压力。1947 年 3 月 17 日，杜鲁门发表国情咨文，要求国会授权支援土耳其和希腊，以抑制在那里的"红色革命"。杜鲁门主义的出台，标志着冷战的发轫，并随着其后支援欧洲经济重振的"马歇尔计划"，在政治和经济上恶化了苏联的安全形势。针对美国对苏的强硬姿态，斯大林采取了相应对策，其基本思想是，巩固雅尔塔体制成果，加固东欧阵地；在理论上明确"两个阵营和两个平行市场"概念；立足于准备一场新的战争的到来。基于这些考虑，斯大林确立了他的积极防御方针：大力恢复和发展经济，加强国家防御能力；优先和高速发展重工业，突出国防工业建设，迅速加强国防力量；整顿和改组军队，全面提高武装力量素质。苏联在战后组织大规模复原，更新武器装备，改组作战指挥系统，使整个军队装备和素质大大提高。

当时的苏联陆军在欧洲大陆上占有优势地位，但是苏联的海军力量却十分缺乏，仅有的海上力量在二战中损失巨大，苏联时刻面临着西方盟国在苏联漫长的海岸线上突袭的威胁。在这种情况下，苏联需要重新审视自己在海洋上的安全利益，打造一支远洋舰队的计划被突出到一个重要地位。斯大林也曾明确地表示，每一个国家要成为世界强国，都必须有一支海军。① 1950年，斯大林重启因战争中断的"大舰队计划"，并设立与军事部平级的海军部，重新启用库兹涅佐夫为海军上将，并制定了发展舰队的五年计划。苏联希望能在较短的时间内，拥有不少于1200艘潜水艇、约200艘护卫舰、200艘驱逐舰、36艘巡洋舰以及4艘战列舰和4艘航空母舰。② 尽管战后苏联的船舶工业无法有效支撑起斯大林野心勃勃的计划，苏联海军在战后一段时间内仍然奉行近海防御的军事战略，但建立远洋舰队的重要性并没有减弱，为配合苏联对抗美国的国家安全大战略，苏联海军开始由近海防御型逐步转向远洋攻击型。

值得一提的是，在整个大舰队计划实施的过程中，苏联海军是以巨型舰的建造为主导的，即"大舰巨炮"主义③。但是这种观点在海军航空兵出现后，已经不适用于新的作战环境。空军具有超限性，空海结合也使海权的地理空间得到了延伸。传统的马汉式海权理论，正在被空权理论所修正，"航空母舰"就是新的海权观念的现实代表。尽管在二战刚结束时苏联拥有年产4万架作战飞机的能力，但是海军航空兵的作用并没有同苏联的海权追求有机的结合。俄日对马海战失利后，俄国曾有过对"大舰巨炮"的狂热，斯大林似乎也有这样的情愫，但是巨型舰队计划没有明确目标且毫无意义。④ 然而，斯大林仍然对"大舰巨炮"情有独钟。1945年9月，斯大林同心腹官员国防委员布尔加宁、马林科夫、内务人民委员会副委员长贝利亚等人开会讨论海军事宜。时任苏联海军人民委员会和海军总司令库兹涅佐夫也在其中，他在会上建议只建造四艘战列舰和四艘

---

① [英]戴维·费尔霍尔：《苏联的海洋战略》，龚念年译，上海：三联书店，1974年版，第215页。
② 张炜主编：《国家海上安全》，北京：海潮出版社，2008年版，第242页。
③ "大舰巨炮"主义指的是第二次世界大战以前，尤其是在日俄战争中的对马海峡海战以后，形成的"大舰巨炮制胜主义"统治海军战略的时代。当时海战的主流思想是，要赢得海战，就要有比对手更大吨位的战列舰、搭载更多的火炮、拥有比对方口径更大的火炮（威力更大、射程更远）。
④ [美]米兰·L·豪勒："斯大林的大舰队"，第56—67页。

战列巡洋舰，但斯大林希望更多，并要求新的战舰上要有更大的12英寸火炮而不是9英寸火炮。他的固执曾引起了一些苏联海军专家的反对，专家们认为巨型战舰不适合在波罗的海和黑海的狭窄海域，且不适用于战争的新形势，但对斯大林个人而言，巨舰就是权力的体现。其实早在1939年库兹涅佐夫就发出过这样的质疑。他在后来回忆中说，1939年《苏德互不侵犯条约》签订后，他对建造巨型舰的计划有一些疑惑，于是他问斯大林将如何使用在建的巨舰，斯大林生气地说："我们哪怕只剩下一分钱也要建造它们！"库兹涅佐夫评论道："因此结束了当时对全速建造战列舰的探讨。我虽然是海军部长，但却根本不了解为何要建造这些战列舰。"

　　回顾"大舰队"计划的历程，不难看出，拥有一支远洋舰队一直是苏联的梦想。但是由于较为落后的工业水准和残酷的第二次世界大战，使苏联的"舰队计划"一波三折。战争不仅打击了苏联的造船工业，也未能有效推进建设远洋舰队的计划，其仅有的海军力量也在战争中元气大伤。战后由于受到美国的安全威胁，苏联的海军建设重回正轨，开辟了苏联海军建设的新篇章。但应该指出的是，虽然苏联自始至终对拥有一支远洋舰队胸怀壮志，但在建立什么样的海军上存在争议。斯大林个人的好恶，将舰队建设的水平拉低到了旧式的海权水准上。可以想见，当世界各大海洋强国，都在实践新的海空结合的新海权理念时，即便是苏联拥有了一支强大的海上力量，也落后了世界海洋战略发展的主流。斯大林逝世后，"大舰队计划"被赫鲁晓夫叫停，苏联海军力量又遭遇了新的波折。

## 二、 赫鲁晓夫时期

赫鲁晓夫成为苏联领导人后，在对外关系上有所调整，美苏之间的关系出现了缓和。他抛弃了斯大林时期的针锋相对、强硬对抗的做法，转而寻求与西方缓和关系。同斯大林对世界冲突的忧心忡忡不同，赫鲁晓夫对世界局势有不同的看法。他认为战争不是不可避免的，社会主义国家具备反侵略的物质手段，资本主义国家内部也出现了追求和平的力量，社会主义国家和资本主义国家能够和平共处。在和平的竞争中，社会主义国家将会取得最后的胜利。原有的资本主义国家不必通过无产阶级革命，而采取温和的议会斗争方式，就可以步入社会主义阶段。以上便是和平共处、和平竞争和和平过渡的"三和路线"的主要内容，也是赫鲁晓夫外交战略的核心。赫鲁晓夫希望借此打开斯大林时期外交上的僵局，并为苏联谋求和美国平起平坐的全球主宰地位。

随着新的国家战略的出台，苏联对战争的看法有了改变，战争并不是一触即发的事情，是否维持一支庞大的常规军便有了争议。同时在50年代，随着苏联在核武器与远程运载武器方面取得巨大成就，一股常规军无用论的思潮也在悄然弥漫。赫鲁晓夫认为未来的战争是核武器的战争，所以秉持"核威慑战略"，关注的是核武器。鉴于苏联当时在战略投射方面的劣势（如缺乏战略轰炸机等），他强调战略火箭的优先性，希望在核力量方面能和美国形成均势，因此加大了在核武器方面的研发和利用。而对于常规军力，赫鲁晓夫则嗤之以鼻，他曾对常规军有这样的评述："在火箭、导弹与核武器时代，那不是几百万军队，那是几百万个穿着大衣的肉团。"① 1955年至1960年，赫鲁晓夫裁减常规部队334万。②

海军方面，尽管赫鲁晓夫本人对建立一支远洋攻击型舰队并没有异议，1955年9月，苏共中央还做出加快海军建设的决议，但他并不认为海军能够给对手带来足够的威慑力，他的落脚点仍然是与美国争夺核优势。相比照斯大林对海权的热衷，赫鲁晓夫对海洋并不怎么感兴趣。其先天的对常规军的鄙视，让他对海军的态度也并不友善。赫鲁晓夫曾批评"航空母舰"为"吃钢大王"，认为航空母舰"就是活动着的靶子和浮动着的钢铁棺材、死亡棺材"，巡洋舰则是只适合国事访问的游艇，战争的结局取决于核武器的拥有，海军和空军一样，都已经失去了过去的作用，它们不是会被削弱，而是会被替代。③ 上台伊始，赫鲁晓夫便中断了斯大林的"大舰队计划"，将海军部和军事部合并为国防部，并强令175艘水面舰艇退役，裁减海军官兵10万余人，甚至还免去了主张大力发展航空母舰的海军总司令库兹涅佐夫的职务，这对当时主张大海军的苏联将官而言无疑是一个打击。

赫鲁晓夫的偏执对苏联走向海洋的大战略带来一定的阻碍，但苏联进军海洋的步伐并没有因此而中断。库兹涅佐夫虽然遗憾地下台，却为另一位举足轻重的人物提供了机会，他便是被西方誉为"红色马汉"、深刻影响苏联海洋战略的戈尔什科夫。

1910年2月6日，谢尔盖·格奥尔吉耶维奇·戈尔什科夫出生于乌克兰，1927年进入海军服役，开始了长达58年的戎马生涯。1956年，戈尔什科夫出任苏联海军总司令，也正是在戈尔什科夫掌管海军时期，苏联的海军建设逐步达到了辉煌。其在1976年出版的

---

① "为建航母苏联海运总司令惹恼赫鲁晓夫降职"，2011年11月27日，http://mil.qianlong.com/37076/2011/10/27/2500@7449211.htm。
② 左立平主编：《国家海上威慑论》，北京：时事出版社，2012年版，第130页。
③ 转引自凤凰网："为建航母苏联海运总司令惹恼赫鲁晓夫降职"，2011年11月27日，http://mil.qianlong.com/37076/2011/10/27/2500@7449211.htm。

《国家海上威力》一书,既是对自己过往经验的总结,也是苏联海权理论思想的集大成之作。美国前海军部长小约翰·莱曼曾对其有这样的评价:"作为个人,我对戈尔什科夫的才能极为敬佩,苏联海军能发展到今天这样的境地,是他天才般的领导才能的结果。"①

初掌海军大权的戈尔什科夫在建设海军和迎合赫鲁晓夫两个目标之间寻找平衡。表面上,戈尔什科夫支持传统的"近海防御"策略,但他同时巧妙地将赫鲁晓夫对核力量的渴求移植进了他的海军建设理念中。他迎合了赫鲁晓夫对核力量的崇尚,打着开发导弹系统的旗子,推进导弹核潜艇和导弹驱逐舰的建造,将海军打造成核武运载工具,这在某种程度上为传统的"大舰巨炮"式的海权理论增添了新内容,也悄悄地为苏联海军由"近海防御"向"远洋海军"的转变开辟了道路。

无独有偶,同处在赫鲁晓夫时代的索克洛夫斯基元帅,也面临着和戈尔什科夫同样尴尬的境地。1962年,苏联总参谋长索克洛夫斯基主编的《军事战略》一书出版。书中在论述苏联军队的建设方向时,提出了一个基本的逻辑前提,也就是"海洋国家主要是发展海军,而大陆国家主要是发展陆军"。②乍看之下这个论点没有什么问题,但是结合苏联地缘的实际情况,这个论点其实是委婉地告诉世人苏联既要重视大陆,也要重视海洋。具体到海军建设方面,书中强调"现代战争中,我国海军的首要任务就是与敌人海上和基地内的舰艇作战。"③和敌人在海上和基地的舰艇作战,这是奉行"近海防御"的战略的苏联不可能办到的。"远洋进攻"的理念,既寓于闪烁其词的隐语中,又显现于呼之欲出的召唤之上,④反映出在当时体制之下,有识之士壮志难酬的无奈。

---

① 徐晖:"戈尔什科夫与红海军的故事",《国际展望》,2007年第24期,第84—89页。
② [苏]索克洛夫斯基:《军事战略》,北京:解放军出版社,1980年版,第498页。
③ 同上书,第519—520页。
④ 王生荣著:《海权对大国兴衰的历史影响》,北京:海潮出版社,2009年版,第255页。

赫鲁晓夫的"核主宰"思维，客观上虽然推动了苏联海军向远洋舰队的转型，引导了苏联国家战略向"深蓝"的前进，但也使苏联的海军力量建设走上了一条畸形的发展道路。一方面，苏联海军在核时代的背景下，不失时机地选择了和前沿科技相结合，为苏联的海洋拓展带来了新的实践。但是另一方面，以战略火箭为一切的出发点，使苏联的海军结构存在着严重的不平衡，盲目片面地扩充火箭兵，压缩了大中型舰艇和航空兵等兵种的力量，这样做的直接后果是苏联海军在应对多元的海上任务时，所面临的捉襟见肘的窘况。1956年第一次中东危机爆发，由于缺乏有效的海上力量，苏联无力影响苏伊士运河的局势，但这次事件并没有对苏联带来深刻的影响，苏联海军的建设依然延续着赫鲁晓夫的思路。单一结构的弊端直到后来的古巴导弹危机中才被完全暴露出来。

1962年8月，苏联偷偷部署在古巴的导弹基地被美国发现。10月，美国动用强大的海空力量，封锁了古巴。当时，苏联有25艘运输船只驶往古巴，同时伴有6艘游弋在附近海域的潜艇。由于没有有效手段反制美军的区域封锁，苏联8艘货船及6艘潜艇只得被迫接受美军的盘查。在美国强大的军事压力下，赫鲁晓夫最后答应撤走已经在古巴部署完毕的40枚中程导弹。可在随后的撤退过程中，苏联舰只再一次被迫被美国海军所盘查，这对苏联海军而言是极大的耻辱。

古巴导弹危机是一次严重的外交挫折，苏联国际地位受损，赫鲁晓夫也颜面扫地，但这次失利也触动了其"核主宰"的思想地位，赫鲁晓夫开始反思在海军中出现的兵力结构失衡的状况。同时，古巴导弹危机也为戈尔什科夫提供了一个新的宣传自己理念的机遇，他开始公开抨击核时代的"海军无用论"，宣传海军的"均衡原则"的理论。

所谓"均衡原则"，即指海军各兵种之间的协调发展。在戈尔什科夫看来，海军比其他的军种承担更多方面的任务，这就要求海军各种兵力都需要依据不同的标准和特征均衡的发展，其内涵有个三个层面：一是优先发展；二是平衡兵种结构；三是兵种之间有效配置。优先发展指的是根据实际情况，发展一些战略性的兵种，即核潜艇和海军航空兵摆在重要位置；平衡兵种结构是为了改变之前海军过度依仗火箭部队兵力单一的情况，目的是使各兵种之间能够实现均衡发展；在优先发展和平衡发展的同时，还要保证各兵力之间的协作能够达到最大的效能。用戈尔什科夫的话来说，就是"使海军构成海军战斗威力的各个组成部分和保证这些部分的手段经常处于最有利的相互配合状态之中，使海军能够充分发挥其万能性这一长处，能在核战争和任何一场战争的条件下完成各项任务。"①

古巴导弹危机之后，赫鲁晓夫虽然有意调整在海军方面的政策，但没有来得及推行。1964 年 10 月，勃列日涅夫等人发动了政变，以"健康问题"为由，迫使赫鲁晓夫退出政坛，也结束了这一时期的海军建设历程。

总体看来，这段时期的苏联海军虽然在赫鲁晓夫错误的定位下，步履维艰，甚至出现了兵力结构过于单一的畸形建设的问题，造成了古巴导弹危机中的严重失利的恶果。但是在戈尔什科夫的主导下，海军在逆境中仍然取得了一定的成就。核武器与海军的结合，如同空军和海军的结合一样，在现实层面为苏联海权实践提供了新的机遇。当世界海权理念都在向美国看齐，海军注重海军航空兵的建设的同时，苏联海军却呈现出一种核武化的发展趋势，走出了一条有苏联特色的海权之路。在勃列日涅夫主政时期，戈尔什科夫的理念得以充分实现，苏联海洋战略的新局面也逐步打开，苏联海军的发展在勃列日涅夫执政的 18 年中达到了巅峰。

---

① [苏] 戈尔什科夫：《国家海上威力》，方房译，北京：海洋出版社，1985 年版，第 414 页。

## 三、勃列日涅夫时期

20世纪60年代和70年代，国际形势出现了新的变化。美国深陷越南战争不能自拔，石油危机又使美国的经济陷入"滞涨"状态，反战运动和左翼运动运动风起云涌，美国苦心经营的布雷顿森林体系也受到冲击，实力受损的美国不得不在全球进行战略收缩。与美国式微相对应的，是苏联的快速成长。赫鲁晓夫刚下台时，苏联国内经济社会处于混乱状态，勃列日涅夫及时修正了赫鲁晓夫政策上的一些鲁莽和错误的作法，实现了国内社会稳定。同时在经济上进行了一系列的调整与改革，如放宽企业自主权、鼓励追逐经济利润，促进了苏联经济的稳健成长。从1965年到1981年，苏联的国民收入增长1.44倍，工业产值增长1.77倍。[①] 苏联经济保持年均两位数的增长，是仅次于美国的世界第二大经济体。

鉴于美国的收缩和苏联经济发展上的支持，勃列日涅夫开始为苏联进行全球布局，推行"全球扩张"战略。他十分在意苏联在军事方面的发展，主要的工业投资用于发展和军事有密切联系的重工业，并提出了既准备打核战争，又准备打常规战争的"积极进攻战略"。在这个战略的指导下，远洋海军的建设被摆在同核武器同等重要的地位。戈尔什科夫的理念，恰好配合了勃列日涅夫的总体战略，因此戈尔什科夫的政治地位不仅没有因为领导人的更替而被削弱，反而在三年后还被勃列日涅夫晋升为海军元帅。新的政治形势，为苏联海军的建设提供了难得的机遇，在"均衡发展"的指导下，苏

---

① 徐葵："最近二十年的苏联：发展、变化和问题"，《苏联东欧研究》，1984年第5期，第1—8页。

联海上力量得到了突飞猛进的发展。

在戈尔什科夫主持下，苏联海军制定了庞大的建设计划。1963年，海军军费占国防预算的15%，1979年则提升为20%；海军吨位由1963年的170万吨增长到1979年的350万吨。[①]据西方统计，在1967—1977的十年间，苏联在海军上的费用投入高于美国50%。苏联海军开发出了"基辅"级航空母舰、"克列斯塔"级导弹巡洋舰，"基洛夫"级核动力导弹巡洋舰，"无畏"级导弹驱逐舰等大批新式装备。

这一时期海军建设的特点，是发展装备有火箭核武器的核潜艇以及海军航空兵，核潜艇则是苏联建设远洋海军的基础。戈尔什科夫认为，苏联海岸线大部分处在严寒地带，冰封期较长，舰队在冬季出海困难。同时，苏联的主要出海口被西方国家所控制，苏联海军的远洋行动容易被敌国监视和围堵。此外，同西方国家相比，苏联没有充裕的资金和强大的船舶工业，没有依靠物质力量实现全面赶超西方的能力，在造舰上需要区分轻重缓急。因此，优先发展隐蔽性好、投入较小的水下舰艇是优先任务。

尽管以核潜艇以及海军航空兵为发展基础，但根据"均衡原则"，苏联也同时加强了大型水面舰艇等兵种的建设。到了70年代中后期，苏联已经具有了一支进攻型的远洋舰队。据美国学者豪沃思的统计，在1978年，苏联拥有3艘航空母舰、466艘水面舰艇、58艘核潜艇以及294艘常规潜艇。[②]苏联海军已全面实现大型化、导弹化和核动力化，具备了可以和美国分庭抗礼的能力。1970年和1975年，苏联海军先后进行了"海洋1号"和"海洋2号"全球性的海上军事演习，通过演习，苏联检验了海军在全球执行任务的能力，能够承担起多种的作战任务。苏联海军完成了从"近海防御"

---

① 左立平主编：《国家海上威慑论》，北京：时事出版社，2012年版，第131页。
② [美]斯蒂芬·豪沃思：《美国海军史》，王启明译，北京：世界知识出版社，1997年版，第631页。

到"远洋进攻"型的转变，成为能够威胁美国安全的名副其实的海上强权。

转型后的苏联海军，其作战任务也相应地发生了变化，苏联海军不仅要能保卫本土的安全，也要能在全球各大洋维护自己的利益，甚至直接打击对手的领地。凭借着海军坚实的力量基础，苏联的权力范围不断地向世界各大洋延伸。

苏联原有四大舰队，分别为西北方向的北方舰队、西方的波罗的海舰队、西南的黑海舰队以及远东的太平洋舰队。为了扩大苏联在地中海和印度洋的存在，又新设了地中海分舰队和印度洋分舰队。各个舰队都承担着相应的作战任务。

1. 北欧海域

北欧海域包括北大西洋、巴伦支海、挪威海、北海和波罗的海海域。这一海域不仅与苏联核心地带相连，而且也是北约集团重要的海上交通要道。利益的交织，使这一海域的局势错综复杂。北约集团凭借其海军优势，在北大西洋附近构建了对苏联的战略包围，对苏联国家安全造成极大威胁。

对苏联的北海舰队而言，进出大西洋的唯一通道在巴伦支海。取得该领域的控制权，北海舰队便可以长驱直入大西洋，可以和波罗的海舰队形成对北欧的南北夹击态势，具有重大战略意义。但是该海域毗邻北约成员国挪威，挪威的斯匹茨卑尔根群岛就位于巴伦支海上方，阻碍了苏联在巴伦支海的畅通；出巴伦支海后的挪威海，又在由斯堪的纳维亚半岛—设得兰群岛—法罗群岛—冰岛—格陵兰岛的弧形包围圈内，而北约在这一地区布署了完善的军事设施，打造了"格林兰—冰岛—法罗隘口"。斯匹茨卑尔根群岛和挪威海成为北海舰队西出大西洋的两大难题。

苏联将斯匹茨卑尔根群岛以南划为争议海区，并长期在这一地带进行军事演习，通过"导弹外交"等强硬方式，实际上将巴伦支海开辟成自己的内海。

苏联在挪威海也采取了"显露肌肉"的方式，每年在挪威海进行2—3次军事演习，并逐步将演习向"隘口"推进。从1975年"海洋二号"全球海上大演习后，苏联海军演习中，出现了封锁、登陆和突破"隘口"的相关训练内容，其在巴伦支海方向的用意明显且强硬。

波罗的海是贯穿北欧的重要航线，被西方视为重要的海上交通线，北欧及西欧各国重要的港口沿波罗的海分布。掌握了波罗的海，不仅控制了沿岸诸国的海上命脉，也能配合北海舰队形成对北欧地区的南北夹击态势。"只有控制了波罗的海，苏联的重要的波罗的海舰队才能进入大西洋，把制海权扩大到北约控制的地区，切断欧洲中部和北部的联系、欧洲同北美的联系，以及切断欧洲能源和原料供应线。"[①]

从彼得大帝时期开始，俄罗斯便苦心谋求在波罗的海的战略利益。1700—1721年发动的针对瑞典的北方大战使俄罗斯取得了芬兰湾和里加湾沿岸的大片领土。20世纪30年代到40年代，苏联又通过"文攻武喝"，兼并了波罗的海三国。20世纪60年代中期，苏联在波兰、东德陆续设置了一些海军基地，并成立由波罗的海舰队和华约国家舰队组成的联合舰队。1975年，苏联扩建了白海—波罗的海运河，提升了巴伦支海和波罗的海之间的运载能力，强化了北海舰队和波罗的海舰队之间的联系。

北海介于波罗的海和大西洋之间，是波罗的海舰队进入大西洋的必经之地，沿岸环绕挪威、丹麦、西德、荷兰、比利时、法国和英国等国家，是北约集团的"内海"。从70年代开始，苏联舰队和潜艇便开始经常出没于这一海域，并在北部地区设置浮动船坞，作为对海军活动的后勤支援。在"海洋二号"大演习中，波罗的海舰队同北海舰队在北海地区成功汇合，标志着苏联具备了可以南北夹

---

[①] 蒋建东：《苏联的海洋扩张》，上海：上海人民出版社，1981年版，第64页。

击北欧的能力。

2. 南欧海域

南欧海域主要指地中海和沿岸区域，是苏联海洋战略南进的角逐场。由于苏联舰队分散在欧亚大陆的边缘，彼此缺乏有效的战略支援，如果能够控制地中海，将会成为连接苏联海军的重要枢纽，黑海舰队和地中海分舰队从苏联南部地区出发，西出直布罗陀海峡，北上可以支援北海舰队和波罗的海舰队；南出苏伊士运河，可以支援印度洋分舰队甚至是太平洋舰队。同时，控制了地中海地区，也便相应地取得了对南欧和北非的影响力，向北可以扩张到巴尔干半岛，向南可以影响埃及，进而取得苏伊士运河的控制权。历史上俄国为谋求南部的出海口，同土耳其多番交恶。就土耳其海峡问题，也同世界列强多有争吵，甚至在1851年爆发过战争。

早在赫鲁晓夫时期，苏联的势力便开始了向地中海方向的延伸，赫鲁晓夫以"支持阿拉伯民族独立"为借口，向埃及出售军火，拉拢埃及。由于海军力量的缺乏，赫鲁晓夫对第一次中东战争的影响力有限。但在第二次和第三次中东战争中，勃列日涅夫积极部署海军兵力干预，派遣舰队出击地中海，同美国海军相对峙，以遏制美国直接介入中东战争。苏联海军和美国海军"实际上同在一个池塘里，近在咫尺，模拟的海上战争已在进行，双方的舰队显然都已经处在高度战备状态，以便应付下一步可能发生的事态，虽然看来没有一支舰队确切知道将会发生什么情况"。[①]

第三次中东战争后，苏联已经在军事上完全控制了埃及。到1970年，苏联在埃及的亚历山大港设立了地中海岸基司令部，并在开罗和阿斯旺设立了两个空军基地。与此同时，苏联也渐渐向利比亚渗透。在70年代中后期，苏联取得了苏尔特湾南岸之班加西、临

---

① [美]斯蒂芬·豪沃思：《美国海军史》，王启明译，北京：世界知识出版社，1997年版，第628页。

地中海的黎波里的使用权。

除了在地中海南部扩张,苏联也不失时机地向西边的直布罗陀海峡进发。直布罗陀海峡被称为"北约防务的砥柱",一直处在英国的控制之下,是苏联从南方进入大西洋的咽喉。1976年,苏联就曾经向西班牙提出要求,在靠近直布罗陀海峡的阿尔赫西拉斯港修建商船队的驻港设施,力图分享和英国在直布罗陀海峡的权益,苏联的船只开始频繁穿梭于直布罗陀海峡,苏联在地中海的影响力与日俱增。

3. 加勒比和南大西洋海域

加勒比海是美国传统的势力范围,被美国视作战略"后花园"。为减轻北约国家在亚欧大陆对苏联的封锁压力,从60年代开始,苏联开始介入加勒比海的事务。1959年,古巴革命胜利,苏联势力趁机进入加勒比海。虽然在1962年,赫鲁晓夫的冒险主义造成了"古巴导弹危机",苏联势力有所退却,但在勃列日涅夫时代,苏联海军又开始了在加勒比海的活动,并定期在这一海域巡航。从1955年到1977年,苏联共向古巴提供了94亿美元的经济援助,而在1978年的经济和军事援助价值高达23亿美元。[①] 经过十几年的经营,苏联在古巴海岸线上拥有了几个大的海港军事设施,苏联海军已经事实上存在于美国的后院,对美国构成直接构成了威胁,古巴也因此长期成为美国的心腹大患。

南大西洋海域是北大西洋和加勒比海洋战略的延伸,包括拉丁美洲东海岸和非洲西海岸。苏联在这区域的目的是威胁美国通过麦哲伦海峡的南太平洋航线,但苏联在南美的扩张并不很是顺利,因此从70年代开始,趁着非洲国家的民族解放运动,苏联将扩张重点转向了西非,安哥拉是重点。安哥拉位于非洲的西南部,濒临南大西洋,和南美隔海相望,有三个优良的深水港,可以停泊大型水面

---

[①] 蒋建东:《苏联的海洋扩张》,上海:上海人民出版社,1981年版,第101页。

舰艇。同时安哥拉位于波斯湾绕过好望角向北美和西欧运送石油的航道之上，随时可以切断西方国家的石油运输线。从1975年安哥拉脱离葡萄牙独立后，苏联公开介入安哥拉事务，支持安哥拉内战，甚至联合古巴直接派遣军事人员进入安哥拉，最终取得了在安哥拉的绝对影响力，初步完成了在南大西洋的战略部署。

4. 太平洋海域

苏联在太平洋地区的扩张有两个考量：一是同美国争霸，打破美国在东部的封锁；二是遏制中国。

日本是美国在远东遏制苏联的前沿阵地，日本对宗谷海峡、津轻海峡、对马海峡及整个日本海，编织成了对苏联向东获取太平洋制海权的封锁网。突破日本也成为苏联向东扩张的战略目标。为实现这一目标，从60年代开始，苏联海军加大了太平洋舰队的建设力度。到1979年，太平洋舰队的实力居于苏联海军舰队中的第二位，数量上是美国第7舰队的8倍，吨位是第7舰队的2倍。凭借着强大的实力，苏联海军在日本海域附近频繁活动。70年代以后，每年通过三海峡的水面舰艇数量平均在230艘，太平洋舰队的活动范围也开始逐步向中太平洋和南太平洋扩展，有时逼近北美海域，模拟切断海上交通线等科目，演习范围甚至涵盖到美国西海岸。此外，在南千岛群岛控制权的问题上苏联寸步不让，通过在岛上建立军事设置，将南千岛群岛纳入由海参崴、库页岛和堪察加半岛组成的远东防御体系中，构建起了进能突破日本，退而防守苏联远东地区的军事基地网链。

苏联在太平洋地区的第二个考量是中国。20世纪50年代中期以后，中苏关系恶化，苏联太平洋舰队频繁在中国海域活动，搜集中国的情报与信息。60年代中期，美国扩大越南战事，苏联以援助越南为由，经常派遣舰队在中国南海集结，对中国施加压力。1976年，苏联借着美军撤出越南的机会，派遣太平洋舰队的分舰队，进驻越南金兰湾等沿海港口，完整继承了美国第7舰队留在这些地方的军事基地，并建立了新的导弹基地，这意味着苏联已经控制了越南的东海岸，在南海地区有了新的战略支点。不仅将太平洋舰队的活动前沿向南推进了2000多千米，随时支援印度洋分舰队，还在南海地区对中国大陆构成了攻势，就连美国在菲律宾的部属也处在苏联的监控之下。

5. 印度洋海域

从1967年开始，苏联海军通过与印度发展友好关系，派遣舰队定期在印度沿海地区巡航。1968年，太平洋舰队、北方舰队、波罗的海舰队和黑海舰队在印度洋汇合，举行了苏联在此区域的第一次军事演习。1969年，苏联印度洋分舰队正式成立。

苏联在印度洋地区的扩张，从历史上来讲，沿袭了沙皇俄国时期欲从中亚开始推进的"南进政策"。从现实上讲，是为了控制此地区的石油运输网络。来自波斯湾的石油，向西经过红海或好望角，向东经过马六甲海峡，跨越太平洋，源源不断地向美国和西方世界输送工业血液。戈尔什科夫曾经指出，"切断向西方国家输送军事和经济能源的大动脉，是苏联海军的任务之一"。波斯湾海域、红海海域、好望角和马六甲海峡，也成为苏联在印度洋海洋战略的关键地带。

波斯湾是世界上最大的石油输出地，出口量占世界60%以上，主要输往西方各国。由于苏联本身就蕴含有极其丰富的石油、天然气等战略资源，再控制了波斯湾，一方面能够对西方世界造成极大的威胁，另一方面可以垄断世界能源输出，掌握世界经济的命脉。因此取得在波斯湾地区的主动权，是苏联在印度洋的战略核心。早在1907年，英国和俄国就因在伊朗的权益问题发生纠纷。第二次世界大战中，苏联曾取得伊朗北部地区的占领权，并可分享伊朗的石油利益，但在美国的强硬态度下，苏联被迫在战后撤出了伊朗，但苏联一直在寻找重新回到波斯湾的机会。进入20世纪70年代，苏联海军开始频繁地在波斯湾活动。但害怕酿成美苏之间的直接对抗，只是采取"对油道卡而不断、对油田围而不攻"的策略，通过对海湾国家的军事威慑，谋求部分的战略主动权。1973年，苏联与伊拉克签订协约，苏联海军可以穿过霍尔木兹海峡，直达伊拉克的港口巴士拉。此外，苏联还利用海湾国家之间的矛盾，扶持亲苏势力，甚至入侵阿富汗，妄图从路上打通通往印度洋的通道，形成对波斯湾的海陆夹击。但在美国的强力抵制下，苏联在波斯湾的势力一直被压制，苏联的战略推进并不成功。

红海为地中海通往印度洋的必经之地，苏联为掌握进入印度洋的门户，很早便和埃及建立了紧密的联系，控制了苏伊士运河和红海。1963年，苏联和有东非之角之称的索马里签订了军事援助的协定，获得了摩加迪沙和基斯马尤港的使用权。随后苏联在红海南部援建柏培拉港，控制了红海南部出口和亚丁湾的通道。1969年，阿拉伯半岛西南部的南也门同美国断交，在拉拢之下转向了苏联，苏联也因此获得了扼守红海出口的亚丁港的使用权，这样便与柏培拉港互为犄角，使苏联掌握了整个亚丁湾海域。1977年，红海西岸国家埃塞俄比亚发生军事政变，美国势力被驱逐，苏联趁机而入，提供军事援助，取代了美国在埃塞俄比亚的位置，使埃塞俄比亚成为苏联在红海地区的又一战略据点。

非洲南部的好望角历史上就是世界航线的重要枢纽，在苏伊士运河开通之前，是南大西洋进入印度洋和太平洋的唯一通道。即使是在苏伊士运河开通后，一些超大型运输船仍然要选择绕过南部非洲的航线，其战略价值可见一斑。因此苏联在红海地区开辟势力范围的同时，也同时在争夺好望角航道的控制权。1974年，苏联以军事援助为条件，在马达加斯加岛以东毛里求斯的路易斯港兴建了一座海军基地，在印度洋西部边缘有了战略据点，随时可以干预好望角航道事务。1976年，苏联同莫桑比克签订了军事合作协定，得到了莫桑比克的贝拉港、桑给巴尔岛等港口的使用权，进一步彰显苏联在好望角的存在。

马六甲海峡沟位于中南半岛的最南端,是沟通印度洋和太平洋的唯一通道,是波斯湾石油运往世界的三个主要航线之一。控制了马六甲海峡,苏联便可以威胁美国与西欧的石油运输,掌握日本的经济命脉,在战略上完成对中国的包围,同时又为插手东南亚事务创造条件。为了实现其战略目的,苏联在马六甲附近构筑军事存在。苏联以提供经济技术援助为条件,希望可以获得马来西亚一处港口作为军事基地,虽然遭到了马来西亚的拒绝,但苏联的商船依然可以在马来西亚港口停泊和补给。为进一步有效控制马六甲海峡,1972年,苏联提出海峡"国际化"的见解,认为马六甲海峡是"国际航道",应该对世界各国自由开放。与此同时,苏联获得了马六甲海峡北方安德曼群岛的使用权,配合越南的金兰湾,苏联形成了自身在东南亚的基本战略态势。

苏联海军的建设是以"核武化"为特征,同西方国家追求海空一体相比,具有鲜明的苏联特色,是海军发展在核子时代的一种尝试。在勃列日涅夫主政时期,苏联的海洋战略作为全球战略一环的而达到了鼎盛,经过多年的扩张和经营,苏联在亚、非、拉地区共拥有31个海军基地,在全球都有战略据点,苏联海军俨然成为一支能够实现苏联全球战略的力量,正如苏联人所说的:"苏联被排斥在海洋之外的日子一去不复返了。帝国主义再也不能把海洋占为己有。我们要在世界各大洋航行,任何力量都阻挡不了我们。"[1]

但是全球扩张战略背后潜藏着危机。尽管改革为苏联经济提供了一定的活力,但从70年代中期开始,苏联的经济状况开始恶化,国民生产总值增长率下降,工业产值增长下降,就连技术创新速度也跟着慢了下来,经济停滞已经成为了事实。苏联高层也并非不清楚他们所遭遇的困境,"快速增长曾经在苏联扮演了如此重要的角色,那么缓慢对苏联领导层来说无疑预示着潜在的危机……苏联与

---

[1] 张炜主编:《国家海上安全》,北京:海潮出版社,2008年版,第249页。

美国的差距不是越来越小，而是越来越大"。①但是在同一时期，美国和西方世界同样陷入了经济滞涨。继续维持扩张步伐，将保证苏联对美国的优势。因此苏联需要分配国内大量的社会资源，持续发展军备，拉拢可能的盟友和支持海外军事基地的运作。这当然会让苏联看上去强大，但也给苏联的国力带来了沉重的负担。滞后的物质基础终究无法承担过度的扩张，到了80年代，苏联经济已有凋敝迹象，国内物资紧缺，百姓生活水平下降，而美国又重新开始对苏联的进攻态势，将苏联拖入新一轮的军备竞赛。内外因所导致的严重社会危机已经若隐若现，也给后来的戈尔巴乔夫留下了诸多棘手的问题。

## 四、戈尔巴乔夫时期

1985年，戈尔巴乔夫接过超级大国苏联最高领导人的重担。此时苏联海军的发展达到了顶峰：作战舰艇有1880艘，包括361艘潜艇、4艘航母、2艘直升机航母、2艘重型核动力导弹驱逐舰、38艘导弹火炮舰、69艘驱逐舰、194艘大型反潜舰和护卫舰、400艘导弹艇和鱼雷艇、300多艘拖船和数十艘登陆舰。②

但是具备强大火力的庞大舰队并没有给戈尔巴乔夫带来荣耀，对他而言，维持这样的一支舰队并不值得欢喜。此时的苏联已经陷入重重危机当中，以重工业为主的高度集中的计划经济体制弊端凸显，苏联经济增长放缓，农业连年歉收，基本消费品短缺，苏联人

---

① ［美］大卫·科兹，弗雷德·威尔：《来自上层的革命——苏联体制的终结》，曹荣湘、孟鸣歧等译，中国人民大学出版社，2008年版，第46页。
② Военно－морская Академия. Основы военно－морской науки. Военный теоретический труд. － М：Воениздат.，2008. C. 137.

民不得不花上很长的时间排队，以便买到食物和生活必需品，百姓的生活水平下降。政治上领导集团年龄结构老化，思想僵化，贪污腐败横行无阻，苏共与政府的公信力下降。而此时苏联的对手美国，从1983年开始，经济状况已走出低谷，开始复苏。在任的里根总统一改尼克松、福特和卡特对苏联采取的缓和策略，转向为全面的对抗。其推行"战略防御计划"，目的是掀起一场新的军备竞赛，在经济上拖垮苏联。

为挽救危难中的苏联，戈尔巴乔夫提出"改革新思维"，在经济、政治和社会文化方面欲进行改革。在对外关系上，戈尔巴乔夫改变对抗的作法，谋求与西方世界缓和，并改善了和中国的关系。这样做一方面是为国内的改革提供平稳的国际条件，另一方面是减轻维持军备所带来的压力。

军事改革是改革中的一个重点。长期以来，苏联工业发展侧重同军事有密切关系的重工业，轻工业和农业投入不足。军事上过高的投入，阻碍了资金的合理配置，苏联生产的"大炮"多于"黄油"，大约有20%—40%的国家经济被拴在了军工生产上，[1]戈尔巴乔夫需要节约资金，用来生产"黄油"。因此，为配合"新思维"的精神，苏联在世界范围内进行战略收缩，强调"纯防御"的国防战略，由此前的"积极进攻"转变为"战略防御"。1985年10月，戈尔巴乔夫在访问法国期间，表示在军事力量上追求"合理够用"的原则，与美国保持较低水平的战略均势。1987年5月，戈尔巴乔夫强迫在柏林举行的华沙条约组织政治协商委员会会议接受"预防战争"而不是准备战争的新军事学说，华约组织的军事理念转向防御。[2] 1989年苏联军队全部撤离阿富汗。与战略收缩相伴随的是苏联军事力量上的裁减。从1985年到1990年，戈尔巴乔夫进行了一

---

[1] ［美］威廉·奥多姆：《苏联军队的瓦解》，王振西等译，北京：社会科学文献出版社，2014年版，第125页。

[2] 同上书，第126—127页。

场大裁军运动，苏联军队人数从530万裁减至399万。① 1987年，苏联同美国签订《中导条约》，进一步削减战略武器的数量。

在海洋战略方面，支持苏联海军近30年的戈尔什科夫下台，"远洋进攻"的战略被"区域性防御"所替代。"区域性防御"战略强调苏联海军的作战目标，由远程打击敌人的领土转为对敌人海上兵力集团的作战；海军活动范围从远洋向中、近海收缩，重点加强一些重要的海上交通线和战略枢纽。需要指出的是，"区域性防御"同之前苏联遵循的"近海防御"有所不同，"近海防御"主要任务是配合岸基力量，保卫沿海防线。但"区域性防御"除了保证苏联海岸线的安全外，还增加了海上交通线、海上枢纽等"战略地带"的内容。这可以算是在战略收缩大背景下，却又不想放弃海权的折中之举。

在新的战略原则影响下，苏联海军建设重点强调完善兵力结构，缩小数量规模，提高装备重量。苏联海军停止介入海上局部战争和武装冲突，减少海外军事基地的数量，减少自身在外的军事存在。

戈尔巴乔夫的努力最终没能挽救苏联，也没能挽救颓势的海军。1991年，苏联最终解体。俄罗斯失去了波罗的海三国的优势地理，又失去了提供苏联主要造船能力的乌克兰，并丢掉了黑海出海口。强大的苏联舰队失去了完整性和统一性，碎片般分散在原有的各个加盟国，海上力量遭到极大削弱。而随后的俄罗斯经济又陷入"休克疗法"之中。在内外交困的窘境下，莫斯科只能将目光从世界转回国内，其对海上权益的热切追逐，也暂时告一段落。

---

① ［美］威廉·奥多姆：《苏联军队的瓦解》，王振西等译，北京：社会科学文献出版社，2014年版，第297页。

## 五、其他海洋事业的发展

海洋战略是国家战略的组成部分，海洋战略的内涵因国家战略制定不同，并受制于一个国家经济和社会条件。苏联海洋战略的核心，也就是戈尔什科夫所阐述的一个国家的"海上威力"。他认为，海军、运输船队、捕鱼船队和科学考察船队以及国家的船舶工业、海员素质和数量等都可以算作是国家海上威力的物质表现，海上威力其实是一个很丰富的概念。

然而有碍于自始至终就面临的不利的国际环境，苏联的海洋战略一直服从于国家安全战略，更多强调军事上的作用，贸易、生产与科研方面的表现相比军事并不抢眼。但这并不意味着苏联放弃了在整体海洋事业上的发展，戈尔什科夫也指出，军事并不是全部的内容，军事保证经济生产的顺利进行，经济决定军事能力的高低，军事和经济是相辅相成的关系，苏联的海洋战略既包含经济因素，又包含军事因素。实际上，在苏联军事建设优先的同时，苏联整体的海洋事业也在发展当中。

### （一）运输船队（商船队）

在民用船队中居于优先地位的是运输船队，或者说是商船队。在沙皇时代，航运业的力量并没有铁路业强大，铁路业人士在政府当中能发挥相当重要的影响力。在一战爆发时，苏联商船队的净重吨位只有100万吨。而到了苏维埃政府成立时，俄国商船有的沉没，有的被俘，大部分闲置不用，早已经破败不堪，近乎解体。经过东拼西凑和整修改装，到了1925年，苏联拥有全部的商船数量为133

艘，远远低于西方强国。①

　　航运业发展最大的掣肘来自苏联落后的船舶工业，经过三个五年计划的建设，航运业有了一定程度的发展。然而在战争期间，苏联船舶工业受到重创，列宁格勒、敖德萨、尼古拉耶夫和塞瓦斯托波尔等地的造船厂被摧毁，苏联在50年代初才重新生产出船只。虽然造船工业受到了摧残，但在美国租借法案的援助下，苏联拥有的商船队规模比战前有所扩大，根据1946的统计，其全部净重吨位为340万吨。②

　　苏联商船队的迅速发展是从50年代中期开始的。斯大林逝世后，苏联改变以往同西方对抗的作法，变得更关注对外交往，不再对依仗"资本主义货运市场"有所顾忌。1954年，巴卡耶夫出任海运部部长。巴卡耶夫出身工程师，擅长港口业务和建设，他主张建立一支强大的商船队，以赚取外汇，服务苏联经济。在《在世界海路上的苏联船只》一书中，他解释了苏联发展商船队的动机："这并不是声望问题。这可以使得我们对外贸易取消对资本主义的政治与经济的依赖，增加贸易的总量。"③ 由他任职开始，苏联对外贸易发展速度加快。苏联的对外贸易总价值由1947年的14亿卢布增长到1968年的180亿卢布。④ 海运货运量也大大超过了传统的铁路运输，1968年海运货运量几乎占所有运输方式货量的一半，成为对外贸易运输的最主要方式。⑤

　　苏联除了将运输船队看作是经济手段外，还将其视作海军的重要辅助性力量。运输船队归海军军官领导，水手们接受适当的军事训练，可在战时转化为海军人员。同时在运输船在建造理念上强调

---

① ［苏］戴维·费尔霍尔：《苏联的海洋战略》，龚念年译，三联书店，1974年版，第84—85页。
② 《苏联的海洋战略》，第86页。
③ 同上书，第118—119页。
④ 数据来源：苏联贸易统计，转引自《苏联的海洋战略》，第64页。
⑤ 《苏联的海洋战略》，第69页。

军事目的，有的船只甚至采用登陆艇式的结构，可使坦克和军用卡车在没有码头的情况下登陆。勃列日涅夫主政前的苏联运输船队虽有发展，但还十分弱小，平均船龄在 25 年以上，吨位较小，引擎落后，难以应付苏联快速的贸易需求和军事扩张需要。勃列日涅夫主政时期，为配合苏联实行全球扩张战略，运输船队得到国家的大力支持。到了 1970 年，苏联运输船队的总吨位达到 1483 万吨，居世界第六位，且每年都有新船入列。到了 1977 年，总吨位数达到 2144 万吨，远洋货运轮船吨数居世界第一。大批的苏联运输船不仅满载着军用物资，出现在安哥拉、越南等第三世界国家，也同时承担了本国远洋海军的补给和支援工作，为海军提供油料和航海数据等。用 1978 年美国《新闻周刊》的话来讲："苏联军舰和商船就是一对孪生兄弟。"①

### （二）渔业

苏联境内河流有 320 万千米，大小湖泊 25 万个，还有两处内陆湖，内陆渔业资源十分丰富。长期以来，俄国很重视内陆渔业的发展。1918 年，苏俄成立捕鱼和鱼产品工业总局，组建捕鱼船队，大力发展渔业事业。二战刚刚结束时，内陆渔业已经有了长足的进步，其渔获量占全国的四成，但此时远洋渔业的比重还比较低。随着需求的扩大，维持内陆渔获的绝对数量遭遇到了难题，苏联加大了对深水渔业的投资。这些投资主要用于购买和制造装备，扩充船队。通过模仿及改革英国的工厂拖网渔船和冷冻托渔船，以及派出工业母船随同出海的作业形式，苏联渔船作业范围逐步由领海水域向远海拓展。捕获量从 1958 年的 260 万吨增加到 1968 年的 610 万吨，仅

---

① 蒋建东：《苏联的海洋扩张》，第 211 页。

次于秘鲁和日本,在世界渔业国家中居于第三位。[1] 深海渔业资源取代内陆资源成为苏联持续增加产量的主要来源。到1978年,苏联捕鱼船数量居世界大型渔船队首位,拥有多种渔船配型,不受季节捕捞限制,可随时将渔获加工成渔业产品。[2] 尽管在《联合国海洋法》公约出台后,苏联失去了40%的传统渔场,但依靠深海捕鱼技术,渔获量仍然有所增长2倍,其中公海渔获量占苏联当年渔获量的87%。

苏联渔船队按照方向划分为五支,分别是以海参崴为基地的远东渔船队、以摩尔曼斯克为基地的北方渔船队、以加里宁格勒为基地的西方渔船队、以塞瓦斯托波尔为基地的黑海渔船队,以及以阿斯特拉罕为基地的里海渔船队。苏联的渔船队同商船队一样,和军队有着紧密的联系。苏联渔船一半以上从事着军事任务,苏联的拖网渔船装载着复杂的电子设备和探测装置,时常潜入他国海域,进行地图测绘和情报上的搜集工作。渔船从事间谍活动已是苏联海洋活动中公开的秘密。

(三) 海上科考

苏联海上扩张的一大特点是囊括了海洋国家所应该做的一切,伴随着海洋事业全面开花的是海洋研究的快速发展。战后,苏联部长会议科学技术委员会下设了专门的全国利用海洋资源会议,涵盖了地质部、渔业部、海运部、教育部等有关机构所,可以看出苏联在海洋研究上的广泛性。同时在苏联科学院下设立了海洋学委员会,与全国利用海洋资源会议共同统筹苏联的海洋科研活动。

苏联进行海洋科考的目的有五:一是积累海洋知识;二是服务

---

[1] [苏] 戴维·费尔霍尔:《苏联的海洋战略》,第184页。
[2] [苏] 戈尔什科夫:《国家海上威力》,第58页。

气象预报；三是完善船舶设计；四是勘探海洋资源；五是保护海洋环境。为实现以上五个目的，1957—1958年，苏联在国际地球物理年上提出了一个比任何国家都庞大的海洋学计划。以此为契机，苏联海洋学研究进入长达20多年的黄金时期。船队数量方面，1964年，苏联的海洋科研船数量已经同美国相当，如果以吨位计算则超过了美国。在科研人员的数量上，根据美国众议院1966年1809号报告，苏联有8000—9000名科研人员从事海洋方面的全职工作，远超过美国的3000人，且学生在海洋科目上所受到的训练也是美国的四倍多。①

科研船是海洋科考的物质基础。早期苏联没有专门的海洋科研船，都是其他船只的改制品。1957年后，苏联陆续设计制造了一批先进的科研船。1969年，由苏联自行设计的7000吨级"维纳德斯"号初航，可搭载95名船员、66名科学家，配备有八个实验室和一台用于分析数据的电子计算机，可将探测仪器投在水下11998米的地方。② 这是一种大型且先进的科研船，仅锚链就有九里长，表明了苏联在科研船建造方面的实力。整个苏联时代共开工建造了300多艘科研船，为苏联进行了海洋科研活动提供了坚实的基础。

在各方面的支持下，苏联取得了一系列的海洋科研成果。"罗蒙索诺夫"号和"库尔恰托夫院士"号在大西洋赤道和西北部的100—500米深处发现并考察了回流，分别命名为"罗蒙索诺夫"回流和安的列斯—圭亚那回流。同时苏联科学家在各大洋发现了新的盆地。苏联在海洋大气物理学、水文物理场空间和时间变化、海洋水文气象和冰凌预测等方面都处在世界领先水平。

但是苏联的海洋科研同样受制于军事优先的原则。实际上，苏联的海上科研更多体现在量上，苏联科研船拥有最大的船体和最多

---

① ［苏］戴维·费尔霍尔《苏联的海洋战略》，第175页。
② 美国众议院1966年第1809号报告："苏联人和大海"，载《苏联的海洋战略》，第175页。

的船舶，但主要的仪器设备优先服务军事目的，专门用于科研目的的比率较低。这种局面直到苏联解体前夕才被改变。

（四）船舶制造

在很长一段时间内，苏联的造船能力及经验一直有所欠缺。工业基础的薄弱曾一度阻碍了斯大林的造舰计划。战前增添的民用船只主要是购买西方在大萧条中退役的二手船只，其中甚至包括 19 世纪的老样式。英国在 1886 年生产的先驱油船"卢持"号，此时仍然服务在苏联的商船队中。[①] 从中不难看出，苏联在扩大船队方面的选项并不是很多。二次大战期间，苏联刚刚崛起的工业遭到重创，列宁格勒、敖德萨、尼古拉耶夫和塞瓦斯托波尔的造船厂被摧毁，在战前供给苏联船舶的波兰和德国造船厂也被炸毁停产。虽然到二战结束后，苏联的商船队比战前有所扩大，但这主要依靠的是来自同盟国（主要是美国）的援助。

从 50 年代初起，苏联恢复了船舶生产的能力。到了 60 年代后期，苏联已经成为世界上第三大船舶工业国，全国共有大小船厂 500 多家，职工人数 20 万人。超过 2000 人的大型船厂有 18 家，此时的苏联可以生产从沿岸小船到巨型油轮各种型号的船只。但是，苏联大部分的产能被用来建造军舰和相关设施，除了运油船外，苏联民用船只的需求还是大量依赖进口。苏联进口的来源十分广泛，战后初期依靠波兰、东德和芬兰，其中芬兰是苏联最主要的商船，特别是破冰船的提供者。除此之外，苏联同主要资本主义国家都有订购合同，日本、英国、西德、瑞士、丹麦、荷兰、法国和意大利都是苏联的卖家。据《苏联商船》的材料显示，1958 年到 1962 年，苏联商船新增吨位的 40% 还可以自己生产，而在后五年中，这一比例

---

① ［苏］戴维·费尔霍尔:《苏联的海洋战略》，第 85 页。

下降到了30%。东欧国家在新增吨位的比重超过50%，破冰船和客船几乎完全依仗国外输入。①

值得指出的是，在大量进口国外商船的同时，苏联也在少量出口苏联制造的船只。实际上，苏联的船舶生产有着自己的优势，就是可以大规模批量生产，可以以很低的成本进入市场，这是很多欧洲造船厂所望尘莫及的。戴维·费尔霍尔在《苏联的海洋战略》中记述了苏联向英国出售过一种性价比颇高的"科迈塔"级水翼船的故事。②但这样的案例屈指可数，大多数时间里，苏联一直是民用船只的进口国。

# 结语

大约60年前，乔治·凯南曾撰文指出，俄国人行为的根源是传统的本能和不安全感。③因此俄国人谋求安全的唯一做法，是为了彻底毁灭同自己竞争的国家而进行耐心和殊死的斗争，决不会同哪个国家达成妥协。无论凯南的观察是否正确，在客观上，其在《苏联行为的根源》中的论述奠定了美国对苏联的"遏制政策"，在外部环境上迫使苏联必须将主要精力放在国家安全上。苏联只有通过不断强化军事力量，才能在两极的国际格局中不处下风。也因此，苏联的国家战略更多的是一种军事思维。所以考察苏联的海洋战略，海军是不可回避，甚至是主要的一个方面。戈尔什科夫在《国际海

---

① [苏]戴维·费尔霍尔：《苏联的海洋战略》第88—90页。
② 同上书，第90—92页。
③ George Kennan, "The Sources of Soviet Conduct", Foreign Affairs, 1947, Vol. 25, No. 4, pp. 566–582.

上威力》中便开宗明义地指明，海军是国家海上威力最重要的组成。① 虽然其本人也认为国家的海上威力应该包罗万象，但客观的形势迫使苏联将军事意义纳入其中。

然而推进海军建设需要建立在一定的物质基础之上。战前苏联已经基本实现了工业化，工业产值位居世界第二位。斯大林有意借助这样的工业优势发展属于苏联的大海军，这是对早期苏联海军奉行"近海防御"战略的一个重要修正。只是受到战争的影响，斯大林的舰队计划并没有完成，"近海防御"依然是苏联海军的主要战略。到了赫鲁晓夫时代，由于国家形势的相对缓和，以及核子时代对核武器的"核崇拜"，使作为常规军的海军部门的发展受到了压制，但也让苏联走上了一条海军核武化的独特建设道路，这与美国的立体化作战思考完全不一样。勃列日涅夫时代，通过简政放权，企业改革，推动了经济发展，奠定了海军建设的物质基础，戈尔什科夫的"平衡海军"的指导思想，让苏联的海上力量走向均衡合理。到了70年代，俄国人最终拥有了一支能够给对手带来足够威胁的远洋舰队，苏联的海洋战略也发生了相应地变化，自然而然地转变为"远洋进攻战略"。苏联舰队的身影更多地出现在了世界各大洋上。

然而过犹不及，过于强调军事优先绑架了苏联的国家经济，苏联社会再生产的主要资源都分配给了和军事相关的部门，长此以往造成产业结构的失调，人民生活水平的下降。进入80年代，里根推行"星球大战"计划，其目的就是通过一场军备竞赛，拖垮在经济上不占优势的苏联。在这样内外交织的形势下，苏联逐步放弃了取得军事优势的作法，在戈尔巴乔夫新思维影响下，"合理够用"成为新的目标，实际上就是对原来的"远洋进攻战略"进行的收缩，苏联的海洋战略再次变为"防御"，直到苏联瓦解（当然在解体后，俄罗斯的海军依然有相当长的一个沉寂期）。

---

① ［苏］谢·格·戈尔什科夫：《国家海上威力》，第10—11页。

在苏联海洋战略中，海军虽然占有支配性地位，但作为一个陆海复合型的超级大国，其海洋事业还是有很多其他丰富的内容。苏联拥有一支庞大的商船队，这让其在世界贸易体系中占有一席之地。除此之外，在渔业开发、海洋科学方面，苏联也取得了非凡的成就。但苏联民用海洋事业依然存在着粗制滥造的情况，特别是在"军事优先"的原则下，苏联的民用事业必须配合军事目的而运作。苏联的民用船队，更多时候扮演了军队先遣队的角色，使苏联正常的海洋活动也变得不那么纯粹，从细微之处不难看出，苏联的悲剧结局其实一开始便早已种下。

# 第六章　后冷战时代的俄罗斯海洋战略

"没有一支强大的海军,就没有强大的俄罗斯。"这是彼得大帝时代的名言。但思考强大海军与强大俄罗斯之间的关系,我们将发现两个至关重要的问题:冷战结束(从时间点上看也是苏联解体)后,衰落的俄罗斯将保持什么样的海军以及海洋战略?进一步地,致力于恢复强国地位的俄罗斯将采取什么样的海洋战略?本章将从以下几个方面尝试解释这两个问题:海洋战略是什么?苏联解体后的俄罗斯海军、海洋战略实施情况。大体可以分为几个阶段?为了实施相应的海洋战略,俄罗斯做了什么?

## 一、海洋战略的概念

从根本上讲,海洋战略涉及国家/人与海洋的关系问题。一国的海洋战略是国家对于利用海洋的目的、手段和方式的有目的的规划与行为。随着人类利用海洋历史的发展,人们对于海洋战略的认知也有所改变。

"海权"是海洋战略的早期近义词。美国海军史学家阿尔弗雷德·马汉(A. H. Mahan)最早提出了系统的海权理论体系。在他看来，海权涉及了使一个民族依靠海洋或利用海洋强大起来的所有事情。[①]

海权是利用海洋权势和控制海洋的权势的有机统一。在马汉的理论中，狭义海权是指通过各种优势力量来实现对海洋的控制；而广义上的海权则既包括那些以武力方式统治海洋的海上军事力量，也包括那些与维持国家经济繁荣相关的海洋要素。[②] 换言之，从横向上，马汉将海权分为以海军为代表的海上军事力量和海上非军事力量。其中前者居于核心地位。

不同于马汉，英国海洋问题研究的"历史学派"代表人物朱利安·科贝特则从纵向维度探索海洋战略的位置。在其理论中，海军战略从属于军事战略，而军事战略从属于国家战略。由此，关于海洋战略或海军战略的讨论在一个层次清晰的系统中进行。从国家战略层次来看，争夺、保卫和使用制海权是海洋战略的中心目标[③]，核心目的是保持欧陆国家的均势。在国家战略的指导下，威慑、有限战争和无限战争的有限干预组成了其军事战略，主要采用陆海联合作战，以实现不战而屈人之兵。而海军战略则只是小战略，是实现海洋战略的手段，科贝特最强调的是舰队大规模作战。

此后，苏联国防部副部长兼海军总司令谢尔盖·格奥尔吉耶维奇·戈尔什科夫进一步发展了海洋战略的理论，提出了具有苏联特色的"国家海上威力"理论并付诸实践。他的理论集中体现于1977年出版《国家海上威力》，而他对于相关设想的实施在担任海军总司令后就已陆续开始。他认为，国家海上威力是"合理地结合起来的、保障对世界大洋进行科学、经济开发和保卫国家利益的各种物质手

---

① [美] A. T·马汉：《海权对历史的影响 1660—1783》，安常容、成忠勤译，北京：解放军出版社，1998年版，序，第1页。
② Geoffrey Till, *Maritime Strategy and the Nuclear Age*, London: Macmillan, 1982, p. 33.
③ Julian S. Corbett, *Some principles of maritime strategy*, Annapolis: Naval Institute Press, 1988, pp. 39-40.

段的总和。它决定各国为本国利用海洋的军事的经济潜力的能力"[①]。国家海上威力是一个体系，其中，海军、运输船队、捕鱼船队、科考船队等组成部分相互联系，并且它们与周围海洋环境密不可分。在存在着相互敌对的社会体系的情况下，海军一向居于首位。从某种意义来说，戈尔什科夫的理论是对马汉海权论的发展。值得注意的是，在俄罗斯的语境中，战略一词的军事意义浓厚，其"海洋战略"一般等同于海军战略。而相应的国家层面的海洋战略则使用"国家海洋政策"一词。

随着冷战的结束，海权的概念得到进一步发展。"后冷战时代海权的要素应该包括，适宜的海洋地理条件、国家经济层面对海洋的巨大需求、国家安全对于海洋控制的需求、国家在政治层面对海洋的需求、国家战略决策层对海洋的重视以及一国的领土面积、民族性格、政府性质、人口等。相应地，后冷战时代的海权包括海上军事力量、海洋管理机构、海洋产业体系、海洋法律体系、海洋科技实力等方面。"[②] 海洋战略则是国家大战略的重要组成部分，是国家根据自身长远战略目标和规划，以及国际、国内实际情况，从自身利益需求和现实能力出发，针对国家海洋空间目标和潜力所制定的政治、经济、军事、法律和社会等具有重大指导意义的方针、政策及战略安排的综合。笔者认为海洋战略是国家大战略的一部分，服从于国家大战略的需要，并体现在海军战略、海洋经济发展战略、海洋科技战略、海洋管理和相关法律等各个方面。

---

[①] [苏] 谢尔盖·格奥尔吉耶维奇·戈尔什科夫：《国家海上威力》，房方译，北京：海洋出版社，1985年版，第9页。

[②] 杨震："后冷战时代海权的发展演进探析"，《世界经济与政治》，2013年第8期，第100—109页。

## 二、无暇兼及的衰落期 (1991—1996年)

认识后冷战时代的俄罗斯海洋战略，必须将其置于俄罗斯转型的背景下。伴随着戈尔巴乔夫改革失败与苏联解体，叶利钦在俄罗斯掀起了新的转型。转型中的"破旧立新"不仅考验着人们的智慧，更依赖于时间的验证。1993年十月事件，标志着所谓俄罗斯第一共和国的失败。在此基础上，1993年全民公投通过了俄罗斯新宪法，宪法从制度上将俄罗斯确立为超级总统制国家。[①] 这也就是所谓的俄罗斯第二共和国。1993年、1995年和1999年，俄罗斯人投票选举产生了国家杜马代表。1996年，公民选举产生了俄罗斯在后苏联时期的第一任总统。对俄罗斯而言，这不仅意味着叶利钦所倡导的政治理念及所代表的政治势力在各派角逐中取得了一次选举胜利，还昭示了1993年宪法所确立的超级总统制通过合法选举的方式得到了加强。在宪法制度初步确立、超级总统制总统被选举出来之后，俄罗斯海洋战略才迎来了艰难的重启。在此之前，海洋战略一直是俄罗斯无暇兼及的领域。

在"被遗忘的角落"里，俄罗斯在海上被迫全面收缩，海洋战略限于停摆，海上威力体系不断衰落。笔者将从三方面做具体分析。其中，"阋墙分家中的肢解"主要考察苏联解体对俄罗斯海上威力系统的破坏，这是新独立俄罗斯海洋事业的起点。"无奈应对中的精简"则着重分析了在解体与转型的冲击下，俄罗斯有限的被动应对，这可以视为俄罗斯海洋战略重启的前奏。事实上，在此阶段，相对

---

[①] [英] 卡瑟琳·丹克斯：《转型中的俄罗斯政治与社会》，欧阳景根译，北京：华夏出版社，2003年版，第86—87页。

于被动应对,海洋事业主要是俄罗斯无暇兼及的领域,这是"无暇兼顾时的衰败"的主要内容。

### (一) 阋墙分家中的肢解

1991年苏联解体,独联体作为文明分家的缓冲剂同时诞生。相应地,1992年2月14日,独联体首脑会议决定成立独联体军事机构,原苏联军队被改编成独联体联合军。随着各国加紧瓜分原苏军装备和人员并组建本国军队,独联体联合武装力量瓦解。俄罗斯海军于1992年被组建起来,保留了四大舰队(北方舰队、太平洋舰队、波罗的海舰队、黑海舰队)和一个独立区舰队(里海舰队)的编制,但实力大不如前。俄罗斯分得里海舰队的四分之一,但丧失了94%的港口。[1]波罗的海舰队丧失了80%的海军基地和30%的机场。[2]黑海舰队失去了18.3%的舰艇,并且俄乌黑海舰队之争截至1997年才告结束。[3]苏联派驻地中海的第5战役分舰队和派驻印度洋的第8战役分舰队在独联体分割海军的浪潮中悄然解散。

俄罗斯的海洋产业体系也同样遭受了肢解的灾难。根据资产所属关系,俄罗斯分得前苏联商船队55%的资产,包括1655艘船舶,1120万吨排水量。[4]但主要船型为干散货船,船型单一,难以发挥系统效应。而且一半以上的船舶已经达到了退役船龄。解体还打破了原有统一的航运业布局与结构。海上运输线也被分割成新的独立区段。在大规模私有化的政策下,渔船队也被盲目私有化,渔获量减少。

---

[1] 丁一平、李洛荣、龚连娣:《世界海军史》,北京:海潮出版社,2000年版,第805页。
[2] 曹文振、郭培清、管一颖、孙凯:《经济全球化时代的海洋政治》,青岛:中国海洋大学出版社,2006年版,第175页。
[3] 丁一平、李洛荣、龚连娣:《世界海军史》,第805—807页。
[4] "俄罗斯远洋商船队发展现状",http://euroasia.cass.cn/news/106288.htm,登录时间:2015年5月10日。

面临相同状况的还有海洋科研实力。苏联解体后，各加盟共和国瓜分了海洋科考船队。俄罗斯获得了 20 艘大吨位科考船、83 艘中小船舶，分别约占苏联科考船队的 67% 和 28%。船舶工业也受到波及，俄罗斯分得苏联 19 个主要船厂中的 11 个，但黑海沿岸的大型造船厂为乌克兰分得。苏联统一的造船工业格局不再。此外，对俄罗斯而言，受影响最大的是港口。历史上俄罗斯一直为寻找出海口而努力，但苏联解体后，各海域的港口丧失严重。苏联时期的统一布局不再，系统效能不复。更为严重的是俄罗斯丧失了大量的温水港。

简而言之，尽管俄罗斯继承了大量的苏联遗产，但是各国的瓜分削弱了原本强大的苏联海上威力体系。在私有化过程中，部分政府官员和企业高层也趁机侵吞国家财产。更严重的是，前苏联时期的统一规划被打破，国家也没有足够力量支持整个海洋事业，被肢解后的"部分"不具备"整体"的性质与功能。因此，俄罗斯开始重新整合分得的前苏联遗产，换言之，开始无奈应对中的精简。但整合需要时间与经济成本，而转型中的经济与政治状况并不能完全提供这些条件。因此，更多的时候，俄罗斯海上威力体系在无暇兼顾中衰败。

（二）无奈应对中的精简

俄罗斯海军成立后，管理混乱、事故频发。面对严峻形势，俄罗斯开始了海军改革。1992 年，俄罗斯制定了"近海防御"战略，取代了前苏联时期的"远洋进攻"战略。为强调积极防御，俄罗斯海军于 1996 年提出了"现实遏制战略"。俄罗斯海军的"假想敌"是美国、北约和日本海军。在作战准备方面，主要应付海上局部战争和武装冲突，但核威慑条件下的大规模常规战争仍为根本出发点。

根据新制定的战略思想，俄罗斯开启了海军改革。按计划第一阶段为1992—1995年，主要大幅削减装备和人员，完善指挥机构和管理机制，调整兵力部署。对俄罗斯海军进行压缩精简，注重质量建设。至1995年底，俄罗斯海军已经基本上进入稳定发展阶段。但受限于国内政经状况，改革没有达到预期目的。因此，1997年叶利钦开启了新一轮的军事改革，直至2000年。经过改革，海军人员裁减至约20万，舰船减幅57%。其中，"作战舰艇400余艘，比1991年减少600艘；大型护卫舰以上主要水面作战舰艇仅存60余艘，比1991年减少80%以上；潜艇110余艘，两栖舰55艘，分别减少了170艘和23艘。有近百艘核潜艇退役。2艘直升机母舰和4艘'基辅'级航空母舰，以及数艘'肯达'级、'克列斯塔'级巡洋舰被淘汰。"[1] 海军飞机也裁减了78%。俄罗斯海军按国家所签订的国际条约，裁减和拟裁减70年代中期前安置的战略核潜艇和战略核弹头，使战略核潜艇由1992年的近50艘减至1997年初的26艘，潜射核弹头由900枚减少到440枚。[2] 1991年11月，俄罗斯海军总部还专门成立了以副总司令马霍宁上将为董事长的舰船销售公司，出售能够使用的旧舰艇以及向外国拆船厂按废旧钢铁出售各种退役舰艇，以加速旧舰艇淘汰并回笼资金。

与此同时，俄罗斯制定了新的十年造舰计划，先后有一批新型舰船和飞机服役，但数量远远不能满足俄罗斯海军的需求。在兵力部署方面，俄罗斯海军重点加强北方舰队和太平洋舰队的实力。整合部分黑海舰队和波罗的海舰队兵力，充实北方舰队和太平洋舰队。在活动范围上，俄军已收缩至近海。常驻印度洋、地中海与南海的兵力被撤回。演习也大多集中于近海。

简而言之，面对震荡的转型困境，俄罗斯依然没有放弃采取应对举措。举措主要集中于海军改革精简方面。这是因为，一方面，

---

[1] 丁一平、李洛荣、龚连娣：《世界海军史》，第811页。
[2] 祝前旺：《大洋双雄（下）：21世纪俄罗斯海军》，北京：海潮出版社，2012年版，第10页。

海军是俄罗斯应对海上威胁、维护国家安全的重要保障。面对苏联解体分解后的千头万绪，俄罗斯必须改革整顿海军以维护安全。这也是俄罗斯海洋战略的最低需求。另一方面，转型中的俄罗斯不仅政治震荡，而且经济困难，俄罗斯无力推进全方位的海洋战略，只能从不得不开展的军事领域进行改革；而且以精简为主要特征的改革将削减财政投入，降低军工产业在经济中的比例，推动经济结构调整，以期为经济转型节省喘息所必需的财力支撑。

（三）无暇兼顾时的衰败

尽管俄罗斯在肢解中的主动瓜分与被迫应对相伴发生，但在整个衰落期俄罗斯海洋战略更多的是一个无暇兼及的领域，在被迫的放任中海上威力体系不断衰败。"无暇兼顾"主要体现在推进海洋战略所需要的财政支撑往往不能满足，制度管理上也常常放任自流。

海军经费来自于国防经费预算。但1992—1996年，俄罗斯国防经费预算年年下降。相较于1991年，1992年俄罗斯国防预算约为前者的三分之一左右。更严重的是，实际拨付金额常常不能达到预算要求。"1994年俄国防部提出的国防预算是87万亿卢布，但实际只兑现40.6万亿卢布。1995年根据物价上涨指数，俄又提出111万亿卢布的国防预算，实际只拨给40%（44.4万亿卢布），但最终只兑现了实际拨给数额的60%。其中拨给海军的不到三分之一。"[①] 海军经费占国防经费预算比例从1993年的23%下降到1998年的9.2%。其中70%还是用于发放海军人员薪金的维持费，用于海军装备采购和发展的预算只有11%和12%，而真正落实到位的不过规定额度的5%和6%。[②] 经费不足带来了一系列的严重影响。士兵生活无法

---

[①] 肖继英：《俄罗斯海上力量—重整旗鼓》，北京：海洋出版社，1999年版，第278页。
[②] [俄] 伊·马·卡皮塔涅茨：《20世纪军事秘密：冷战和未来战争中的世界海洋争夺战》，岳书墦译，北京：东方出版社，2004年版，第516页。

保障，士气低落，年轻人逃避兵役，部队缺编严重。由此，军队管理混乱，事故频发。燃料不足，装备无法运转，日常训练、演习、侦查等活动得不到保障。俄罗斯海军作战能力大幅下降。

同样的无暇兼顾也出现在俄罗斯海洋产业体系中。经过私有化改革，俄罗斯渔业和航运业由私人控制。尽管商船队面临超龄化的困扰，但由于财政及公司财政无力支持新船建造。而且国家也没有财力来向企业下订单。伴随着私有化的推进，国家进一步将支撑商船队发展的责任转移到私人资本手中。然而，转型期的俄罗斯百废待兴，管理效率低下、办事手续繁杂、腐败现象滋生。因此，商船队进一步衰落。对渔船队而言，私有化将大量国家财产转移到私人资本手中，而私人资本则进一步将财产转移到外国离岸公司。因此，俄罗斯渔船队日渐衰落，捕鱼量也日渐下滑。

在海洋科技实力方面，由于拨款减少，俄罗斯继承的科考船队更新不及时，已有船只也被转作他用以期创收，或者只得退役。经费短缺、订单不足也使得俄罗斯停建新型舰艇。科研工作停滞，生产设施老化；产能相对过剩，企业利润低下，开工不足。企业经营效益差，人才流失严重。为维持生存，企业盲目转产，既有科技潜力无法有效发挥，更遑论创新与发展，进而俄罗斯船舶工业陷入全面危机。

回顾本阶段，各苏联加盟共和国加紧瓜分苏联海上遗产，私有化又为私人侵吞国家海上资产创造了条件。俄罗斯海上威力体系在加盟共和国之间与"国家—私人"之间被"两重"肢解。而休克疗法带来的经济衰退严重影响了国家财政能力，也束缚了私人资本发展海洋产业的激情。国家尝试将大部分管理的责任转移给私人资本，但体制与管理问题限制了海洋产业的发展。在不得不负责的海军方面，国家也只能采取精简的改革策略，尽管改革也并未完全实现设计目标。总而言之，解体与转型带来了俄罗斯整个国家的大动荡与大衰退，因此，覆巢之下的俄罗斯海上威力体系也面临系统性衰落，无力兼顾的海洋战略限于停滞。1996年10月20日，俄罗斯纪念了海军建立三百周年。在回顾总结海军三百年历史的基础上，俄罗斯开始了对海洋战略的再思考。

## 三、力有未逮的重启（1997—1999年）

1996年，叶利钦赢得总统大选，转型中的俄罗斯政治体制框架初定。1997年俄罗斯经济取得了较好的发展。而放眼国外，1997年北约东扩，成为俄罗斯主要威胁。当年新版《俄联邦国家安全构想》出台，将遏制北约东扩作为长期的战略目标。因此，在外部威胁日益明确而内部转型稳定初显的情况下，服从于俄罗斯安全与发展需要的海洋战略开始重启。1997年，俄罗斯出台《世界大洋》联邦目标纲要，这标志着俄罗斯开始改变以往在海洋威力体系衰落方面被动应对的局面，海洋战略重启。

### （一）重启的努力

俄罗斯海洋战略的重启不是完全的另起炉灶，而是协调了已有相关文件后提出的。在此之前，新独立的俄罗斯并没有整体的系统的关于海洋事业的目标规划。1997年《世界大洋》联邦目标纲要的出台，标志着俄罗斯海洋战略的重启。纲要提出要综合解决研究、开发和有效利用世界海洋的问题，以实现国家经济发展和保障安全。"根据国家目标和发展任务，增强俄罗斯在世界海洋上的活动；确定俄罗斯近期在世界海洋活动的所要达成的具体目标；根据实际保障水平保证最大程度协调并提高中央和地方相关部门的海洋活动"。① 目标是:"实现和保卫俄罗斯国家利益和地缘政治利益;为沿海地区社会经济发展创造条件;稳定航运体系;提高海上各种活动的安全程度;保持和进一步发展同海洋问题相关的科技潜力"。

大体上看,海洋战略发展规划是"三步走"战略。其中,1998—2002 年为第一阶段,主要解决法律、军事战略利益界定、渔业资源和海上交通线等四方面问题。2003—2007 年为第二阶段,主要解决海洋环境研究、海洋矿产开发、人文关切、北极开发和南极研究等五方面问题。2008—2013 年为第三个阶段,主要解决海上经贸、开发利用海洋资源的技术以及建立国家统一海情信息系统等问题。

重启时期的俄罗斯海洋战略以《世界大洋》联邦目标纲要为核心,是一个系统的目标与策略的体系。1998 年,俄罗斯出台了《世界海洋环境研究子纲要》《俄罗斯在世界海洋的军事战略利益子纲要》《开发和利用北极子纲要》《考察和研究南极子纲要》《建立国家统一的世界海洋信息保障系统子纲要》。1999 年俄出台了新版《俄联邦军事学说》。

1997 年叶利钦任命谢尔盖耶夫担任国防部长,开启了新的军事改革。海军方面计划 1999 年前削减 3 万员额。由于缺编 2.5 万人,因此实际裁员有限。调整后编制员额为 22 万,占俄军总兵力的 18.3%。② 并重新调整了海军部署。经过此次改革,俄罗斯海军的管理体系由过去五个环节简化为更有效的 2—3 个环节构成。1998 年 7 月,叶利钦强调,在 21 世纪俄海陆空三位一体的战略核力量将以海基战略核力量为主。俄罗斯计划在未来二十年将海军的战略核力量

---

① Федеральной целевой программе "Мировой Океан",参见 http://www.ocean-fcp.ru/ukaz.php.
② 海运、李静杰、友谊:《叶利钦时代的俄罗斯:军事卷》,北京:人民出版社,2001 年版,第 105 页。

上升至俄军的第一位。

相较而言，重启期的海洋战略与苏联时期明显不同。首先，新时期的海洋战略强调海军只是海洋战略的一个方面，海洋产业、海洋研究等方面都应该共同发展。其次，海洋战略主要着眼于俄罗斯国内的发展，而非向外扩张。这一时期的俄罗斯也尝试走出解体后长时间的自顾不暇与放任，开始主动思考海洋战略走向。总之，以《世界大洋》为标志，俄罗斯海洋战略重启。

### （二）重启中的力有未逮

俄罗斯海洋战略的重启有其相应的背景。首先，1996—1997年俄罗斯经济恢复较好，国内逐渐稳定。1997年，俄罗斯经济摆脱了解体后连续六年的负增长，国内生产总值增长0.8%，实际国内生产总值相当于1989年的52.2%。[①] 1996年，叶利钦赢得了1993年新宪法通过后的首次总统大选，俄罗斯政治体制趋于稳定。在较好的经济形势下，俄罗斯政府有更多的精力思考海洋事业等方面的战略，以进一步服务于国内经济转型与发展。其次，俄罗斯开始将北约视为主要威胁，由此，俄罗斯进行了新的国家外交政策与国家战略的调整。1997年7月北约马德里首脑会议决定接纳波兰、匈牙利和捷克为北约成员国，北约东扩迈出了实质上的第一步。1998年1月，波罗的海三国与美国签署了伙伴关系宪章，为加入北约做了一般性准备。1999年，科索沃战争严重恶化了俄罗斯与北约关系。最后，俄罗斯海上威力体系衰败不止。到20世纪末，俄罗斯海军常规力量实力只是瑞典的1/3，德国的1/4—1/3，土耳其的1/2。面对北约东扩威胁与国内发展需要，俄罗斯重启了海洋战略。

---

① 冯绍雷、相蓝欣：《俄罗斯经济转型》，上海：上海人民出版社，2005年版，第20—21页。

尽管俄罗斯海洋战略的重启，已经考虑到国家转型期的困难，并主张渐进发展，但这种重启依然是力有未逮。首先，从国内政经情况看，金融和经济危机严重冲击了本就困难的俄罗斯经济转型。1998年，刚刚好转的俄罗斯经济重新陷入金融危机的风暴之中，经济增长率为－4.6%，实际国内生产总值下降0.4%。3月，叶利钦任命基里延科出任政府总理，希望新政府加快经济改革。但新政府只能疲于应付金融危机。政府的主要精力再次集中于解决紧迫的问题。此后短短一年多时间，俄罗斯政府总理职位四易其主。直到1999年下半年，俄罗斯经济才逐步从金融危机中复苏。当年实现经济增长5.3%。其次，俄罗斯外部环境迅速恶化，俄罗斯与西方关系陷入紧张。1997年7月，北约马德里峰会邀请匈牙利、波兰和捷克加入，并声称扩大是一个无止境的进程。1999年3月，三国正式加入。北约东扩使得俄罗斯与北约关系变得紧张。1999年3月，俄罗斯原本困厄的外交处境遭遇了科索沃战争的冲击，俄罗斯与美国等西方国家的紧张关系达到顶点。在此情境下，俄罗斯感受到的安全威胁也更加明显。因此，在安全方面，俄罗斯对军事实力的需要必然上升。在这种情况下，对海军的需要也在上升。但在俄罗斯的国家安全构想中，海军依然处于从属地位。由于动荡的经济使得财政预算难以满足，海军依然处于被迫忽视的地位。从发展的角度来说，俄罗斯需要海洋产业来支撑。但是经费不足的俄罗斯只能将更多的事情交给私人资本来做，表面看这符合私有化改革的要求。但是私人资本在短时间内无法实现对俄罗斯海上威力的跨越式发展。在经济负增长、政治局势变幻、贪腐严重的大环境下，私人经营的海洋产业长期无法达到国家队海洋事业的需求。例如，1998—2003年俄罗斯居民人均海洋蛋白质获取量由每年20千克下降到9千克，而同期世界平均水平为每年15—16千克。

总而言之，在国内政治局势趋稳、经济稍有发展、国外威胁趋于明确的情况下，俄罗斯的海洋战略应运重启。《世界大洋》联邦目标纲要是重启的重要标志。在重启期，俄罗斯着重对海军进行了改革。然而，1998年金融危机、1999年的北约东扩与科索沃战争，使得转型中的俄罗斯内外交困，刚刚重启的海洋战略对于俄罗斯而言是心有余而力不足。心力交瘁的叶利钦在20世纪的最后一天任命普京为代总统。从此，俄罗斯告别了叶利钦时代，迎来了普京时代。

## 四、强国战略下的全面推进（2000年至今）

1999年12月31日，叶利钦宣布辞去总统职位，并任命总理普京为代总统。在次年的大选中，普京顺利当选总统并获得连任。2008年梅德韦杰夫在普京支持下成功当选总统。尽管普梅之间"王车易位"，但梅德韦杰夫担任总统期间梅普实际上仍然同处一个阵营。[1] 并且，总理普京参与了最高层决策。因此，2000年以后俄罗斯处于且在未来数年间可能仍将处于长普京时代[2]。长普京时代的俄罗斯以"强国"为国家战略目标。1999年普京发布《千年之交的俄罗斯》提出了"强国"理念。在普京的第一个总统任期内，强国战略逐渐形成。普京强国战略的目标为"具有发达公民社会制度的和牢固民主的国家；有竞争力的市场经济国家；有着精良装备的、机动的武装力量的强国"，[3] 并主张通过提升国家竞争力、建立强大的国家政权体系和稳定发展的经济体制来实现战略目标。在长普京时代，俄罗斯海洋战略在强国战略的指引下全面推进。

---

[1] 冯绍雷："'王车易位'后的俄罗斯走向及其构想中的对外战略"，《俄罗斯研究》，2011年第5期，第5页。

[2] "长普京时代"的提法参见杨成："'权力—财产权'体系的路径依赖与'长普京时代'俄罗斯经济的发展前景"，《国际经济评论》，2012年5月27日。

[3] 郑羽：《新普京时代（2000~2012）》，北京：经济管理出版社，2012年版，第11—12页。

以 2001 年通过的《2020 年前俄联邦海洋学说》为核心，俄罗斯形成了海洋战略体系。在军事方面，俄罗斯在 2000 年通过的《2010 年前俄联邦海上军事活动的政策原则》的基础上，陆续出台了《2010 年前俄联邦国防工业综合体发展政策基础》《2015 年前俄联邦军事技术政策基础》《2020 年前武器装备发展的主要方向》等文件。在海洋资源方面，俄罗斯制定了《2020 年前俄联邦能源战略》《2020 年前俄联邦北极国家政策基础》《2020 年前俄联邦南极行动战略》。在发展海洋事业方面，《2030 年前俄联邦海洋活动发展战略》《2020 年前俄联邦北极地区发展和国家安全保障战略》相继出台。当然，自重启以来，俄罗斯海洋战略保持了相当的延续性。1998 年《世界大洋》联邦目标体系获得批准，并于 2008 年、2010 年、2011 年和 2012 年先后四次修订，它构成了俄联邦政府发展海洋事业的总体规划。此外，俄联邦各部委也制订了在相应领域发展海洋事业的联邦目标纲要，还出台了相关行业的计划指南。在推行过程中，俄联邦军事学说、国家发展战略以及对外政策构想等对俄罗斯海洋战略也产生较大的影响，并为海洋战略提供了支撑。相关规范海洋事业发展的法律法规也为海洋战略的实施与执行提供了保障。具体而言，长普京时代的俄罗斯海洋战略体现在以下几个方面。

（一）推进海军转型，坚持近海防御，不放弃远洋向往

海军是一国保障海上安全和国家利益的重要标志。普京提出"俄罗斯必须加强远洋海军建设，加强在世界各大洋的存在，以捍卫俄罗斯的利益；俄罗斯只有成为海洋强国，才能成为世界大国"。[1] 2000 年底俄罗斯制定了海军未来 20 年长远发展战略。[2] 其中，

---

[1] 刘志青：''俄罗斯海军：在辉煌与困顿中起舞''，《世界知识》2006 年第 17 期，第 58 页。
[2] 徐舸：《大洋双雄（下）——21 世纪俄罗斯海军》，北京：海潮出版社，2003 年版，第 17 页。

2001—2002年的阶段目标为扭转海军战斗力下降趋势，使现有兵力维持在正常状态，并为下一步发展奠定基础。2003—2007年阶段任务为提高海军保卫国家利益与保障国家安全的能力，维护海洋大国地位，促进经济发展，帮助开发及利用世界海洋资源。2008年到2020年的战略目标为：采用最新式武器装备全面更新海军，建立现代化的俄罗斯海军，维护俄罗斯大洋利益，履行世界强国责任。对俄罗斯海军的战略定位在《俄罗斯联邦军事学说》和《俄罗斯在"世界大洋"的军事战略利益》子纲要中也得到了具体体现。

　　一方面，为推进海军发展战略的实现，俄罗斯积极推进海军改革。首先，推动军种联合作战，提高了海军地位，优化了指挥体系。根据2008年俄格战争的经验教训，俄罗斯改军区为四大战略战役司令部，各战略战役司令部统辖下属的三军部队。原太平洋舰队司令被任命为东部军区司令，海军地位略有上升。2012年10月31日，俄罗斯海军司令部正式从首都莫斯科迁到圣彼得堡市中心的旧海军部大楼内。其次，压缩海军编制，以期满编满员，提高海军战斗力。经过改革，海军人数从2000年的约20万下降到2008年的11.7万。再次，更新装备，推动海军硬件设施现代化。2012年俄罗斯进行了苏联解体后首次大规模军事装备更新。截至2012年7月，俄罗斯海军拥有潜艇70艘，其中战略导弹核潜艇13艘、攻击型核潜艇28艘、柴电潜艇20艘、专用核潜艇8艘、专用柴电潜艇1艘、拥有水面舰艇221艘、包括航母1艘、巡洋舰7艘、驱逐舰9艘、大型反潜舰10艘、护卫舰9艘以及其他小型水面舰艇和各种辅助舰船等。[①]按照武器装备发展纲要，2020年前，俄海军将再装备8艘战略导弹潜艇、8艘核潜艇、20艘多功能潜艇和大约50艘水面战舰。对外购买及建造舰艇的工作也在进行。最后，加大军费投入与引进社会资

---

① 参见维基百科英文版 List of active Russian Navy ships，http：//en.wikipedia.org/wiki/List_of_ active_ Russian_ Navy_ ships。登录时间：2015年5月28日。

本并举，以充分保障海军发展所需。2000年以来，俄罗斯军费不断上涨，其中，海军份额长期保持不低于20%。军费结构也不断优化。2008年以来，俄罗斯也推动后勤保障系统改革。考虑到各大舰队分属各不直接相连的海域，俄罗斯建立了分属各自舰队的供给与保障基地，并将民营企业引入后勤保障系统，降低了后勤保障成本，提高了效率。

另一方面，为实现海军维护安全与保障发展的战略目标，俄罗斯海军优先保障近海防御。在第六代战争中，非接触战争将具有决定性意义。而其所依托的精确制导武器的主要载体是空军和海军。[①]在海战中，"舰对岸"将取代"舰对舰"成为海军的首要任务。因此，俄罗斯海军集中发展战略导弹核潜艇、多用途核潜艇、通用型水面舰艇和航天侦察与通信系统。俄罗斯海军航空兵也进行航空兵基地编制，海军陆战队和岸防部队也重现部署。2014年海军航空兵总飞行时数超过25000小时，每个飞行员达到80小时。与此同时，俄罗斯也未放弃对远洋的向往。2000年，俄罗斯海军总司令库罗耶多夫宣布，2001年是俄罗斯海军重返大洋之年。当年俄罗斯海军舰艇编队远航三次，尽管在随后几年中，限于装备、资金问题，远航时断时续。但自2008年起，俄罗斯海军舰艇编队先后远航2次、9次、16次、14次、7次，2013年俄罗斯海军舰艇编队远航更是达到了43次。舰艇编队远航恢复了俄罗斯海军的远洋存在，拓展了战略空间。然而，远洋的情况并非那么理想。2001—2002年，俄罗斯先后撤出在古巴的卢德斯监听站和越南金兰湾的基地，叙利亚的塔尔图斯港成为俄罗斯在非苏联国家的唯一一个海外军事基地。

总而言之，为实现强国战略，俄罗斯不遗余力地推动海军改革，不断提升海军战斗力，以维护国家安全，并为国家发展贡献力量。

---

[①] ［俄］伊·马·卡皮塔涅茨：《第六代战争中的海军》，李太生、王传福译，北京：东方出版社，2012年版，第158—209页。

在坚持近海防御的同时，俄罗斯也没有放弃对远洋的向往。此外，俄罗斯还重点加强了北方舰队以为北极开发提供保障与威慑，也强化了太平洋舰队以适应全球政治经济重心的转移与俄罗斯的远东开发。

（二）开发海洋资源，发展海洋经济，促进海洋战略多元化

《2020年前俄联邦海洋学说》规定："开发世界大洋资源是保持和扩大俄联邦原料基地、确保俄联邦经济和生产独立性的必要的和必需的条件。"在长普京时代，俄罗斯充分发展海洋经济，以能源与矿产资源开发、水产资源开发、造船业和航运业为重点，促进海洋战略多元化发展。相关发展战略体现在《世界大洋和南北极的矿物资源纲要》《2020年前俄联邦渔业发展构想》《2009—2013年渔业综合体发展构想》《2020年前后船舶工业发展战略》《俄罗斯运输系统发展》联邦目标纲要《2020年前俄联邦交通战略》《2030年前俄联邦海洋活动发展战略》《2030年前俄联邦交通战略》，以及《2030年前俄罗斯联邦海洋学说》等文件中。具体来看，俄罗斯开发海洋资源、发展海洋经济等方面具有以下特点：

以国家为主导，部分引入私人资本。国家主导不仅体现在国家主导的收购、兼并与重组，而且包括国家通过增加投入、财政补贴等形式来加大支持。在油气资源方面，俄罗斯通过收购兼并组建了俄罗斯石油公司和天然气工业公司等大型石油国企，并采用政府授权方式主导了油气资源开发。[①] 在国家主导大陆架油气开发的同时，俄罗斯还与西方石油巨头合作，以换取资金和开采所需的先进技术。在巴伦支海域，俄罗斯天然气工业公司与法国道达尔公司、挪威国家石油公司合作开采了什托克曼凝析气田。在北极海域，俄罗斯石

---

① 郑羽：《新普京时代》（2000—2012），北京：经济管理出版社，2012年版，第118页。

油公司与美国埃克森美孚石油公司合作对喀拉海南部至新地岛东侧进行地质勘探和开发。乌克兰危机使得这些合作的进程受阻。在开展国际合作的同时,俄罗斯十分强调俄罗斯对俄油气资源的绝对控制权。近年来,这进一步地表现为俄罗斯对油气行业中西方资本的排斥。在渔业资源方面,国家增加投入,建造渔船,完善基础设施,促进渔业发展。同时组建国家控股渔业公司,增强竞争力。俄政府引入私人资本,发展水产养殖和加工工业,推动渔业捕养结合。在矿产资源方面,俄罗斯拥有丰富的矿产资源,以北极区域(包括陆地、岛屿、近海及内陆海等)为例,镍储量占全球储量的20%,铌占35%,铜、铂族金属和锡占15%,钴占10%,钨和汞占6%—8%。[1] 因此,俄罗斯采取国家主导、勘探先行的战略。在船舶工业方面,俄罗斯以国家为主导,积极整合造船企业,先后组建了4个康采恩,并最终整合成"联合造船工业集团"。在航运业中,俄罗斯组建了大型超级游船运输公司,并重组现代商船集团公司,增强国家对航运公司的控制,优化航运市场格局,增强竞争力。

另一方面,增强本国实力,积极参与国际竞争与争夺。在油气资源开发方面,俄罗斯非常重视北极区域的油气资源开发,尽管在此区域俄罗斯主要通过与西方石油企业巨头合作来进行开发。但换个角度看,俄罗斯通过这种合作与相关国家形成战略联盟,以维护甚至扩大俄北极利益的政治考量也值得关注。在矿产资源开发方面,俄罗斯积极申请公海海底矿床勘探;在渔业开发方面,俄罗斯组建国家控股渔业公司,积极参与公海捕鱼,重振远洋渔业,参与国际竞争。在船舶工业方面,俄罗斯积极推动船舶产品出口,推动俄罗斯的船舶制造"走出去"。同时,伴随着对航运业的整合,积极提高俄罗斯商船队实力,提升俄罗斯航运业的世界地位。

---

[1] 晓民、原志军编译:"俄罗斯北极区域的金属矿产资源",《世界有色金属》,2009年第8期,第72页。

总之，面对丰富的海洋资源，俄罗斯积极推动资源开发，发展海洋经济，推动海洋战略多元化。就开发主体而言，目前这些海洋战略的推动依然主要由国家主导，但俄罗斯也十分注重吸引社会资本和国外资本，以获取资金和先进技术。俄罗斯不仅想方设法提高相应领域的技术，还努力营造海洋经济发展的良好环境。俄罗斯十分注重近海资源的开发，同时也努力参与国际竞争，抢占远洋资源，以实现强国战略。

### （三）发展海洋科技、强化科研与教育，提供人才与智力支撑

海洋战略的实施需要海洋科技提供技术支撑，需要科研提供智力支持，需要教育来确保人才支持。然而，苏联解体后，转型带来的阵痛严重损害了俄罗斯的科技体系，俄罗斯海洋科技发展曾长期面临经费不足、人才流失、工艺水平剧降。海洋战略全面推进以来，俄罗斯积极开展了以下几个方面的研究："一是研究海洋环境，不但要研究俄罗斯的领海、内海、大陆架和专属经济区，还要研究世界各海区，要搞清海底资源和海洋生物资源分布，提供水文气象、导航、海上救援和信息等方面的保障；二是研究海洋对世界经济的影响；三是研究海洋地质运动变化过程和规律；四是研究船舶制造、舰艇设备开发和海港基础设施建设等技术问题；五是研究利用世界海洋水域和资源的经济、政治和法律问题；六是海军建设和海军科学问题；七是海洋生态系统变化和海洋环境保护的原则方法等问题。"

此外，在具体的海洋产业发展过程中，俄罗斯想方设法提高技术水平。在油气资源方面，通过与西方石油巨头合作学习先进技术。在矿产资源方面，俄罗斯通过设立深水管理局，继续钻研，以维持其深水技术的领先地位。在渔业资源方面，则采用购买技术等形式提高建造渔船的技术水平。

总而言之，俄罗斯通过发展海洋科技，强化科研与教育，努力为海洋事业的发展提供人才与智力支撑。然而，正如前苏联海洋科技体系的衰落并非一朝尽丧，俄罗斯海洋科技体系的恢复也无法一蹴而就。尽管俄罗斯可以通过合作或者购买来获得某些西方先进技术，但海洋科技体系需要综合全面的构建。此外，对海洋科技人才的培养需要长时间才能见到成效，而高水平海洋科技体系的构建又需要花费数代人的积累与不懈努力。

（四）加强海洋管理、完善相关法律，为海洋战略实施营造良好环境

加强海洋管理，完善相关法律，对于保障海洋战略的实施具有重要作用。普京时代，俄罗斯成立了海洋委员会。在俄罗斯的海洋管理体制中，居中协调各方的是海洋委员会。海洋委员会与军事、安全、法律、经济和外贸这五大委员会并列，权力高于联邦政府各部委。一方面，它负责协调联邦部委及地方各部门的活动，开发海洋潜力，保障海洋活动，解决海洋活动中遇到的问题；研究其他海洋强国的海洋开发情况，完善国际合作的法律基础，捍卫俄罗斯国际海洋权益；履行相应的目标纲要，推动海洋研究发展，吸引大众关注等。另一方面，负责确定国家海洋政策的目的和任务，制定俄罗斯海洋活动发展计划。海洋委员会基本上保持半年一次的活动频率。

在俄罗斯海洋管理体制中，海洋事业发展被置于相当重要的地位。根据《2020年前俄联邦海洋学说》的规定，国家各个分支都被赋予了海洋管理的相应责任。在总体上，总统领导对海洋活动的国家监管，决定国家海洋政策中长期优先任务和具体内容；确定威胁、界定核心利益、制定保证海洋活动安全的战略方针等事项由总统直属的安全会议负责。负责具体领导的机构是海洋委员会和联邦执行

权力机关。联邦执行权力机关相互配合,在自身权限范围内管理海洋活动要,如自然资源部负责海洋资源勘探、开发、利用和保护,水文气象和环境监测局负责海洋环境和气象监测预报以及极地调查研究,交通部负责海上航运和港口建设,农业部负责海洋渔业管理和发展,国防部负责国家海上安全,联邦安全局边防局负责海上边界安全等。

议会保障国家海洋政策实施的立法需要。一系列法律得以通过或修订,如1993年的《俄联邦国界法》(2007年增补案)、1995年的《大陆架法》、1998年的《对外货物贸易时保卫俄联邦经济利益的措施》、1998年的《俄联邦内海、领海及毗邻水域法》、1998年的《俄联邦专属经济区法》、1999年的《商业海运法》、2004年的《渔业和保护水域生物资源法》等,这些法律成为俄推进落实其海洋战略的基本依据和法律保障。

回顾全面推进期的俄罗斯海洋战略,2000年以来,俄罗斯的海洋战略处于全面推进时期。这不仅体现在综合国力的发展为海洋战略的全力推进奠定了基础,而且此时的海洋战略是涵盖海军、发展海洋经济、恢复海洋科技体系、完善海洋管理体制与法规的全方位的战略。在强国战略的指引下,俄罗斯海洋战略全面推进。俄罗斯不仅重视恢复海军实力,而且强调推动海洋经济发展,以增强国家综合实力。在强国家的建设中,实施海洋战略的责任回归到国家手中。

总而言之,经历过衰落与重启,俄罗斯海洋战略的主体再次真正回归到国家手中。在综合国力的支撑下,强国战略指引下的俄罗斯海洋战略获得了全方位的全力推进。

## 结语

冷战结束后，俄罗斯的海洋战略经历了衰落、重启与全面推进三个阶段的发展。苏联解体，各国分家与国内私有化对苏联海上威力体系遗产进行了双重肢解。尽管有无奈应对时的精简，但更多的时候动荡的俄罗斯无暇顾及海洋战略，在放任与忽视中不断衰败。1997年随着国内形势好转，俄罗斯海洋战略开始了重启。但是金融危机、北约东扩、科索沃战争等，使得刚刚趋稳的俄罗斯再度内外交困。重启的俄罗斯海洋战略力有未逮。随着2000年普京上台，俄罗斯开启了强国战略为支撑的长普京时代。随着俄罗斯国力的恢复，在强国战略的指引下，俄罗斯的海洋战略全面推进。新时期的海洋战略依然强调了海军在维护国家安全、保障国家发展中的重要作用，但发展海洋经济成为新时期海洋战略的重要内容。这方面经历了从国家到私人（私有化），再回归国家（国家主导）的转变。对发展海洋经济的强调推动了俄罗斯海洋战略的多元化，海洋经济的发展也为强国战略的推进提供了有力的助推。

# 第二部分

## 空间视野下的俄罗斯海洋战略

# 第七章 俄罗斯的北极战略——基于国际法视角

北极位于地球自转轴的最北端，是指北极圈（北纬66°34′）以北的区域，包括环北极海域的少数国家和岛屿，其他部分主要是北冰洋，70%的洋面常年冰冻，附近主要海域有巴伦支海、喀拉海、白令海、东西伯利亚海等。这是地理意义上的北极，或者称为环境意义上的北极。但是"北极"概念还具有政治意义和区域意义。前者最早源自探险家菲尔加摩尔·史蒂芬孙（Vilhjalmur Stefansson）的"北冰洋"和"环北极圈"理论，到冷战美苏争霸时期发展为"地缘政治说"[1]，按照此种说法北极地区是指美国、苏联、挪威、丹麦、加拿大、冰岛以及瑞典和芬兰。后者源自20世纪80年代初两极格局转变时期，是在世界多元化趋势的大背景下的战略调整，强调北极不只是包括八个国家，它更是一个国际区域[2]，即为"北极地区"，国家之间逐步在北极地区开展环境领域的合作，成为北极地区国际合作和共治的雏形。通过对"北极"概念的解读和演变，我们也更加容易理解北极问题出现的历史和政治根源。根据北极理事会气候评估项目（ACIA）的数据显示，北极地区的升温速度是世界其他地区的两倍。随着冰域面积的不断缩小，一方面北极将为世界

---

[1] E. C. H. Keskital, *Negotiating The Arctic*, Routledge Press, 2004, p. 34.
[2] Ibid., p. 36.

能源市场贡献22%的石油、天然气和液化天然气资源，可能会成为世界上最密集的资源储备区；另一方面包括西北航道、东北航道和北极点航道在内的北极航线的开辟，将会极大缩短国际航运的时间成本和经济成本，甚至改变现有的国际贸易格局，具有十分重要的地缘经济意义。为了争取在北极地区的战略优先权，北极沿海国家相继制定和颁布了本国的北极战略，俄罗斯制定和批准了一系列具有法律效力的北极政策和规则。

## 一、俄罗斯联邦的法律渊源及其北极战略概述

### （一）俄联邦的法律渊源

俄罗斯的法律体系属于以成文法为主的民法法系，宪法是联邦的根本大法，在俄罗斯全境具有最高的法律效力。根据1993年《俄罗斯联邦宪法》（Constitution of Russian Federation）（以下简称《宪法》）第十五条第4款规定，国际社会公认的国际法原则和准则以及俄罗斯联邦国际条约构成俄罗斯联邦法律体系的一部分。

1. 国际社会公认的国际法原则和准则

从字面意义上来讲，"公认"二字体现于该准则被几乎所有国家认可并适用，各个国家应本着善良公允的原则履行国际法原则和准则的义务规定，是否承担国际法律责任是区分国际法准则和一般社会准则的基础。从渊源角度来讲，国际条约和国际习惯都是国际社会公认国际法原则和准则的渊源即法律表现形式，目的在于推动国际关系的稳固可持续发展。

2. 俄罗斯联邦签署或批准生效的国际条约

1969年《维也纳条约法公约》（Vienna Convention on the Law of

Treaties）称条约为"国家间所缔结而以国际法为准签署之书面国际协定，不论其载于一项单独文书或两项以上互相有关之文书内，亦不论其特定名称为何"。1995年《俄罗斯联邦国际条约法》第二条比照上述规定，将俄罗斯联邦国际条约定义为，"俄罗斯联邦与其他主权国家或国际组织以国际法为准签署的书面国际协定，不论其载于一项或多项互相有关的文书内，亦不论其特定名称为何"。由此得出，国际条约的缔约方是国际法的主体即主权国家和国际组织，自然人、法人和联邦成员国都不具备缔约资格；俄罗斯联邦签署的国际条约受到国际法的管辖，同时也是国际法的渊源即国际法律规范体系的一部分。俄罗斯联邦国际条约可以不同形式命名，包括俄罗斯联邦、联邦政府和联邦执行机构等。[1]

3. 政府间国际组织的决议

政府间国际组织决议也是国际法渊源之一，它是否构成俄罗斯联邦法律体系的一部分取决于三点：一是决议已经被政府间国际组织接受并正式通过；二是俄罗斯联邦是该组织的成员国；三是决议对成员国具有法律约束力。

4. 俄罗斯联邦立法

根据《宪法》规定，由国家杜马通过的联邦法律（第一百零五条），联邦总统法令和命令及联邦政府法令和命令（一百一十五条）都属于俄罗斯法律渊源的范畴，具有法律约束力。效力等级依次为联邦宪法、联邦法律、总统法令和政府法令。如果国际条约与联邦法律规定发生冲突，则适用国际条约规则；[2] 但是宪法的法律效力始终优于国际条约。[3]

---

[1] B. L. Zimnenko, *International Law and the Russian Legal System*, Eleven International Publishing, 2006.
[2] 《俄罗斯联邦宪法》第十五条第4款。
[3] 余民才、马呈元等著：《国际法专论》，北京：中信出版社，2003年8月版，第12页。

## （二）俄罗斯在北极地区的国家利益和战略特点

### 1. 俄罗斯的北极部分

根据俄罗斯的战略性文件规定，俄罗斯的北极部分包括下列行政区划的部分或全部领土：萨哈（雅库特）共和国、摩尔曼斯克州、阿尔汉格尔斯克州、涅涅茨民族自治区、亚马尔—涅涅茨民族自治区、克拉斯诺亚尔斯克边疆区、萨哈共和国和楚科奇民族自治区以及这些行政区划邻近的土地、内海（河）中的岛屿、领海、专属经济区和大陆架。这些行政区划是根据《有关北极事务的相关决议》（由附属于苏联部长会议的国家北极委员会于1989年4月22日通过）和《关于苏联的土地和岛屿在北冰洋的声明》（由苏联中央执行委员会主席团于1926年4月15日公布）划分的，具有法律效力。①

这些地区有一些共同特点，即它们都靠近北冰洋或北极圈；常年气候寒冷，多为冰冻带；发展落后，缺乏现代化设施；多为原住民聚集地；油气资源和矿产资源丰富，尤其是摩尔曼斯克和克拉斯诺亚尔斯克附近海域的大陆架上，蕴含丰富的石油和天然气资源。亚马尔—涅涅茨自治区是世界上最大的天然气区，储备量达40多万亿立方米，占俄罗斯天然气储备的85%，占世界探明储备的37%，其中最大的天然气田为梅德韦日耶、乌连戈伊和扬堡气田。阿尔汉格尔斯克州北邻巴伦支海和喀拉海，是俄罗斯联邦的矿物基地，其首府阿尔汉格尔斯克是俄罗斯北冰洋沿岸重要海港和北极航线的起

---

① 俄罗斯是北极国家中最早制定北极政策原则的国家之一，早在2001年6月14日俄罗斯政府就批准了题为"俄罗斯联邦在北极地区政策依据"的文件草案，确定了俄罗斯在北极地区的国家利益和政策。2008年形成俄罗斯北极政策原则的最终版本，即《2020年前及更长期的俄罗斯联邦北极地区国家政策基本原则》。2008年9月18日，梅德韦杰夫批准1969号总统令通过《2020年前及更远的未来俄罗斯联邦在北极的国家政策原则》。

点之一。目前这些地区为俄罗斯提供了25%的GDP和20%的出口。

2. 俄罗斯在北极地区的国家利益及战略特点

俄罗斯在北极地区的国家利益主要有：（1）推进自然资源的勘探与开采，建立能源和渔业等高技术支柱产业；（2）维护北方航道的所有权与安全利用，建设沿岸基础设施和交通管制系统；（3）保护海洋环境和生态系统，按照联邦法律和国际条约的规定参与环境治理；（4）改善原住民的生活质量和社会环境，延长居民寿命和提高就业率；（5）提高军队建设和保持核能力以维护地区安全，完成军事战略的现代化转型。为了实现这些目标，俄罗斯先后制定并通过了一系列的原则和计划，内容涉及北极能源、北方航道和北极安全等有关北极利益的方方面面，呈现出一个类金字塔似的北极战略结构特点。总体而言，俄罗斯的北极战略具有两面性，一方面是沿袭以往的强硬立场，另一方面强调国际合作的重要性。

俄罗斯在北极地区的总体战略体现在《2020年前及更长期的俄罗斯联邦北极地区国家政策基本原则及远景规划》和《2020年前俄罗斯联邦北极地区发展和国家安全保障战略》两部规范性战略文件中。通过比较研究发现，后者是前者的战略延续，它重申资源开发、航道利用、环境保护、原住民经济可持续发展等领域的国际合作，提出构建俄罗斯北极治理法律框架的重要性，承认前者在第一阶段（2008—2010年）的目标并未实现，决定将日期推迟并在此基础上重新调整安排。新的战略计划将分两个阶段实施：第一阶段（2013年至2015年），完善联邦法律基础及公共管理和协调，维护俄罗斯大陆架延伸的合法性，在俄属北极地区建立安全警卫队；第二阶段（2015年至2020年），加强俄罗斯在大陆架自然资源开发中的竞争优势，发展边境基础设施建设和装备更新技术，建立和发展多功能空间系统和远程无线电导航系统。外界对2013年战略评价褒贬不一，但是它为俄罗斯北极战略提供了一个总的指导原则和行动方向，在战略选择上优先立足国内经济发展，具有现实意义和时代特点。

下文将进一步探讨和分析俄罗斯在北极自然资源和北方航道开发和利用等两方面的战略实践。

## 二、俄罗斯的北极能源战略

### （一）21世纪能源发展困境和北极地区的能源分布

根据英国石油公司发布的《2014年能源统计年鉴》（BP Statistical Review of World Energy）数据显示，2013年能源消费持续增长，比上年增加2.3%，主要集中在石油、煤气和新能源领域。世界各国对能源的过度依存以及能源的供不应求是能源发展的主要困境，其中石油和天然气是最为重要的能源。以石油为例，自1973年以来曾经发生过三次石油危机，一方面对全球经济造成严重影响；另一方面引发了世界能源市场的结构性调整，国际油价不断上涨。归根结底是因为世界石油地区分布不平衡，如图1所示，截止到2013年底，全球各地区已探明的石油储备分布集中于中东地区、中南美洲地区、北美地区及俄罗斯地区。获得和控制石油资源是各国经济战略和安全战略目标之一。

当陆上油气勘探规模日渐缩小之时，世界各国逐步将油气开发战略转移至海洋油气勘探，其中北极地区被视为世界上最密集的资源储备区。根据美国国家地质勘探局（USGS）2008年7月发布的报告称，北极圈以北地区的25个地质领域内技术上可开采的石油储量约为900亿桶、天然气储量约为1669亿万立方英尺、液化天然气储量为440亿桶。其中有约500亿桶石油和90万亿立方米天然气等自然资源分布在俄罗斯北极地区。

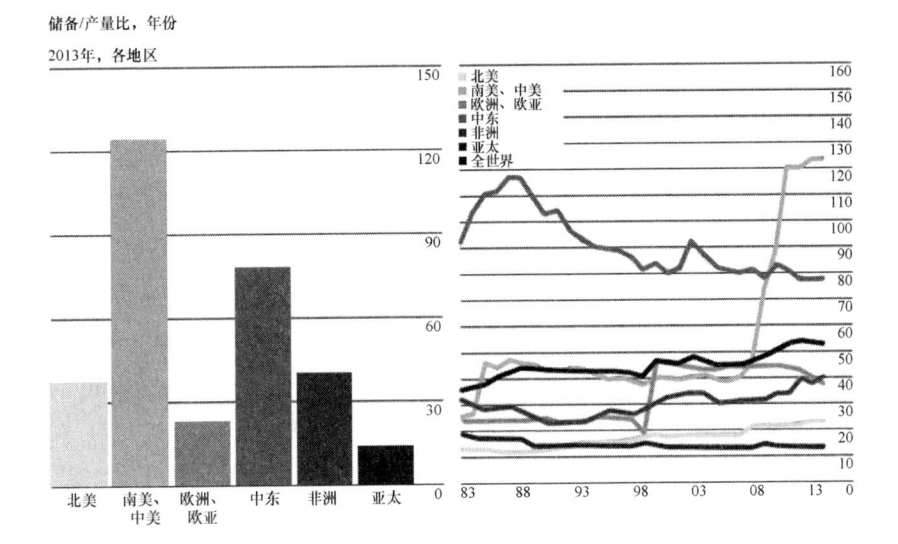

**图1 2013年全球已探明石油储备分布**

注：2013年底世界石油总探明储量达到1.6879万亿桶，其中俄罗斯和委内瑞拉位列前两名，储量分别为90亿桶和80亿桶。欧佩克成员国继续保持全球石油储量份额的首位，占比71.9%；中南美洲继续保持全球最高的储备/产出（R/P）比率；全球石油探明储量在过去十年增长了27%，约为3500亿桶。

资源来源：BP Statistical Review of World Energy June 2014, http://www.bp.com/content/dam/bp/pdf/Energy-economics/statistical-review-2014/BP-statistical-review-of-world-energy-2014-full-report.pdf.

## （二）俄罗斯北极能源开发现状

### 1. 普里拉兹洛姆内伊油田

普里拉兹洛姆内伊油田（Prirazlomnaya oil field）位于俄罗斯北部伯朝拉海深海距离海岸60千米处，预计可采油总量约7200万吨。1989年经发现后于2013年12月投入产业化开采，2014年4月生产出新品种石油（ARCO）并投放市场，2015年1月第四艘7万吨级油轮抵达西北欧，该项目2014年全年共开采30万吨石油，计划将油田产量提高一倍并增设四口钻井。该油田是俄罗斯首个北极油田，尽管受到来自其他石油公司的挑战，但是目前只有俄罗斯公司掌握了北极石油开采和运输技术。相比乌拉尔原油，普里拉兹洛姆内伊油田开发的石油价格便宜，须经高科技处理，较为适用于欧洲炼油厂。作为北极地区最早成功开采并投放使用的油田，该项目的出发点首先是政治因素的考虑，其次是经济因素。俄罗斯通过对北极地区的石油开采，将北极石油作为其品牌战略，从能源领域证明其北极存在，进一步表明其在北极地区的战略优先权。但就目前的国际石油市场形势和制裁而言，技术和资金等问题为俄罗斯独立开发油田带来阻碍。该油田附近的多尔金斯科耶油田（Dolginskoye oilfield）也于 2014 年 11 月完成油井试验，将由俄罗斯天然气工业石油公司和越南国家石油公司（PetroVietnam）合作共同开发。此外，俄气石油公司的子公司 2015 年 1 月又在伯朝拉海和巴伦支海大陆架分获两个特许地段的地下资源使用权，储量共计约达 2.45 亿吨石油和 2 万多亿立方米天然气。

2. 乌尼韦尔斯豪杰茨卡亚 1 号油井

乌尼韦尔斯豪杰茨卡亚 1 号油井（University 1）位于喀拉海，总储量约为 1.3 亿吨石油和 5000 亿立方米天然气，石油密度为 808—814 千克/立方米，品质优于布伦特原油和西伯利亚轻质原油及西德克萨斯轻质原油。喀拉海油田储量将超过墨西哥湾、巴西大陆架、加拿大和阿拉斯加大陆架，堪比中东油田，石油和天然气储量分别约为 50 亿吨和 10 万亿立方米。俄罗斯获得喀拉海三个许可地段的勘探权和开发权，其中 1 号和 2 号油井已经开始实施地质勘探。

2011 年俄罗斯国家石油公司（Rosneft）和美国埃森克美孚石油公司（Exxonmobil）签订喀拉海油田开发协议并将勘探计划提上日程。受 2014 年乌克兰危机的影响，欧美等西方国家对俄罗斯实施集体制裁，主要表现在金融、能源和军事装备领域，其中对能源领域的影响最为深远。美孚石油公司被迫退出俄罗斯北极地区，油田开发计划中断，俄罗斯陷入资金、技术和市场准入等方面的困境，限制了北极能源开发进程。但是制裁并未使俄罗斯放弃北极能源开发计划，开始向亚洲寻求合作伙伴。

3. 什托克曼凝析气田

1988年到1991年间，在东巴伦支海发现了三个大型天然气田，其中什托克曼天然气田（Shtokman Gas Condensate Field）是世界上最大也是唯一的一个凝析天然气田，蕴含丰富的天然气和凝析油，储量分别为3.8万亿平方千米（130万亿立方英尺）和3700万吨。由于什托克曼气田地质结构独特、北极气候环境极端、勘探技术和设备相对落后以及资金不足等原因，该气田的开发进程迟缓。早在20世纪90年代初，俄罗斯天然气工业公司便与一些西方公司谈判开发方案，直到2008年最终与法国能源公司和挪威石油公司签订了框架协议并组成什托克曼开发公司的联合体。由于全球液化天然气供应过剩、美国页岩气革命、土库曼斯坦油气预测储量和产量提高以及全球油价下跌等因素影响，俄罗斯天然气工业公司改变了什托克曼气田开发战略导致该项目技术方案无法落实。2012年挪威石油公司以天然气成本高价格低为由退出该项目，公司重组后俄罗斯天然气工业公司和法国能源公司分别持股75%和25%，该项目初期阶段预计每年生产237亿立方米天然气，产品将通过北溪管道运送至西欧，同时什托克曼气田也将成为销往西欧和北美市场的液化天然气的生产基地。什托克曼项目作为一个北极油气开发与合作项目具有重要的战略意义，首先它开启了北极工业领域开发的新时代，为长期的能源供应提供安全保障；其次促进了天然气进出口贸易和输送路线的多样化发展；再次，通过引领国外能源公司合作有利于俄罗斯石油公司积累近海油气田开发经验，同时巩固和提高俄罗斯的能源大国地位从而确保其在俄美欧能源博弈中的优势。

4. 亚马尔液化天然气项目

亚马尔液化天然气项目（Yamal LNG Project）指的是在南塔姆

贝斯克气田（South-Tambeyskoye field）的油气开发项目，位于北极圈以内的亚马尔—涅涅茨自治区的萨别塔港，全年有 9 个月处于冰冻期。

该气田于 1974 年被发现，截止到 2014 年底，天然气和液化天然气已探明储量分别达到 4910 亿立方米和 1400 万吨，估计天然气和液化天然气可探明总量分别为 9260 亿立方米和 3000 万吨。俄罗斯私人天然气生产公司诺瓦泰克（Novatek）已获得该项目的开采许可证，有效期至 2045 年。由于美国制裁和资金问题，诺瓦泰克向中国石油公司（CNPC）和法国石油公司（Total）各转让 20% 股权联合进行项目开发。该项目于 2013 年开始实施，包括港口设施、工厂和生产线建设，并计划于 2019 年投入生产，将开采约 208 口天然井并建设三条液化天然气生产线，届时每年预计生产 1650 万吨液化天然气和 100 万吨凝析油，将需要 16 艘破冰船油轮（冰级 Arc7）将液化天然气输送到亚洲和欧洲。该项目是俄罗斯"东进战略"在能源领域的重要表现之一，俄方想借此摆脱对欧洲能源市场的出口依赖，扩宽亚太区域的经济市场大门，同时为中国和法国这样的近北极国家而言参与北极资源开发项目提供了契机，为北极地区自然资源的国际合作提供了重要的借鉴意义。

（三）大陆架资源勘探与开发的法律规定

1. 大陆架的界定及其法律规定

《联合国海洋法公约》（United Nations Convention on the Law of Sea）（以下简称《公约》），作为一部重要的海洋法法典，是在 1982 年 12 月联合国第三次海洋法会议上通过并于 1994 年生效，具有国际法效力。生效至今已得到 150 多个国家批准，1997 年 3 月俄罗斯也批准加入该公约。《公约》最大的贡献之一，是在 1958 年《大陆架公约》（Continental Shelf Convention）第一条①的基础上重新定义"大陆架"，但是就大陆架自然延伸部分，《公约》的规定不甚明确，以至于引发了沿海国之间的主权纠纷。根据《公约》第七十六条第一款规定，沿海国的大陆架包括其领海以外依其陆地领土的全部自然延伸，扩展到大陆边外缘的海底区域的海床和底土，如果从测算领海宽度的基线量起到大陆边外缘（The Outer Edge of the Continental Shelf）的距离不到二百海里，则扩展到二百海里的距离。关于二百海里以外大陆边外缘的划定，国际上分别采用两个标准，即爱尔兰公式（Irish formula）和俄国公式（Russian formula）。根据《公约》第七十六条第四款规定，沿海国应以下列两种方式之一，划定大陆边的外缘：（1）以最外各定点为准划定界线，每一定点上沉积岩厚度至少为从该点至大陆坡脚最短距离的百分之一；或（2）以离大陆坡脚的距离不超过六十海里的各定点为准划定界线。这种可选择性地划定大陆边外缘的方式称之为"爱尔兰公式"②。根据《公约》第七十六条第五款规定，组成大陆架在海床上的外部界线的各定点，不应超过从测算领海宽度的基线量起三百五十海里，或不应超过连接二千五百公尺深度各点的二千五百公尺等深线一百海里。苏联本来主张的是"大陆架外部界限各定点的测量不应超过三百海里"，但第三次海洋法会议决定将之延伸至三百五十海里并作为测量大陆架边外缘的标准，因此被称之为"俄罗斯公式"③。《公约》中对大陆架的规定已经被赋予国际习惯法地位，具有较高的法律效力。

尽管《公约》对大陆架的定义做了详尽规定，但是大陆架边外

---

① "The seabed and subsoil of the submarine areas adjacent to the coast (including the coast of islands) but outside the area of the territorial sea, to a depth of 200 meters or, beyond that limit, to where the depth of the superjacent waters admits of the exploitation of the natural resources of the said areas", *Continental Shelf Convention of 1958*, p. 1.

② Louis B. Sohn, Kristen Gustafon Juras, John E. Noyes; Erik Franckx, *Law of The Sea in a Nutshell*, Thomson Reuters, 2010, p. 306.

③ Ibid., p. 307.

缘的确立必须由沿海国向大陆架划界委员会（Commission on the Limits of the Continental Shelf）提交申请经审核通过后方可生效。根据《公约》附件二第四条规定，拟按照第七十六条划定其二百海里以外大陆架外部界限的沿海国，应将这种界限的详情连同支持这种界限的科学和技术资料尽早提交委员会，而且无论如何应于本公约对该国生效后十年内提出。如果定界申请被委员会否决，沿海国应于合理期间内向委员会提出修订过的或新的划界案。[1] 委员会应就有关划定大陆架外部界限的事项向沿海国提出建议，沿海国根据修改意见重新提交的界定案，将是沿海国大陆架外部边界的最终版本并具有法律效力。2001年11月俄罗斯向委员会提交了一份大陆架划界案，包含关于北冰洋和太平洋延伸至二百海里外的俄罗斯联邦大陆架拟议外部边界的数据资料[2]，拟划界时遵循《公约》第七十六条第1款和第4款规定的标准。

通过专家审议小组的评审以及美国、挪威、日本等利益攸关方的照会意见，委员会于2002年5月针对巴伦支海、白令海、鄂霍次克海和北冰洋等四个海域划界案提出修改意见如下：（1）关于巴伦支海和白令海划界，建议同挪威[3]和美国达成一致的边界意见，并将最终划定的俄罗斯在上述两部分海域二百海里以外大陆架外部边界告知委员会；（2）关于鄂霍次克海北部划界，建议同日本根据《大陆架委员会议事规则》附件一第四条规定达成边界协议后，提交一个证据充分的部分订正划界案，该局部划界案不影响俄罗斯在该海域南部的划界；（3）关于北冰洋中心海域划界，建议依据其在二百

---

[1] Annex II, *Article 8 of the 1982 LOS Convention*, p. 141.
[2] "Statement by the Chairman of the Commission on the Limits of the Continental Shelf on the progress of work in the Commission (CLCS/34)", Commission on the Limits of Continental Shelf, June 2002.
[3] 俄挪巴伦支海边界问题的根源在于油气资源和渔业纠纷。在划界方式上，俄主张依据《1926年苏联法令》"扇形原则"，挪主张依据《大陆架公约》"中间线+特殊情况"，从而形成了一个面积为17.5万平方权利重叠区域。经过多年谈判，双方最终在2010年签订《关于在巴伦支海和北冰洋的海域划界与和合作条约》，依据国际法原则划界。

海里以外大陆架上的调查发现提交一份修订案①。俄罗斯依据委员会修改建议重新提交的大陆架定界案将具有法律效力②。2013年2月俄罗斯向委员会提交了经部分订正的鄂霍次克海划界案，经审议小组审议于2014年3月一致通过并提交给该沿海国和联合国秘书长备案。

2. 沿海国大陆架自然资源的主权权利

根据《1958年大陆架公约》第二条和《公约》第七十七条第1款规定，沿海国有权以勘探大陆架和开发其自然资源为目的对大陆架行使主权权利。首先，沿海国在大陆架的主权权利仅适用于非生物资源，包括海床和底土的矿物和其他非生物资源以及定居种；其次，沿海国对大陆架的勘探和资源开发具有专属性和排他性，无须通过实际行动或声明加以证明，非沿海国未经沿海国同意不得擅自活动。根据《公约》第八十二条第1款规定："沿海国对从测算领海宽度的基线量起二百海里以外的大陆架上的非生物资源的开发应缴付费用或实物。这些费用或实物中的一部分将由国际海底管理局分配给各缔约国，具体实施办法按照本条第2—4款规定执行以体现善良公允和公正公平原则。"

俄罗斯作为北极沿海国家，有权在其二百海里大陆架和二百海里以外大陆架上进行自然资源的勘探和开发并对此享有主权权利。同时俄罗斯也有权根据《公约》第七十九条第4款规定对因勘探和开发自然资源而在其管辖范围内铺设的海底电缆和管道行使管辖权。由于国际能源市场形势疲软及美孚石油公司和挪威石油公司的撤股，俄罗斯北极地区的能源开发陷入资金和技术困境。俄罗斯可以在遵守联邦宪法和国际法的基础上同非北极国家合作共同开发北极油气

---

① "Oceans and the law of the Sea Report of the Secretary – General", Commission on the Limits of Continental Shelf, October 2002.

② "Receipt of the submission made by the Russian Federation to the Commission on the Limits of the Continental Shelf", Commission on the Limits of Continental Shelf, November 2001.

田。国际合作既符合联合国宗旨、《公约》精神和国际法基本原则，也符合俄罗斯能源战略意图和现实利益。《公约》第二百六十六条规定："各国应直接或通过主管国际组织，按照其能力进行合作，积极促进在公平合理的条款和条件上发展和转让海洋科学和海洋技术，促进其在海洋资源的勘探、开发、养护和管理等方面海洋科学和技术能力的发展。"各国在依据该项规定促进合作时应适当顾及一切合法权益，包括海洋技术的持有者、供应者和接受者的权利和义务，制定技术合作方案并签订转让或援助协议。以上条款适用于俄罗斯北极地区的大陆架勘探与自然资源开发，俄罗斯有权依据《公约》规定同其他国家和国际组织签订合作协议获得海洋技术和财政援助并承担相应的责任；非沿海国和国际组织依照国际法和《俄罗斯联邦矿物资源法》规定享受权利和履行义务。另外，需要提及的是由于北极大陆架能源开发行为受国际私法领域管辖，因此自然人、法人和国家都可以成为其权利和义务的民事法律主体。

3. 北极公海和海底区域

从权利归属上来看，公海和"区域"属全人类共有，不隶属于任何国家，无论是沿海国或是内陆国都有权按照《公约》规定对"区域"内自然资源进行开发和管理，具体内容分述如下。

（1）北极公海范围界定

顾名思义，公海（High Sea）即公共海域，从法律意义上是指除一国内水、领海、专属经济区或群岛水域以外的全部海域。据此，北极公海是指从北极沿海各国声索的测量领海宽度的领海基线算起二百海里专属经济区以外的海域。它是依据《公约》第二节"领海基线测量方法"和第七十四条"海岸线相向或相邻国家专属经济区界限的划定原则"而划定的美国、俄罗斯、加拿大、挪威和丹麦（格陵兰岛）等沿海国专属经济区以外的海域。

（2）北极海底区域

根据《公约》的解释，"区域"（Area）是指"国家管辖范围以外的海床、洋底及其底土",这一解释不妨碍沿海国根据《公约》第七十六条第4—6款规定的二百海里以外大陆架延伸部分的海床、洋底及底土享有主权管辖权。"区域"内的活动必须为全人类利益而进行,任何单位或个人不得自行对"区域"内的资源进行勘探和开发,必须经过国际海底管理局(International Seabed Authority)制定的法律程序。

国际海底区域资源开发实行平行开发制度(Parallel exploitation system),①首先由申请开发方向管理局提交两块价值相当的矿区,由管理局企业部挑选其中一块单独开发,另一块由企业部和开发方订立合同合作开发。此处的开发方可以是缔约国及其公民、法人。如果"区域"内的活动可能会侵犯到沿海国的资源管辖权必须事先经过沿海国同意。此外,《公约》第一百四十四条规定"管理局和各缔约国应互相合作,以促进有关'区域'内活动的技术和科学知识的转让,使企业部和所有缔约国都从其中得到利益"等领域的国际合作以谋求国际法的发展和全世界各国的共同繁荣。最后,缔约国或国际组织应对其没有履行义务而造成的损失承担赔偿责任,如果损失系由双方共同造成的则要承担连带赔偿责任,如果损失系由个人行为造成,缔约国按照《公约》规定采取必要和适当措施的可以免责。

(3)北极"区域"资源开发可能性

罗蒙诺索夫海岭(Lomonosov Ridge)是一条长达1800公里的狭长海底山脉,起自俄罗斯北冰洋岸的新西伯利亚群岛附近,沿东经140度线通过北极,延伸到加拿大北部的埃尔斯米尔岛东北侧,将北极海盆分为欧亚海盆和美亚海盆,深度都在海床3000米以下。由

---

① 1976年4月6日在第三次国际海洋法会议第五期会议上,美国国务卿基辛格首次提出这一概念,缓和了发达国家和发展中国家在开发制度上的意见分歧,使国际海底管理局的管理权限得到维护,最终被发展中国家和海洋法会议接受并纳入《公约》范畴。尽管这一术语并未正式出现在《公约》第一百五十三条和附件三的条文规定,但实际内容一致。

于北极公海海床的这种极端特性，挪威环境署在2013年做出一份北极公海报告中认为，未来在该海域进行近海石油和天然气勘探和开采活动的可能性不大①。高精尖海洋勘探与开采技术的研发和现代化科技创新设备的生产以及海洋作业风险的防护，仍然是海洋采矿业发展中面临的现实和挑战。另外，俄罗斯、加拿大和丹麦都对这条海岭主张大陆架主权权利，在大陆架边外缘正式确立之前必须先按照大陆架划界委员会的规定，经国家间谈判划定各自边界以确保没有权利主张重叠区域。

4. 资源开发中的环境保护

海洋环境污染包括海洋污染和生态破坏两个方面，其中石油污染对海洋环境造成的影响最为严重。在钻井平台的开凿、资源的勘探与开采、工业废料倾倒、石油运输与溢油事故等过程中，都会产生大量石油垃圾和有毒物质，这些污染物流入海洋，对海水水质和生态平衡带来了极大危害。据2015年统计数据表明，从1970年到2014年，各起事故共导致总的漏油数量约574万吨。20世纪70年代溢油数量约319.5万吨，漏油事故共计245次，占比54%；到了21世纪初十年漏油数量约20.8万吨，漏油事故共计8次，占比8%。② 船舶事故次数的降低伴随着溢油数量的减少，因此减少船舶运输途中的意外事故有助于减少石油污染。③ 1992年，前苏联明布拉克油田（Mingbula Field）因陆上油井爆炸发生溢油事故，持续八个月共计溢油数量为8800万加仑，石油越过防护堤坝流入北极。

---

① "Report for Norwegian Environment Agency Specially Designated Marine Areas in the Arctic High Seas", Norway Environment and Energy Efficiency, No. 2013 - 1442, March 2014, p. 12. http：//www. pame. is/images/03_ Projects/AMSA/Specially_ Designated%20Marine_ Are as_ in_ the_ Arctic/AMSA_ Specially_ Designated_ Marine_ Areas_ in_ the_ Arctic_ final_ repo rt_ by_ DNV_ signed. pdf.

② 2014年油轮溢油事故统计，国际油轮防污联盟（TOPF），2015年1月，http：//www. topf. com/fileadmin/data/Documents/Company_ Lit/2015_ Stats_ -_ CHS. pdf.

③ 防止、减少和控制海洋污染的具体措施，参阅1982年《联合国海洋法公约》第一百九十四条第三款规定。

2014年俄罗斯普里拉兹洛姆内伊油田已经开始向欧洲运输石油，但是该油田距离海岸较远不利于溢油事故的处理，因此防止溢油事故和保护海洋环境对俄罗斯而言尤为重要。

海洋资源经济的发展离不开航运事业，尤其是在北极这样一个拥有极端冰情和特殊地貌的地区。俄罗斯已经将自然资源开发确立为其北极优先发展战略，这一目标的实现需要强大的北极航道作为支撑，而北方海航道（以下简称北方航道）自发现以来一直处于俄罗斯的管辖和控制当中。随着俄罗斯再次向大陆架划界委员会提交大陆架边外缘申请，以及对北极油气勘探和开采活动的进行，围绕北方航道展开的争议亟待解决。为此俄罗斯颁布一系列有关北方航道航行的政策、规章和制度，试图为其主权合法性和管辖权合理性构建一个法律框架。本章第三节将围绕北方航道的法律地位、俄罗斯航道管理和使用规则以及在航行过程中的安全防护等问题做进一步探讨和研究。

## 三、北方航道的法律地位与管理规定

### （一）北方航道航运能力评估

北方航道（Northern Sea Route）这一概念最早出现于1932年的苏联政府的文件中，是指从喀拉海峡到白令海峡之间的航段。[1]《1990年苏联北方海航道海路航行原则》将北方航道界定为其交通航道并位于"苏联内水、领海或专属经济区以内"（包括冰区可适

---

[1] 王宇强、寿建敏：" 航经'东北航道'的中—欧航线设计及经济性分析"，《航海技术》，2013年第2期。

宜领航的水道），西起新地岛西部入海口和经梅斯热拉尼亚角向北延伸的经线，东到白令海峡北纬66°和西经168°58′37″交汇处，大部分航段位于拉普捷夫海和桑尼科夫海等海峡以内，长度从21海里到3074海里不等。《2012年关于北方海航道水域商业航运的俄罗斯联邦特别法修正案》，将北方航道的范围做了一些调整，将其界定为"包括俄联邦内水、领海、毗连区和专属经济区以内的北部海域"，西部界线由梅斯热拉尼亚角经线、新地岛东部海岸线以及喀拉海峡、尤戈尔斯基海峡和马托什金海峡西部边界线等断线构成，东部界线由俄美海洋边界线及其经白令海峡到杰日尼奥夫角的纬线构成。根据新法优于旧法的原理，俄罗斯目前适用的是"2012年修正案"的航道范围。新航道的北部边界与俄罗斯利用直线基线方法（Straight Baseline）确立的二百海里专属经济区规定一致，是否可以推定俄罗斯对其专属经济区范围以外的任何北极航道都不具有管辖权？学界对北方航道和东北航道看法不一，一种观点认为二者是一回事，只是俄罗斯和北极国家的说法不同；另一种观点认为二者是整体与部分的关系，后者实际长度更长。

  北方航道的探险开始于15世纪，直到1934年俄罗斯北方海路总管理局（Chief Administration of NSR）派出费奥多拉利特尔号破冰船（Icebreaker Fedor Litke）首次完成一个季度的航行；北方航道的商业利用从1971年开始发展至今经历了四个阶段，其中最典型的案例是俄罗斯诺里尔斯克镍业公司的镍板运输。它从叶尼塞河的杜金卡港口出发直至库尔曼斯克港，将诺里尔斯克工业基地出产的镍板运至库尔曼斯克市，打开了俄罗斯国内外市场的贸易销路。20世纪80年代中期，北方航道的承载量已经达到每年660万吨，1987年有331艘船只共计完成1306次航行。1991年苏联解体后不久，俄罗斯成立北方海航道管理局并将航道正式开放给外国船只使用。① 2009年夏，德国的两艘商船成为首次通过北方海航道的外国船只，且这两艘货船均非破冰船，一定程度上宣告了一条适用航行的新国际航道的诞生。② 如图8所示，它西起欧洲鹿特丹港口，经北海、白令海峡、俄罗斯北部到达日本横滨港附近，全长约1.4万公里，相比苏运士运河（Suez Canal），航线大幅缩短。

俄罗斯北方舰队拥有最强大的破冰船、特殊抗冰加强结构货船、北方航道沿岸的工业基础设施建设和专业的冰区航行技术，为本国的进出口贸易打下了坚实的基础，同时也为北方航道的通行提供了安全保障。但是北方航道的开发与通航受到一些不可抗力和实体因素的制约。

### （二）北方航道开发困境

#### 1. 气候因素

尽管数据显示，1979年至2009年间巴伦支海夏冬两季，和拉普帖夫海、东西伯利亚海、楚克奇海西部夏季，以及北冰洋中部的冰域面积逐渐减少，但是气候变化的不稳定性因素，为航道的全面通航带来许多不确定性。而且位于新西伯利亚岛和俄罗斯大陆之间的德米特里拉普帖夫海峡东侧，深度在10米以内，极大地限制了船舶通行。另外，冰层厚度和破冰船建造技术等方面也是需要考量的因素。

#### 2. 安全因素

据澳大利亚海事安全局（Australian Maritime Safety Authority）官

---

① 早在1967年，苏联海商部长维克托·别卡耶夫（Viktor Bekayev）就宣布向外国商船开放北方航道，但当时正处于美苏冷战对抗时期，为避免卷入与苏伊士运河的航道竞争而得罪其阿拉伯盟友，北方航道向外国商船开放一事一直处于搁置状态。

② 邹磊磊、黄硕琳、付玉：“加拿大西北航道和俄罗斯北方海航道管理的对比研究”，《极地研究》，2014年第26卷第4期。

方统计，从 1995 年到 2004 年，北极海域共计发生 293 次海上事故，多源于机械故障、船只搁浅和损坏等原因，其中渔船和货船的事故发生率最高。北极海域极端的气候特点对过往船只的抗损能力、船员的驾驶技术以及身心素质都带来了严峻的考验。

3. 环境因素

目前北极理事会对北极海洋环境和生态保护提出了高标准高要求，交由国际海事组织负责制定航运规则，保护海洋环境工作组和紧急预防准备反应工作组负责监督规则的实施。随着气候和冰情的变化，白鲸、海象和海豹等海洋哺乳动物季节性迁移的时间也发生改变，它们与航行船舶发生冲突的可能性也随之增大。

4. 俄罗斯因素

俄罗斯为主张对航道的主权权利，通过国内立法制定引航制度和许可证制度，为外国船只进出入北方航道带来不便，同时也遭到了美国和欧洲等国家的反对，北方航道所有权纠纷不断升级。

（三）俄罗斯主张的法律依据

1. 苏联扇形理论

1926 年苏联政府签署《1926 年苏联法令》（1926 Decree），宣布位于苏联北冰洋沿岸以北、在北极和东经 32°04′35″至西经 168°49′30″之间的所有已发现和未发现的陆地和岛屿，都是苏联领土。该法令是对加拿大扇形理论的补充规定，即除了已发现岛屿外，还包括对未发现陆地、岛屿以及水域、冰层组织等领海和领空要求。但是，该法令规定的苏联领土范围与《1958 年公海公约》和《公约》规定的公海范围冲突。

2. 历史性水域说

历史性水域（Historical Water）的主权定位必须具备三个因素：（1）沿海国对争议水域主张主权；（2）该主张必须长期持续且实施

有效管理；（3）沿海国行为得到其他国家的默许。[1] 历史性水域说在国际法上有很大争议，问题主要关于它在海洋法律制度中的定性，它与占有的关系及其法律效力等方面。国际法庭在"英挪渔业案"中，将历史性水域定义为内水，前提是沿海国必须对争议水域存在历史性所有权。

北极水域的历史性水域说，是基于内水和闭海理论而提出的。冷战时期北极是美苏争霸的主战场之一，苏联为避免其他沿海国家实施"北极扩张"战略，将北极水域视为历史性水域并赋予其内水地位。理由是北极水域是北冰洋的一个海湾，从地理位置上看其更加接近于内陆。1974年苏联两位专家茹德罗（A. K. Zhudro）和贾瓦德（Iu. Kh. Dzhavad）的研究，为这一主张提供了依据。首先，北极海域的法律制度不适用于公海，因为这些海域距离国际通行的海洋航道较远，除了苏联货运外鲜有船只经过；其次，北方航道和北极海域制度具有内部关联性，因为它是苏联在北极地区主要的国家交通枢纽，用于向远北地区的当地产业和人民提供物资，以及往返于远东和俄欧地区之间的进出口贸易，而且该航道由一个特殊的权力机关进行实际管理，肩负着推动航道利用和发展、组织领航和保障航行安全、监督和防止海洋污染等职责。[2] 1960年苏联公布的《边疆法》，就宣称对北极海域的"历史性权利"，俄罗斯政府发表的重要北极战略文件《2020年前俄罗斯联邦北极地区国家政策原则及远景规划》，也宣称"任何试图改变北方海航道主权性质的行为都被看作是对俄罗斯国家主权的威胁和调整"。

3. 冰封海域的法律规定

《公约》第二百三十四条规定："沿海国有权制定和执行非歧视性的法律和规章，以防止、减少和控制船只在专属经济区范围内冰

---

[1] U. N. Secretariat, Juridical Regime of Historic Waters, Including Historic Bays, UN Doc. A/CN. 4/143 (1962), http://legal.un.org/ilc/dtSearch/Search_Forms/dtSearch.html.

[2] William E. Butler, *Northeast Arctic Passage*, Sijthpff & Noordhoff, 1978, pp. 83 – 84.

封区域对海洋的污染……这种法律和规章应适当顾及航行。"该条款被认为是"北极条款",俄罗斯根据该条规定制定航行规则,对北极海域的过往船只进行监督和强制领航。对此,笔者有两点疑问。一是非歧视和适当顾及的标准是什么?二是如果北极冰川融化,那么该条文是否还继续适用于北极海域的航行制度?这两个问题还有待进一步探讨和研究。

### (四) 美国国际水域说

目前学界对"国际水域"(International Water)这一术语尚无统一定义。根据《公约》规定,公海制度适用于沿海国内水、领海、专属经济区以外的全部海域,推定公海为国际水域;国际水法采取了狭义定义,国际水域是指"处于两个或更多领土之上或管辖之下的内陆淡水,如国际河流和运河等";《1997年国际水道非航行使用法公约》(Convention on Law of Non – Navigational Uses of International Watercourses)规定,国际水道是指其使用部分位于不同国家的水道[①];联合国开发计划署和全球环境基金组织的合作项目,将之定义扩展为包括内陆淡水资源以内的海洋、大型海洋生态系统、闭海或半闭海的海口等[②]。笔者认为,国际水域是不受任何国家管辖的水域,例如公海;或者流经两个或两个以上国家的水域,由缔约国根据协议共同管辖。我们可以依此考虑北方航道国际水域地位的可能性。首先北方航道与北极公海的权利重叠问题,已经在前述联邦法律规定中得到解决,因此北方航道公海说不成立;其次传统意义上的北极水域经过俄罗斯、加拿大、挪威和丹麦的部分水域,而北极

---

① 《国际水道非航行使用法公约》(A/RES/51/229),1997.05.21,没有批准,http://www.un.org/chinese/documents/decl – con/docs/a – res – 51 – 229.pdf。

② "United Nation Development Program",http://www.undp.org/content/undp/en/home/ourwork/environmentandenergy/focus_ areas/water_ and_ ocean_ governance/international – waters.html。

航道由北方航道、西北航道和北极点航道组成，其中俄罗斯主张的北方航道位于其二百海里专属经济区以内，国际水道地位取决于俄罗斯所有权主张是否合法有效，以及是否将北方航道纳入整个北极航道共管之列。这也是目前争议的焦点。美国的意图在于北极航道的国际共管，但共管主体是北极沿海国家还是包括沿海国之内的所有国家尚无说辞，但无论是何种意图都与俄罗斯和加拿大等国的主权权利主张相悖。

（五）所有权争议的解决途径

1. 法律途径

《公约》第二百九十八条第1款规定："如果缔约国在签署、批准或加入本公约时，或在其后任何时间在不妨碍第一节所产生的义务的前提下，可以书面声明对于公约生效以前而产生的有关历史性海湾或所有权的争端，不接受第十五部分第二节规定的具有拘束力的强制程序。"俄罗斯1997年批准《公约》时按照该条款规定做出排除性声明，即"不接受在俄主权管辖范围内的任何国际司法和仲裁程序"。[1] 苏联在1980年签署《公约》时声明，解决对本公约解释或适用的争端选择，按照附件七组成的仲裁法庭；解决有关航行、渔业、环保、科研和船舶污染等方面的争端选择，按照附件八组成的特别仲裁庭；解决有关扣押船员和船舶的迅速释放选择，按照附件六设立的国际海洋法法庭。[2] 另外，根据《公约》规定，缔约国间的任何争端只有在依照国际法要求用尽当地补救办法后，才可提交本节规定的程序，且缔约国随时可以协议自行选择方法，和平解

---

[1] United Nations Convention on the Law of the Sea: Declarations made upon signature, ratification, accession or succession or anytime after by Federal of Russia (12 March 1997), http://www.un.org/depts/los/convention_ agreements/convention_ declarations.htm#Russian Federation Upon ratification.

[2] Ibid..

决与本公约的解释或适用有关的争端。

2. 协约方式

国际社会历来有通过签订条约或协议解决国际争端的惯例，既符合《联合国宪章》和国际法的基本原则，又能平衡各缔约方的实际利益。1857年《哥本哈根条约》（Treaty of Copenhagen）通过废除海峡税制度，将丹麦海峡作为国际水道免费向所有国家的商船和军船开放。考虑到北方航道因所有权争议导致的开发困境，北极各利益相关方是否可以借鉴前者的经验和平解决问题，无论对沿海国还是非北极国家和地区都有着重要的经济发展战略意义。笔者认为，北极水域的地理位置十分特殊，不能片面认定其主权归属，加之气候变暖为该区域带来诸多不确定因素，制定公正合理、公平合法的航海制度是北极国家和北极理事会的重要任务。

3. 航行制度的法律适用

（1）领海的无害通过权

任何国家的船舶都享有无害通过（Innocent Passage）一国领海的权利，沿海国考虑到航行安全必要时，可要求行使无害通过其领海权利的外国船舶，使用其为管制船舶通过而指定或规定的海道和分道通航制，特别是沿海国可要求油轮、核动力船舶和载运核物质或材料或其他本质上危险或有毒物质或材料的船舶只在上述海道通过。[1]

（2）过境通行权

过境通行权（Right of Transit Passage）适用于连接公海或专属经济区的部分海域之间用于国际航行的海峡，海峡沿岸国可于必要时为海峡航行指定海道和规定分道通航制，以促进船舶的安全通过，海峡沿岸国在指定或替换海道或在规定或替换分道通航制以前，应

---

[1] 《公约》第十七条和第二十二条。

将提议提交主管国际组织。① 海峡沿岸国可以根据《公约》规定制定与之相关的法律和规则，但是其权限相比无害通过制小。外国船只在无害通过或过境通行时都必须继续不停和迅速进行。

另外，《公约》还规定了群岛海道通过权和公海航行自由权，北方航道究竟适用于何种航行制度取决于北方航道的法律地位。自20世纪60年代开始，以美国为代表的"国际水域说"国家，就开始主张俄罗斯北部海峡是国际海峡，应该适用过境通行或无害通过。② 而苏俄的立场十分强硬，坚持认为以上两种制度均不适用于北方航道，为对抗其他国家的反对，苏俄通过国内立法，试图构建一套有关北极航道航行制度的法律体系。

（六）俄罗斯北方航道航运制度的变化

现行的北方航道水域航行制度主要依据1990年《北方海航道海路航行规则》以及1996年颁布的《北方海航道航行指南》《北方海航道破冰船领航和引航员引航规章》《北方海航道航行船舶的设计、装备和必需品要求》和1999年《俄联邦商船航运法典》，以及在此基础上制定的《2012年关于北方海航道水域商业航运的俄罗斯联邦特别法修正案》和《2013年北方海航道水域航行规则》。尽管旧法已经失效，但是对北方航道的航运规范提供了技术性指导。下文将针对北方航道的领航制度和许可证制度，来分析俄罗斯北极航路的法律变化。

1. 强制领航制度

1990年《北方海航道海路航行规则》第四条规定，凡经北方海

---

① 第三十七条和第四十一条第4款。
② 《公约》第八条规定，如果按照第七条规定的直线基线划法使原本不认为是内水的区域被包围在内成为内水，则在此种水域内应有无害通过权。1985年苏联实施实行直线基线法，北方航道附近一些海峡被划定为内水。

航道的船只必须满足一定的特殊要求，且船长等相关人员必须有冰上航行经验；不合条件者或经船长提出请求，北方航道管理局（Administration of NSR）可以指派领航船协助该船只穿越航道。尽管本条文在领航建议上并未使用"一定"、"必须"和"应该"等义务性字眼，而是使用了"可以"这个相对具有选择性意味的词汇，但是该句的主语即选择权在管理局，而且对航行船只和航行人员提出了非常苛刻的标准和要求。[1] 在具体实施细则上，首先由船只所有人或船长向北方航道管理局提交通行和领航服务使用申请，并担保支付领航费用；其次，管理局针对请求通知申请方领航事宜和考虑因素。领航服务由管理局负责，它有权决定服务的起止时间、航行路线和引航方式等；外国船只经过维利基茨基海峡、绍卡利斯基海峡、德米特里·拉普捷夫海峡和桑尼科夫海峡等冰情和航行条件恶劣的海域，必须使用破冰船引航和冰区引航员引航并用的方式。[2] 外国船只的船长必须听从破冰船指令或冰区引航员建议并对船只负有全责。一旦违反规定将会被驱逐出海、强制执行护卫或者推迟领航时间，但是必须支付以上任一情况产生的额外费用。俄罗斯有权对外国船只的位置进行密切监督，即使行驶至无冰海域也要遵守领航指令以免偏离指定航道。[3] 不难发现，北方航道的领航制度在航道的开发和利用过程中存在着一定的问题，主要表现在领航服务和收费标准等方面。

第一，强制领航的合法性。根据《1973年国际防止船舶污染公约》和与之相关的《1978年议定书》，为保护海洋环境和生态资源免受船舶和石油污染，国际海事组织授权划定一部分"特别敏感海

---

[1] 《1996年北方海航道航行船舶的设计、装备和必需品要求》第二条到第九条对破冰能力等级、船体型号、机器厂商、螺旋桨、除污设备、稳固性、导航和通讯设备、应急设备、驾驶舱和船长经验等要求做了详尽规定。
[2] 《1990年北方海航道海路航行规则》第三条，第七条第1款、第2款和第4款。
[3] 《1996年北方海航道破冰船领航和引航员引航规章》第三条第2款，第二条第18款和第21款，第四条第6款。

域",规定所有船舶必须接受强制引航服务无害通过此种海域。截至2009年7月1日,国际海事组织已经划定了12个问题领域,北极海域并不在名单之内。《公约》第二百三十四条规定:"沿海国有权制定和执行非歧视性的法律和规章,以防止、减少和控制船只在专属经济区范围内冰封区域对海洋的污染,这种区域内的特别严寒气候和一年中大部分时候冰封的情形对航行造成障碍或特别危险,而且海洋环境污染可能对生态平衡造成重大的损害或无可挽救的扰乱。这种法律和规章应适当顾及航行和以现有最可靠的科学证据为基础对海洋环境的保护和保全。"首先,沿海国制定的法律和规章是非歧视性的而且应适当顾及航行,是否可以理解为沿海国不得以经济或政治等目的对本国船只和外国船只进行歧视性差额待遇,对外国船只的强制领航和监控规定是客观条件使然还是对公约的过度解释?其次,沿海国制定的法律和规章只是适用于特殊的时间段,即特别严寒气候和一年中大部分时候冰封的情形,如果在夏季无冰或少冰的情况下,这些规定是否还具有法律约束力?

第二,领航和破冰服务费用的合理性。收费标准因船只的性能和用途而不同,以中国"雪龙号"为例,俄方将其定性为"非货运设计的船只",通航价格为每吨满载排水量1600卢布,费用高昂。商用船只的收费更高,而且采用货流浮动标准,这就为价格确立带来了极大的不确定性。相比波罗的海国家芬兰,俄罗斯北方航道的收费体系不够透明和公开,表现在外国船只交付的费用与实际接受的服务没有直接联系,即使在夏季无冰或少冰期,仍然要支付包括护航费在内的全额费用。

另外,北方航道的通航审批手续极为繁琐,耗时较长;相比其他国家港口,俄罗斯港口条件较差且检查标准也更为苛刻。尤其重要的是,北方航道的航海资料只有俄罗斯掌握,俄文海图发行量极小,且信息标准与实际情况存在一定误差。

## 2. 许可证制度

相比 1991 年的规则，2013 年的《北方海航道水域航行规则》适当做了一些调整，使上述问题得到部分解决。首先，领航和破冰服务继续保留，但不再具有强制性。经北方海航道管理局许可，外国船只可以在北方航道航行。[①] 许可证制度首次被纳入到俄罗斯北方航道航行规则体系，为外国船只的独立驶航创造了机会，同时也提高了北方航道的国际化水平。通行许可的审批程序更加规范化，明确规定了具体的操作时间和事项。[②] 一旦管理局批准船只通行许可，需要在两个工作日以内将相关信息在官方网站公布，其中一项是关于领航和破冰服务的规定。

冰级标志在 Arc 6 以上的船舶可以完全独立穿行整个北方航道；而冬季 12 月至次年六月冰情较为严重，若想完成全部海域的独立航行，船舶冰级标志的最低标准必须达到 Arc 9。换言之，船舶冰级越高，独立航行的可能性也越大。根据外国船只利用北方航道的航段区间，管理局在发放许可证时，需要提供该行段海域的冰情及领航和破冰服务信息。领航和破冰服务的费用标准，依据俄罗斯联邦反自然垄断法的规定，考虑船舶载重、船舶冰级、护航距离和航行时间等因素制定，但是条文中没有外国船只单独航行的收费规定。除领航和破冰服务以外，管理局还向外国船只提供协助服务。获得通行许可的外国船只，如果行至冰区而无法单独通过海域，必须立即通知管理局并按照其建议继续航行。管理局会在官方网站上公布推荐航线，但是条文中未出现强制使用的规定。如果外国船只的申请被拒绝，管理局会将结果和理由通知对方，并于两个工作日内公示到网站上。对此，笔者有两点疑问：一是管理局对外国船只的拒绝决定是否具有法律效力？假设具有法律效力，申请方可否在一定期

---

[①]《2013 年北方海航道水域航行规则》第三条。
[②] 第七条—第九条。

限内补交材料继续申请？二是获得许可证的船只如果不接受管理局的领航建议是否会被拒绝通行？规则中并未明确说明，也无法推定俄罗斯的战略意图。自2013年许可证制度生效以来，管理局共受理了823个外国船只航行北方航道的申请，其中有113个申请遭到拒绝。

不可否认，在新规则的制度管理下，北方航道的利用率有所提高，航行线路和方式选择相对自由和灵活，航道管理和利用信息开始公开化。但是俄罗斯对北方航道的主权管辖权没有实质性改变，仍将其视为国内海上交通枢纽，即使在制定新规则时回避了"强制性"条款，但是北方航道利用的审批权、海洋冰情与单独航行标准的制定权、领航和破冰服务的权利与义务性规定等实质性问题，仍由俄罗斯单方面决定，而且回避了适用何种航行制度的法律规定。

### （七）北方航道航行安全

一般而言，海洋航运安全隐患范围很广，其中最显著的莫过于索马里和印度洋海盗行为。而北极航道的优势在于尚不存在海盗侵扰，但由于受到气候变化影响，北极航行可能会经受由于海冰作用致使海底阀堵塞、螺旋桨损坏、船舶搁浅、雷达信号不稳等险情，以及北极熊等海洋哺乳动物在夏季发情期对船体的攻击。另外，精准海图、通信设施和导航设备的欠缺，也对航行安全构成极大挑战。北极国家在忙于北极航道管辖权纠纷的同时，也越来越具有危机意识，北极航道的航运安全问题成为北极治理的重点之一。俄罗斯作为北极理事会的正式成员国之一，积极遵守国际条约和国际组织协定的义务，尤其是在制定北方航道的航行规则时将航行安全作为行动宗旨，试图构建出一套航行安全管理框架。

1. 国际层面

(1) 救助义务

根据《公约》第九十八条第 2 款规定："沿海国应当致力于建立、实施和维持充分有效的海上和海洋上空搜救服务体系，情况必要时与邻国合作达成双多边区域性协议来实现救助目的。"在此基础上，按照《1979 年国际海上搜寻救助公约》和《1944 年国际民用航空公约》的规定，2011 年 5 月环北极八国签署了《北极空海搜救合作协定》（Agreement on Cooperation on Aeronautical and Maritime Search and Rescue in the Arctic）。该协定是北极理事会第一份具有国际法性质的规范性文件，具有浓厚的区域性特点。首先，它的适用范围仅限于北极海域及其上空，并分别为缔约国划定了搜救管辖区域，经当事国允许可以跨界行动[1]；其次，缔约国成立各自的搜救代理处和协调中心[2]，负责搜寻救助信息和缔约国间信息沟通；再次，本协定不影响其生效以前缔约国签订生效的协议；最后，如果非缔约国有助于搜救行动，缔约国可以基于现行的国际条约与之合作。该协定一直强调合作的重要性，包括信息交流和行动支援等方面，尤其是将合作范围扩展到非缔约国，为非北极国家参与北极海空的搜救行动提供了法律依据。但是该协定的缔约主体是北极国家，其他国家不享有北极事务主动参与权。

(2) 对船舶配备的要求

在极地冰区航行的船舶，必须是极地船或者符合冰情作业的抗冰加固标准；船体结构设计、材料质量和分离装置等，必须能最大限度地降低或减少极地水域航行中的人员伤亡、污染事故和船舶损失等风险；救生安全和污染控制等重要设备，必须设定额定温度和

---

[1] 《2011 年北极空海搜救合作协定》附件一和第八条。
[2] 俄罗斯搜救行动的管理部门是联邦交通部、民防部、紧急情况和消除自然灾害后果部，根据《协定》规定分别成立了联邦空运代理处和联邦水运代理处以及国家海上营救协调中心和航空搜救协调中心。

其他额定值；航行和通信设备必须适用于高维地区，和基础设施有限及有特殊传达要求的地区；海水吸入口必须有清理碎冰的能力。另外，凡进入北极海域的船舶，必须携带至少一名合格的冰区领航员，行至冰区时领航员必须随时且不间断地对冰情进行密切监督。[①]

国际海事组织是联合国负责海上航行安全和防止船舶污染的专门的专门机构，自成立以来批准的二十多个有关海上航行安全的公约及修正案，包括1974年《国际海上人命安全公约》、1972年《海上碰壁规则公约》、1995年《领航人员训练、发证及航行当值标准国际公约》、1988年《制止海上航行安全和非法行为公约》等决议，对俄罗斯具有法律效力。

（3）北极理事会合作

北极国家通过北极理事会工作组与国际海事组织、国际航道组织、世界气象组织、国际海事卫星组织合作，推进北极海上航运安全，并鼓励成员国的国家海事安全机构和组织，定期召开会议以协调、统一和加强北极海事监管框架的实施。国际海事组织和国际航道组织，联合将全球海上遇险与安全系统的海上安全信息播发服务的应用，扩大至整个北冰洋海域尤其是加强五个新航区的安全监管，这五个区域被分别指派给加拿大（2个）、俄罗斯（2个）和挪威（1个）。[②]

除了依托国际组织平台，北极理事会内部也积极付诸实践。2012年12月北极八国依据《北极空海搜救合作协定》在格陵兰岛东部海域展开了代号为"SAREX Greenland Sea 2012"的大规模搜救演习，行动范围包括公海和湾内。2011年俄罗斯在季克西港口建立了海上救援中心分部，负责夏季搜救行动；2012年建立了全年运行的迪克森海上救援协调中心和夏季运行的海上救援中心佩贝克分部。

---

① IMO, "Guidelines for Ships Operating in Polar Waters, Solution A", 2 November 2009.
② Arctic Council, "Status on Implementation of the AMSA 2009 Report Recommendations", May 2013, p. 4.

自 2010 以来，俄罗斯联邦国有单一制企业"波罗的海海难救助打捞公司"的北方分部营救队在实施海上救援行动时，已经将潜水设备和溢油反应设备应用于核动力破冰船（FSUE Atomflot）。俄罗斯还计划建设和更新海岸工业基础设施，包括行政综合设施、停泊设施和用于存放救援港口设备的仓库。[1]

2. 国内层面

据 1991 年《北方航道海路航行规则》规定，外国船只在通过北方航道时有义务遵守管理局的规定，尤其是在冰情发生变化及可能会危及航行危险的水域，必须严格按照管理局指定的路线行驶；为了保障航行安全必须接受领航和破冰服务，在高危海域通行时必须使用破冰船服务，其他海域的通行由管理局视情况决定接受服务的类型，包括：（1）沿建议航线航行至某个地理点的引航；（2）飞机或直升机引航；（3）引航员引航；（4）破冰船领航；（5）破冰船领航和引航员引航并用。[2] 2013 年新颁布的《北方海航道水域航行规则》重申了航行安全的重要性。一方面保留了领航和破冰服务，取消了对上述服务类型的规定，但增加了破冰船领航和引航员引航的具体实施规则；另一方面推行许可证制度，拒绝不符合安全标准的外国船只通行北方航道，规定对获得单独航行许可证的外国船只随时提供协助服务，并将推荐航线和冰情信息等公布至网站。另外，为保障北方航道的航运安全，俄罗斯加强军队建设，包括在楚克奇海附近进行军队部署等活动。

综上所述，管辖权认定是解决北方航道问题的首要和根本，一方面是俄罗斯的主权论，一方面是美欧等国的国际说，而《公约》对北极法律地位的只字未提，以及北极沿海国家对第二百三十四条规定的望文生义，更是为此制造了争论的空间。但是，从强制领航

---

[1] Arctic Council, "Status on Implementation of the AMSA 2009 Report Recommendations", p. 7.
[2] 《1991 年北方海航道海路航行规则》第七条第 3 款和第 4 款。

到许可证制度的法律变化不失为一大进步，为北方航道的国际开放和发展提供了依据和转机。随着北方航道的逐步开放和利用，沿海国应当着重维护海上航运安全。《2011年北极空海搜救协定》的颁布，以及2012年格陵兰岛东海域搜救演习，标志着北极海上救助计划进入到实质性阶段，不论是北极沿海国家还是非北极国家或国际组织都应当致力于北极海上救援行动之中。而俄罗斯已经先于其他国家将救援港口和应急设施等工业基础设施建设活动提上日程。在未来的航道开发和航运安全保护中，北极理事会和国际海事组织、国际航道组织等国际组织，需要积极发挥管理和监督作用，共同维护北方航道的和谐利用和发展。

## 四、俄罗斯北极战略的综合评述

### （一）沿岸各国的北极战略将会继续占据主导地位

南北两极都是气候极端恶劣的地方，然二者有着最大的不同，即南极是海洋包围陆地，而北极则是陆地包围海洋，这就决定了在南极不存在二百海里大陆架延伸的问题。尽管美俄等国从未放弃过对南极的利益探索，但无论从地理位置还是历史形势等现实因素来看，其地缘战略地位都没有北极来得直接和重要。因此南极开放政策和《南极条约》中主权冻结条款，不适用于北极地区，构建一个类似的《北极条约》体系似乎可能性不大。2014年12月，丹麦正式向联合国大陆架划界委员会对北极点提出主权，主张北极点海底的罗蒙诺索夫海岭属于其境内自治领土格陵兰岛的自然延伸，而这一主张与俄罗斯和加拿大的主权要求重叠。丹麦此举恐将引发新一轮的北极圈博弈。继2007年俄罗斯在罗蒙诺索夫海岭的插旗事件后，北极五国召开首届北冰洋会议并发表伊卢利萨特联合声明，以"规矩和文明"的方式在国际法基础上厘清彼此冲突的主权诉求。国际法尤其是《海洋法公约》并未就北极问题做任何明确性法律规定，加之美国并非《公约》缔约国，因此沿海各国纷纷加强制定本国的北极战略并赋予其合法地位。

（二）俄罗斯北极战略更加务实

俄罗斯的北极战略与当前的国际经济形势和国内政策导向密不可分。因全球金融危机和乌克兰危机的影响，俄罗斯相应地调整了北极战略以满足现实经济发展需要。例如，在海洋边界争端问题上，2011年同挪威签署了《俄罗斯联邦与挪威王国关于在巴伦支海和北冰洋的海域划界与合作条约》，一是对大陆架划界委员会有个"交代"，二是也解决了巴伦支海附近的渔业资源纠纷和天然气开发问题；在能源问题上，《2030年前俄罗斯能源战略》不再片面追求对能源经济的过度依赖，代之以能源经济现代化和多种经济体并优发展，并积极融入国际能源市场体系；在航道问题上，《2013年北方航道水域航行规则》推行许可证制度，允许部分外国船只在北方航道单独通行，改变了过去北方航道的俄式管制，开启了航道制度改革开放的新时代。俄罗斯在维护和巩固海洋权益的同时，更加注重北极环境和安全机制建设，利用现有的平台与北极理事会和国际海事组织等国家和国际组织进行合作。

（三）俄罗斯十分注重北极军事安全战略保障

《俄罗斯联邦2020年前国家安全战略》强调和捍卫在北极地区的利益。为了实现这一战略目标，2014年12月，俄罗斯在北方舰队的基础上组建北极联合战略司令部，成功完成北极军事安全战略升级，包括在摩尔曼斯克州和亚马尔—涅涅茨自治区组建两支北极摩托化步兵旅，负责海岸巡逻、北冰洋安全防护以及北方航道的船只护航。在科特尼岛和新西伯利亚群岛增设铠甲－$S_1$（Pantsir－S1）导弹和火炮系统，用于防空部队等陆海空三军的现代化建设。专家认为，《2011年的北极空海搜救合作协定》是武装部队从纯粹的军事职能向非传统安全防御职能转变的标志，俄罗斯会继续加强北极地区的军事存在，但目的并非在于同北极其他沿岸国家发生对抗，而是为了更好地维护其北极战略优先权。

（四）地处亚欧文明结合部，寻求与亚洲伙伴的北极合作

冯绍雷教授认为："地处广大文明结合部的俄罗斯一直努力以交通东西、沟通南北作为其立足发展的支点，而不论国内国际情势如何艰难，始终发挥自身独特的国际影响。"[①] 在北极能源领域，随着欧美国家因乌克兰问题等原因实施的经济制裁，俄罗斯转向同亚洲国家合作。例如，2012年中石油与俄罗斯的亚马尔半岛液化天然气合作开发项目，2014年俄印签署北极合作备忘录，邀请印度参与其北极大陆架石油勘探开发项目，同年，俄罗斯同越南签订协议，共同开发多尔金斯科耶油田。另外，在2013年北极理事会正式观察员的表决问题上，俄罗斯将赞成票投给中国、印度、韩国、日本、新加坡等在内的亚洲国家，为北极理事会成员构成中注入了亚洲力量。

---

① 冯绍雷："面向亚太地区未来的俄罗斯关系"，《俄罗斯研究》，2013年第2期。

## 五、俄罗斯与中国在北极领域的合作

2013年中俄签署《关于合作共赢、深化全面战略协作伙伴关系的联合声明》，两国关系正式提升至全面战略协作伙伴关系新阶段，其中北极地区被确立为双边关系中最有战略合作前景的领域之一。就北极地区的先决条件而言，中国于2013年获得北极理事会永久观察员地位，为其在北极地区的活动提供法律基础。尽管中国尚未出台北极战略，但是其北极发展计划已经在一些文件中有所体现，例如在《2020前中国能源中长期发展战略》和《北极航行指南》等；从1999年到2014年间中国"雪龙"号科考船已经完成了六次北极科考工作，2012年中远集团"永盛"号货船也首次在北极航道试航成功。无论是资源开发还是航线开辟，都对中国有着潜在的经济利益和战略意义，中国主张依据国际法规定、国际条约和双多边协议，来解决北极问题以及维持该地区的可持续发展。俄罗斯是北极沿岸国家，对其管辖权范围以内的资源和水域享有一定的主权是毋庸置疑的，但是鉴于对冰区作业、运输系统、抗冰平台和基础设施建设等方面所需技术和成本的要求，俄罗斯仅凭一国之力难以实现其战略目标。前文第二部分已经提及中俄两国在北极天然气领域的合作，2013年两国石油公司签订北极大陆架和东西伯利亚地区的合作协议，这与中国的中长期能源发展战略相一致。除了经济领域的合作，海洋环境和船舶航行等非传统安全领域也是两国可以展开合作的重点。

综上所述，在北极地区尚不存在一套完备的法律体系或者北极条约的情况下，国际法尤其是《公约》的规定仍然在一定程度上发挥着规范和指导作用。俄罗斯的法律体系较为完备且效力等级分明，在对待国内法与国际法的关系问题上遵循国际条约低于宪法优于一般法律的原则，而且随着时代背景和国内外形势的变化不断推陈出新制定修正法案，尤其是《大陆架油气资源开发计划》和《北方航道水域规则》有关海洋环境和航行安全保护的条款规定，符合北极地区的长远利益。俄罗斯北极战略的一个趋势是，逐渐由军事领域过渡到经济领域，从传统安全过渡到非传统安全领域。

目前争议较大的是北方航道管辖权及航行制度问题，到底该如何解决国际社会尚无定论和法律依据，由于俄罗斯对《公约》的保留声明及美国的非缔约国身份，国际条约或协议方式是比较可行的解决之道。1856年《哥本哈根条约公约》为北方航道提供了一个成功先例，但是最终结果还是要取决于俄罗斯的态度。北方航道问题由来已久，就现行法律来看，短期内解决的可能性不大，但是随着国际需求的增长以及西北航线和北极点航线的竞争，俄罗斯的态度也许会发生转变。无论结果如何，北极航道开辟和自然资源开发带来的经济效益不可估量，甚至可能会改变现有的国际贸易格局，形成环北极商业圈，海洋环境和原住民生活都会受到影响，因此在现有的法律基础之上建立一个北极综合管理法律体系非常必要。

# 第八章 俄罗斯的黑海战略

从彼得大帝开始,俄罗斯帝国便将目光投向了海洋,而彼得大帝所提出的陆军和海军并重的"两只手"理论最终孕育出了俄罗斯独特的海洋战略,其目标是如何争取更多的出海口。作为俄罗斯与欧洲邻国利益交汇处的波罗的海和黑海从俄罗斯帝国扩张伊始便成为双方不断角力的海上战场,其中由于黑海地理位置特殊,周边人文环境复杂,多束利益链条在这里纵横丛生,因此俄罗斯对黑海的经营不仅能够展示俄罗斯的黑海战略,而且更能体现出俄罗斯的整体海洋战略和实力。

## 一、黑海的地理及历史概况

黑海(Black Sea)是位于欧洲东南部和亚洲小亚细亚半岛之间的一个陆间海,总面积为43.6万平方千米,是世界上最大的内陆海。因其海面多有风暴、水下暗流湍急、海水较深并呈昏暗之色,故得名"黑海"。黑海经由博斯普鲁斯海峡、马尔马拉海和达达尼尔海峡向西同地中海相连,向北经刻赤海峡与亚速海相连,直抵亚欧草原地带。注入黑海的大河流有多瑙河、第聂伯河、德涅斯特河和顿河等。沿黑海的国家包括南岸的土耳其、西岸的保加利亚和罗马尼亚、北岸的乌克兰、东北岸的俄罗斯，以及东岸的格鲁吉亚。黑海航道不仅是古丝绸之路贯穿东西世界的必经要道，即使在今天也依然是东欧内陆国家、中亚和高加索地区出地中海的重要航道。

在航海技术尚未成熟时，东西方先民对于这片难以驾驭的海疆往往怀有敬畏之心，但这种敬畏并不能够阻挡人类不断征服自然的勇气和技术的日益革新，因此查尔斯·金所著的《黑海史》在第二章就以"好客之海"为黑海正名了。换言之，早在公元前700年，有大规模人类参与的黑海历史便拉开了序幕，因为从那个时期起，黑海及其周边的陆地迎来送往了许多不同种族的人群，其中包括历史上著名的斯基泰人，以及因生计而不断迁徙至此的希腊人，还有很多难以考辨其名的人群。这些人群从生理到文化方面的差异很大，但他们都环绕在黑海的四周，原因在于黑海及其四周的陆地能够为不同人群提供多样性的生计环境，同时还能为这些人群提供便利的交通路线。从公元前700年至奥斯曼帝国的强盛时期（约公元1500年左右），在黑海及其周边生活的不同人群之间战乱频繁，一度还遭到了蒙古军队的猛烈冲击，但没有哪一个政权或个人拥有称霸黑海的雄心和能力，更谈不上经营整个黑海的雄韬伟略。直到奥斯曼帝国强盛之后，苏丹们才有了针对黑海的帝国战略，不过这种战略并没有过多地考虑海洋本身，只是体现在对黑海周边政权的不断征伐过程中。奥斯曼人在征服了君士坦丁堡和特拉布宗不久之后，1475年又占领了卡法和其他克里米亚港口，还有顿河流域的塔纳，1479年占领了高加索海岸的阿纳帕，1484年占领了第聂伯河上的莫洛卡斯特罗和多瑙河上的列克斯托默，逐步使内陆政权——南高加索地区的基督教国家、摩尔多瓦公国和克里米亚的穆斯林可汗们臣服。到了16世纪时，这些政权全部都承认了奥斯曼帝国的宗主权，这时，黑海已然成了奥斯曼帝国的内海。[①]

---

[①] 查尔斯·金著：《黑海史》，苏圣捷译，上海：东方出版中心，2011年版，第114页。

问题在于，奥斯曼帝国本身所处的地理位置及其对东西方交通的有效控制，使黑海在其帝国整体格局中战略地位并不起眼——特别是作为帝国内海之后。除了据守黑海海峡攫取往来商船的税费或直接对外关闭黑海外，我们很难看到奥斯曼帝国在黑海上有过什么积极的作为，反倒是其在地中海上的军事行动却很壮观。17世纪末至18世纪，黑海的情况发生了质的变化，崛起的俄罗斯帝国开始挑战奥斯曼帝国对黑海的控制权，这时才激起了奥斯曼帝国在这片海洋上的觉醒，可惜为时已晚。一方面奥斯曼人对边疆的治理权力主要源自与当地统治者缔结的条约，因为奥斯曼人相信保留附庸国，而非直接征服是控制内陆地区更好的办法，但这种做法到了帝国中央王权衰落时完全不奏效，地方统治者不断地反叛甚至加速瓦解了奥斯曼帝国对黑海西岸、北岸和东岸的控制。黑海也不再是一个内陆海、一片由帝国控制的土地包围的水域，现在它成为边境地区，黑海和北方草原成为不安定的源头。[①] 另一方面，俄罗斯作为新兴崛起的帝国，当时正处于实力的上升期，而且俄罗斯帝国与奥斯曼帝国对黑海的战略定位完全不同，黑海在俄罗斯帝国的战略布局中是极为关键的区域，它不仅是帝国对外扩张的战略要冲，更是保护帝国安全的天然屏障。因此，从18世纪起俄罗斯帝国便逐步取代了奥斯曼帝国对黑海的控制权，并且十分精心地实施着自己的黑海战略。

## 二、俄罗斯帝国对黑海的征服及经略

从"恐怖的"伊凡（1530—1584）到彼得大帝（1672—1725）治下的俄国国家政策的一个中心特点是，努力把草原变成一片确定

---

[①] 查尔斯·金著：《黑海史》，苏圣捷译，上海：东方出版中心，2011年版，第139页。

而可控的地区。换句话说，就是把边疆转变为本国的边境。然而这个计划把俄国推到了和鞑靼可汗，进而也就是与奥斯曼帝国冲突的最前线。在18世纪，俄国国家安全政策中的防御成分变得越来越少，最后发展出了扩张的理念。而控制草原的驱动力最终变成了征服海洋的前奏。[1]当帝国的扩张尽管使之成为一个濒临十二海的大帝国时，帝国要想进一步征服世界就必须深入海洋。然而缺乏出海口，特别是缺少暖水港几乎使这一梦想无法实现。为此彼得大帝对此有句名言："凡是只有陆军的统治者，只能算有一只手，而同时还有海军的统治者才算是双手俱全。"[2] 这一理论后来深刻影响着俄罗斯帝国的海洋战略和海军建设。

　　彼得大帝为了夺取黑海出海口共发动了两次攻打亚速的战争。第一次是1695年的远征，由于缺乏舰队从海上和顿河封锁亚速要塞，加之军队体制编制不适应作战而失败。第二次是1696年的远征，对这次远征，俄军是做了充分准备的。[3] 1696年5月，彼得大帝下令建立了俄国历史上第一支舰队——顿河舰队，即黑海舰队的前身。当月，彼得大帝就率军对黑海出海口亚速夫发动了进攻，步兵和海军密切配合，从陆地和海上封锁了亚速夫，俄国最终夺取了亚速海的出海口。这是俄罗斯帝国征服黑海的第一步。查尔斯·金在其《黑海史》中说"黑海发展的节点是一系列战争中的数个条约。第一个是奥斯曼帝国同中欧列强的条约，第二个则是奥斯曼帝国和俄国之间的条约。"[4] 1699年和1700年，《卡尔洛维茨条约》和《伊斯坦布尔条约》标志着奥斯曼帝国的衰退，这些条约向俄国割让了黑海中北部和东北部的海岸。在1739年的《贝尔格莱德和约》

---

[1] 查尔斯·金著：《黑海史》，第144页。
[2] 谢·格·戈尔什科夫著：《国家的海上威力》，三联书店，1977年版，第5页。转引自江新国著："海权对俄罗斯兴衰的历史影响"，《当代世界社会主义问题》，2012年第4期，第61页。
[3] 江新国："海权对俄罗斯兴衰的历史影响"，第61页。
[4] 查尔斯·金著：《黑海史》，第144页。

中，奥斯曼帝国正式承认俄国控制了亚速这一重要堡垒，并且给予俄国在黑海的有限贸易权。然而在彼得一世时期，俄罗斯帝国对黑海的征服也就止步于此了，其中最主要的原因在于1699年以后彼得大帝将注意力转向波罗的海后，黑海舰队的地位遭到削弱。1710年，奥斯曼帝国对俄罗斯帝国宣战，后者战败，黑海出海口的控制权又被奥斯曼帝国夺回。

彼得大帝之后，叶卡捷琳娜二世和保罗一世秉承了"两只手"理论，十分重视海军建设，继续强调出海口对帝国扩张的重要意义。叶卡捷琳娜二世于1762年即位，她推行更加积极的海洋战略，重新组建了黑海舰队，并把俄罗斯帝国打造成了名副其实的海军强国。叶卡捷琳娜二世在结束了北方的七年战争后，迅速将目光投向了帝国之南，开始将沙皇的战略目标调整为逐步兼并黑海沿岸地区并不断巩固在黑海的地位，于是俄土战争再度爆发。1768年叶卡捷琳娜二世发动了她在位期间的第一次俄土战争，1774年奥斯曼帝国战败，被迫与俄国签订了《库楚克—凯纳尔吉和约》。在这个条约中，俄国得到了黑海北岸、西岸及高加索地区的大片领土，而且奥斯曼帝国还承认了克里米亚独立，这都为俄罗斯帝国继续壮大其在黑海的实力提供了有利条件。开始于1787年的俄土战争源于土耳其企图废除《库楚克—凯纳尔吉和约》，收复黑海失地，控制经黑海海峡进出地中海的俄国舰船。这场战争持续到1791年，仍然是奥斯曼帝国战败，结果双方签订了《雅西和约》，和约重申了《库楚克—凯纳尔吉和约》的内容，此外奥斯曼帝国还需承认俄国对克里米亚和库班的主权，承认沿德涅斯特河划定的俄土边界，默认俄国在黑海建立舰队来保护贸易活动。① 俄罗斯帝国此时已实际控制了黑海区域。

19世纪是俄罗斯帝国南下争夺黑海海峡霸权的重要时期，同时

---

① 赵永伦："十九世纪中期俄国的黑海海峡政策"，《安顺学院学报》，2010年第5期，第16页。

也是世界近代史上以俄土关系为主线的东方问题逐渐展开的关键时期。19世纪的历次俄土战争与18世纪俄土战争最大的不同在于，它们已不单纯是俄土两个国家的局部战争，而是牵扯了主要帝国主义列强利益和阴谋在内的复杂的东方问题的一部分。[①] 1806—1812年的俄土战争是19世纪历次俄土战争中的第一次。因为这次战争与欧洲的反法战争同时进行，俄国无心恋战，急忙与奥斯曼帝国签订了《布加勒斯特和约》，吞并了比萨拉比亚后就停战了，但这场战争却拉开了俄国向巴尔干和黑海海峡地区扩张的序幕。1821年希腊的独立运动，也为沙俄插手希腊和土耳其的冲突提供了机会。俄国利用与巴尔干许多民族的宗教信仰相同等有利条件，它以"东正教徒的天然保护者"自居，先是煽动巴尔干诸民族反对奥斯曼帝国统治，进而对奥斯曼帝国发起战争。1828年战争爆发，1829年俄国逼迫奥斯曼帝国签订了《亚得里亚那堡和约》，俄国通过该和约夺得了多瑙河口和黑海东岸的全部地区，奥斯曼帝国向俄国舰船开放博斯普鲁斯海峡和达达尼尔海峡，给予俄国赔款，确认摩尔达维亚和瓦拉几亚两公国自治。此外，根据该条约，俄国还成了塞尔维亚的保护者。[②] 尽管英法等欧洲大国在希腊起义方面同俄国立场一致，但它们对俄国在这场战争中的获益却十分不满。俄国原本甚至要通过这场战争"成为君士坦丁堡的主人，从而使奥斯曼帝国在欧洲消失"。[③] 欧洲列强对此颇为担心，对俄国施加了很大的外交压力才最终以和约形式了解此事。即便签署了《亚得里亚那堡和约》，俄国所获取的利益还是让英国、奥匈等国感到恐慌与不安，因此俄国与西方列强，特别是与英国之间的矛盾冲突加剧。在西方列强看来，这样一种格局的形成主要源自俄国对于黑海的控制，如果要在东方问题上获得

---

[①] 王冰冰："透视沙皇俄国对黑海海峡的争夺"，《国际关系学院学报》，2009年第4期，第16页。
[②] 赵永伦："十九世纪中期俄国的黑海海峡政策"，第16页。
[③] 王冰冰："透视沙皇俄国对黑海海峡的争夺"，第17页。

更大的利益，势必要从根源处削弱俄国对黑海的控制力。随后，由于俄国派兵帮助奥斯曼帝国解决了第一次土埃战争（1831—1833年）之围，双方签订了使俄国进一步获利的《安吉阿尔—斯凯莱西和约》，两国结成防御同盟，规定奥斯曼帝国可以不给俄国提供同样的军事援助，而代之以封锁达达尼尔海峡，不许任何外国军舰通过，俄国军舰则可以自由出入博斯普鲁斯海峡。该和约破坏了列强们在近东的均势，遭到英法两国，尤其是英国的强烈反对。[1] 当西方列强开始联合反对俄国在黑海"唯我独尊"的地位时，俄国在此的优势地位岌岌可危。

《安吉阿尔—斯凯莱西和约》签订后，英国积极开展活动，力图取消该和约，或者重签一个可以抵消该和约作用的新和约。1840年7月15日，英、俄、普、奥、土五国在伦敦签订了第一次《伦敦协定》。该协定规定由英、俄、普、奥保障奥斯曼帝国的独立和领土完整，禁止任何外国的战舰驶入黑海两海峡。这一协定以列强的集体外交行动来替代俄国在《安吉阿尔—斯凯莱西和约》中的相关权利。1841年7月13日，英、法、俄、普、奥五国和奥斯曼帝国又签订了对各国军舰封锁达达尼尔海峡和博斯普鲁斯海峡的公约，即《欧洲海峡公约》。这个公约的签订意味着《安吉阿尔—斯凯莱西和约》完全失效。俄国军舰丧失了通过黑海海峡的权利，它标志着俄国在黑海海峡优势的终结。[2] 随着俄国与英法等列强矛盾的不断激化，克里米亚战争于1853年爆发。此次不同以往之处在于，英法联军直接参与了战争，1855年9月8日塞瓦斯托波尔陷落，俄国在克里米亚战争中彻底失败。次年2月，俄国与英法等国签订了《巴黎和约》，和约规定俄国放弃对多瑙河沿岸各公国和奥斯曼帝国境内东正教徒的保护权，黑海中立化，俄国不能在黑海拥有舰队和海军基地。可

---

[1] 王冰冰："透视沙皇俄国对黑海海峡的争夺"，第17页。
[2] 同上。

以说，此次战争不仅使俄国从欧洲霸权国的权力巅峰跌落下来，也标志着俄国对黑海的经营濒于破产。

也许正如恩格斯在《俄国沙皇政府的对外政策》中所指出的："浅薄的尼古拉的狭隘心胸消受不了应得的福分，他过分性急地向君士坦丁堡进军，克里米亚战争爆发了……"① 俄罗斯帝国对黑海的最初征服是成功的，为帝国积累了不少"福分"，但是俄罗斯帝国在对黑海的经略方面却出现了不少失误。如果从战略角度来看，这种失误似乎也是很难避免的。因为从彼得大帝制定海洋战略开始，黑海并不是战略终点，它只是俄罗斯帝国为了进入地中海，控制巴尔干，进而称霸欧洲的一个战略通道，因此当俄罗斯帝国掌握了黑海实际控制权后并没有停止脚步，而是将触角进一步深入到东南欧地区。换言之，如果俄罗斯帝国切实地控制了黑海海峡，那么黑海之于它也不过就是一个内湖，其战略使命也会宣告结束。但是问题在于当时的沙皇并没有看清黑海海峡乃是征服黑海的底线：一方面黑海海峡是奥斯曼帝国的心脏地带，是其控制欧亚两部分领土的枢纽，所以奥斯曼帝国必会为保住该地区做殊死搏斗；② 另一方面，英法等西方列强此时已染指近东及中东，它们在这里的利益原本就盘根错节，而"东方问题"使这种利益纠葛彻底显现，俄罗斯帝国对海峡的进犯必然是对英法等国在此利益的侵犯，后者断然不可能接受。所以，当俄国的征服触及底线而又贸然突破时，它所面临的也就不只是一两个羸弱的邻邦小国了。俄罗斯帝国进一步的失误还在于没有适时调整战略，或者说当时的沙皇政府太沉醉于黑海作为扩张基地的战略作用，而忽视了其作为防卫屏障的战略作用。如果重视防卫，那么对黑海的经略必要花费一定的精力进行长期的防御建设，甚至做一些民用方面的建设，而不是仅仅作为一个"临时兵站"。遗憾的

---

① 转引自白晓红："俄国历史进程中的克里米亚"，《俄罗斯学刊》，2014年第3期，第31页。

② 王冰冰："透视沙皇俄国对黑海海峡的争夺"，第18页。

是，当英法联军进入黑海时，俄国已来不及依仗黑海御敌了。当然，究其根源，俄罗斯帝国在黑海的失势，还在于自19世纪初起俄罗斯帝国相较于新兴的英法等帝国主义国家在综合国力方面明显衰落，它已不堪承受与这些强国斗争所带来的沉重损失了。

　　克里米亚战争结束后二十余年里，俄国一直奉行不干预欧洲事务的外交政策，希望通过"休养生息"蓄积力量，以便卷土重来。1871年3月，俄国乘法国在普法战争中被打败的机会，废除了《巴黎和约》关于黑海中立化的条款。此后不久，它就在黑海地区重整军备，并利用巴尔干的斯拉夫民族运动，重新向巴尔干和黑海海峡进军。1877年4月24日，俄国正式向奥斯曼帝国宣战。俄军进展迅速，一直挺进到离伊斯坦布尔只有12千米的圣斯特法诺。[①] 后因英国和奥匈帝国的强烈反对，俄国只得同奥斯曼帝国停战议和，签订了《圣斯特法诺和约》。尽管英奥对这个和约仍有不满，但俄国还是通过此和约获得了在黑海海峡和巴尔干的不少特权。即使到了帝国末期，俄国决策层在1881年确定的战略决策仍是重建黑海舰队，并将其作为发展俄国海军力量的"首要急务"，"其他海域舰队发展皆位列其后"。虽然黑海舰队的战略使命是积极为"博斯普鲁斯远征"做准备，但这1881年决策中的"首要急务"却经常因波罗的海和远东的问题一直未能切实落实。"关于黑海舰队使命重要性的主张变动无常，从80年代至世界大战前皆属常见之事"。[②] 可以说，此时发展黑海舰队，实施黑海战略已并非此时的俄国一厢情愿便可实现的事情了。一方面俄国本身物质基础有限，很难支持互不相顾的三支独立的海军舰队，另一方面则在于时机不合适——此时恰逢不可避免的日俄战争开战前夕。日俄战争的失败再次沉重地打击了行将就木的俄罗斯帝国，下一阶段的黑海战略便属于苏联历史的范畴了。

---

　　[①] 王冰冰："透视沙皇俄国对黑海海峡的争夺"，第18页。
　　[②] 转引自曹群："论日俄战争前的俄国海权战略"，《俄罗斯研究》，2013年第2期，第158页。

## 三、 苏联时期的黑海战略

苏联时期的海洋战略大致经历了近岸防御—称霸海洋—近海防御三个阶段。而这三个阶段的发展、调整及得失，主要是受到了苏联政权建设、经济因素、国际争霸、海权理论与领袖意志等多方面原因的综合影响。苏联时期的黑海战略，只是其整体海洋战略中的一个组成部分。

十月革命结束后，新生的苏维埃俄国面临的根本任务是确保政权生存，核心是要打败外国武装干涉和国内白卫军势力，陆上战场直接决定一切。在资源相当匮乏的情况下，苏俄暂时放弃了海洋，在相当长的一段时间内，处于有海无防的局面，海洋战略更是无从谈起。经过外国武装干涉和国内战争，苏联国家经济更是遭到极度破坏，海军发展举步维艰，当时黑海的具体情况是黑海舰队基本不复存在。考虑到国内战争时期，帝国主义国家之所以能够对苏联进行武装干涉，就是由于当时苏维埃海军在波罗的海、黑海和太平洋不掌握制海权，而且帝国主义国家还可以进一步采取海上封锁断绝苏联与外部世界的联系，因此根据列宁的建议，苏联开始了大规模的重建海军运动。经过在设备、人员和组织结构等方面的建设，到20世纪30年代，苏联海军初步建成了四大舰队和四大区舰队的组织架构，四大舰队包括：北方舰队、波罗的海舰队、黑海舰队和太平洋舰队。也就是在此时，海洋思想在苏联再次抬头，苏联领导人认为，没有强大的海军，苏联就不可能成为强国。[1] 1938年，苏共通

---

[1] 高云，方晓志："海洋战略视野下苏联海权兴衰研究"，《东北亚论坛》，2014年第6期，第60页。

过了用十年时间建立远洋舰队的决议，正式提出建设远洋大海军的规划，决议要求切实加强北方舰队和黑海舰队。此时起，黑海地区成为苏联重要的海军基地之一，这里不仅建设了很多港口，还新建了很多船舶制造厂。第二次世界大战期间，苏联的远洋大海军发展计划被迫停止，不少黑海沿岸地区在战争中陆续沦陷，苏联船舶工业遭受重创。尽管如此，黑海舰队还是为保护海上航运，防止德军登陆等方面做出了不少贡献。正是黑海舰队的支援使奥德萨防御战持续了73天，塞瓦斯托波尔防御战持续了250天，这支舰队在新罗西斯克和高加索争夺战中也发挥了重要作用。据统计，从战争开始到1942年底，沿黑海航线运输了150万人和100万吨各种物资。进入冷战时期后，苏联已成为与美国并驾齐驱的超级大国，海军逐渐成为其称霸工具。而这时的黑海则几乎成为苏联的内湖，只有少部分归土耳其管辖。苏联一方面在黑海继续根据苏共中央制定的海军发展规划建设黑海舰队，另一方面则根据苏联海洋战略的核心要求建立"国家海上威力"。作为一个体系的"国家海上威力"，包括军事舰队、运输船队、捕鱼船队和科学考察船队四大组成部分。黑海作为一个重要的交通枢纽，苏联在这里的民用船队发展速度也很快，同时苏联以黑海北岸的塞瓦斯托波尔为基地建立了黑海渔船队。此外，苏联还十分重视在黑海发展船舶工业，从分布来看，苏联的船舶工业主要集中在波罗的海和黑海地区，苏联18家大型船厂中的13家在这两个地区。随着船舶工业的发展，苏联港口设施也得到了飞速发展，在第八个五年计划中，港口建设已成为国家建设重点。其中黑海地区的改扩建的港口数量最多，包括新罗西斯克、图阿普谢、伊利伊切夫斯克、刻赤及赫尔松等。但需要指出的是，在苏联的海洋战略中，整个国家的海上威力体系始终是以海军为核心的，无论是商船队、渔船队还是科考船队，都是围绕海军这一中心，或者说是为了争霸这一目的而服务和运行的。

从苏联当时的海洋战略来看，其远洋战略粗略分为欧洲和北大西洋、加勒比海和南大西洋，以及太平洋和印度洋三大战略方向。其中欧洲和北大西洋是重点，为保持重点战略方向的主要海军力量优势，苏联海军在保持北方舰队、波罗的海舰队和黑海舰队基础上，又成立了地中海和印度洋两大分舰队。在欧洲和北大西洋方向，苏联采取了"中间突破，南北夹击，三面包围"的军事策略，海军在此战略中主要任务就是寻求"南北夹击，三面包围"，切断美欧联系，分割孤立欧洲。这就决定了黑海此时的地位，即苏联海军从黑海突进至地中海，控制欧洲南侧海域。因此除了"基地"作用外，黑海并不及地中海的战略地位重要，后者才是苏联当时试图南抵印度洋、西出直布罗陀海峡到大西洋的重要枢纽。苏联进入印度洋有三条海上路线，其中西线是从黑海穿越黑海海峡进入地中海，再从地中海经苏伊士运河和红海进入阿拉伯海和印度洋。如此一来，黑海在苏联的整体大战略中，也只是达成苏联海军远洋战略的始发站。就算黑海能够发挥这一作用，那也绕不开黑海海峡的制约作用，而后者却掌握在土耳其手中，于是该问题最终还是苏土关系问题。苏土关系的开端是很好的。1921年十月革命胜利不久的苏俄和刚取得民族独立战争胜利的土耳其签订了《苏土友好条约》，条约规定：双方同意不承认强加于它们的任何合约或国际协定，苏俄同意不承认未经土耳其国民议会承认的有关土耳其的任何国际协定；苏俄宣布废除沙皇政府同土耳其签订的一切不平等条约和债务，放弃领事裁判权；双方确定了苏土边界；双方同意由沿岸各国代表组成的会议，来制定关于黑海的国际协定，其条件是不得损坏土耳其的主权及伊斯坦布尔的安全等。该条约对苏土关系的改善起到了十分重要的作用。30年代初，苏联又进一步向土耳其提供资金、技术、设备和专家用于国民经济的恢复和重建，1934年，土耳其向苏联表示愿意签订互助协定，以确保一旦第三方威胁黑海海峡时两国间可以协调合作。但是好景不长，1936年，土耳其政府照会《洛桑公约》的参加国在瑞士蒙德勒讨论修改海峡公约，苏联一开始对此表示同意，但当讨论涉及基本利益时苏土分歧暴露无遗。苏联认为黑海是内海，政策的制定应该考虑黑海沿岸国家利益，允许他们的军舰自由通过海峡，而对非黑海沿岸国家的军舰通过海峡做吨位限制。英法等国家表示反对，认为黑海是公海，土耳其此时考虑到自身利益和国家安全，采取了接近英法的政策，反对苏联，这便导致双方关系出现了不睦的倾向。与此同时，土耳其国内推行反共政策，限制和镇压工农运动，取缔共产党，这些都为两国关系的发展制造了障碍。苏德战争爆发后，土耳其虽宣布中立，但在苏军节节失利的情况下，土耳其显然很为偏袒德国方面，有意放松德国军舰穿越海峡的限制，这使得苏联对土耳其十分失望。二战结束后，苏联对土耳其在战时的表现很不满意，在雅尔塔会议上斯大林提出修改《蒙特勒公约》，他认为公约应该考虑到俄方利益，不能接受由土耳其扼住苏联咽喉的局面。会议上，莫洛托夫在涉及黑海海峡问题时还要求苏联在海峡地区建立军事基地，并由苏土共管海峡。这使得土耳其对苏联越发警惕，并最终倒向西方，加入北约。而美国此时则在土耳其建立了包括导弹发射场在内的200多个军事基地。但出于经济往来和军事安全的考虑，苏联对黑海地区采取了较为灵活的政策，甚至有意改善了对土关系，但是在海峡这一根本问题上，双方并未达成一致。苏联和土耳其是黑海沿岸两个大国，它们一个是黑海沿岸实力最强的国家，一个掌握着出入黑海门户的钥匙。从苏联远洋海军战略来看，土耳其对黑海海峡的控制十分影响黑海发挥其更为长远的作用，因此苏联黑海战略的施展最终还是受制于海峡，这同俄罗斯帝国时期的情况如出一辙。

综合来看，当时的苏联实施海洋战略主要存在以下几方面的缺陷：首先是海洋战略目标本末倒置，过于关注国家的安全利益，而忽视了国家的发展利益，这种不是防御就是远征的思维直接损害了其自身国力的综合提升，也容易引起邻国必然的怀疑和恐惧。其次，苏联海洋战略发展的先天地缘优势不足，其地理条件不符合发展世界海权,四大舰队所驻军港中,除了太平洋舰队的彼得罗巴浦洛夫斯克港直接面向太平洋,其他军港基本上全要经过一些海峡,黑海舰队正是面临这种困境。第三,冷战时期美苏争霸,苏联海洋战略时时处处都会遭遇以美国为首的资本主义阵营国家的压制,而后者无论从海洋战略理论及实践,还是从现实装备来看,都要比苏联更领先一步。面对严峻现实,戈尔巴乔夫上台后,苏联的"远洋进攻"战略重新回到了"近海防御"战略,苏联海军也从世界各大洋全面收缩。黑海地区在此战略转变中,就连"远征始发站"的战略作用也被削弱了。苏联解体后,其海军受到了重创,由于乌克兰的独立,黑海舰队一分为二,俄罗斯也丧失了苏联时期44%的造船能力,并且丢掉了黑海—亚速海的出海口。苏联时期的黑海战略再次惨淡收场。

## 四、当代俄罗斯的黑海战略

苏联解体之初,俄罗斯当时的国家发展战略目标是彻底摧毁原来的苏联体制,奉行向西方"一边倒"的政策,并希望得到西方发达国家的帮助。但这种一厢情愿的做法并没有得到西方国家的同情,后者并不希望俄罗斯东山再起,反而实施了继续遏制和削弱俄罗斯的政策。与此同时,叶利钦政府的"休克疗法"不仅没有使俄罗斯一步跨入市场经济国家的行列,反而造成了经济严重下滑,国内政治动荡。[①] 1996年,叶利钦政府一改向西方"一边倒"政策,俄罗斯开始谋求作为一个独立大国的权益。正是在这一背景下,1997年1月17日,叶利钦颁布了制定俄罗斯联邦世界海洋目标纲要的总统

---

① 左凤荣:"俄罗斯海洋战略初探",《外交评论》,2012年第5期,第126页。

令和《俄罗斯联邦"世界大洋"目标纲要的构想》，谋划如何保持和增进俄罗斯海洋强国地位的战略和策略。1998年，俄罗斯密集出台了一系列关于海洋战略的文件。当年8月10日，俄政府第919号决议正式批准了《俄罗斯联邦"世界大洋"目标纲领》《世界大洋环境研究子纲领》《俄罗斯在世界大洋的军事战略利益子纲要》《开发和利用北极子纲要》《考察和研究南极子纲要》《建立国家统一的世界海洋信息保障系统子纲要》等。[①] 普京于2000年担任总统后，为了谋求大国地位，特别强调俄罗斯需要恢复传统的海洋强国地位。2000年和2001年，普京分别批准颁布了《2010年前俄罗斯联邦海上军事活动的政策原则》和《2020年前俄罗斯联邦海洋学说》（Maritime Doctrine of Russian Federation 2020），明确了俄罗斯海洋战略的原则，标志着俄罗斯海洋战略的基本形成。经过十四年的努力，俄罗斯综合国力有了大幅度提升，其海洋地位再次得到恢复。[②] 这其中，黑海战略始终是俄罗斯海洋战略不可或缺的重要内容。

（一）黑海地缘特征的转换

苏联解体以后，从俄罗斯角度来看，其海洋战略的地缘环境急剧恶化，波罗的海国家独立，俄罗斯虽得以保留加里宁格勒飞地，但丧失了波罗的海沿岸的发达造船工业和港口设施，以及海洋专业人才的主要来源地。乌克兰独立，俄罗斯不再可能利用乌克兰较为发达的工业基地为海上事业服务，不仅黑海舰队被一分为二，而且这也使得俄罗斯在黑海北岸的海岸线由1900千米骤减到不足500千米。俄黑海舰队在此也只得租用乌克兰的塞瓦斯托波尔港（2014年克里米亚公投后，该港为俄罗斯直接控制）。如此一来，黑海的地缘

---

[①] 左凤荣："俄罗斯海洋战略初探"，《外交评论》，2012年第5期，第127页。
[②] 陈良武："俄罗斯海洋安全战略探析"，《世界经济与政治论坛》，2011年第2期，第91页。

特征发生了以下两点改变：首先，黑海不再是大部分由苏联控制的内陆海，它成为可供沿岸国家及国际社会能够共同开发及利用的国际公海；此外，黑海也从单纯"海"的概念发展成了"地区"的概念，是指包括俄罗斯、乌克兰、罗马尼亚、保加利亚、土耳其和格鲁吉亚等在内的地区。由于该地区重要的战略地位，目前在此产生重要影响的国家和集团还包括美国、欧盟和北约。而属于该地区的国际组织则是1992年由土耳其最先提议创建的黑海经济合作组织，该组织包括11个黑海沿岸国家。黑海地缘特征的这种转换，无疑使俄罗斯不可能再采取俄罗斯帝国或苏联时期的黑海战略。如何与黑海沿岸国家共同开发和利用黑海，如何同在黑海地区发挥巨大影响的国家和国际组织进行博弈——这些将成为俄罗斯黑海战略所关切的新内容。

（二）俄罗斯黑海战略的基本内容

俄罗斯海洋战略同苏联海洋战略相比，基本指向已发生了根本性变化。首先是主体和利益界定迥异于苏联海洋战略。海洋战略主体方面，苏联时期是作为国家整体战略的重要组成部分，凸显出浓重的军事化色彩，一切都是为了同帝国主义斗争，竭力向世界输出革命，因此这时的海洋战略的主体只能是国家，或者说是苏共中央所关注的问题。而现代俄罗斯主要是以总统为核心的西式民主政治体制，强调公民社会建设，因此海洋战略的主体变成了国家和社会。例如《2020年前俄罗斯联邦海洋学说》明确提出"国家和社会是国家海洋政策的主体"。从利益角度来看，当代俄罗斯相比较苏联时期，其海洋利益更强调国家利益同个人利益的平衡与统一。基于这两点的不同，现代俄罗斯对海洋的利益诉求包括了主权利益、经济利益、军事和战略利益、社会利益这几个方面，俄罗斯黑海战略便是在这一宏观背景中体现出来的。

《2020年前俄罗斯联邦海洋学说》在其区域方面的任务中是如此定义在黑海和亚速海的战略任务：一是提升海上贸易和河海混合船运能力，使海港基础设施得到现代化发展；二是要在乌克兰区域内不断改善能够发挥俄罗斯黑海舰队功能的合法化框架，要保留塞瓦斯托波尔作为主要基地；三是增强海上事业的潜力，捍卫俄罗斯联邦在黑海、亚速海上的主权和国际权利；四是发展黑海航运，主要是从克拉斯诺达尔边疆区的港口向地中海国家的客运和黑海内的轮渡运输。这四条任务看似简单，实在蕴含了很多复杂、系统且长远的内容。首先，黑海始终是俄罗斯向南、向西发展的战略要道，不论从安全还是从经济角度来看，俄罗斯对这里是不会轻易放弃的，这在帝国时期就很明确了。2003年9月，普京总统提到亚速海—黑海地区是俄罗斯的战略利益地区，并特别强调黑海是俄罗斯通往全球运输线的重要出口。因此，保证俄罗斯在黑海地区的交通畅通、能够充分利用黑海航道，既是旧战略，也是永恒战略。其次，俄罗斯十分强调自己在黑海的主权和其他国际权利，十分强调黑海舰队的功能和其港口的重要性，主要是基于地缘政治的考虑。《2020年前俄罗斯联邦海洋学说》中关于在黑海和亚速海的任务，是列在其国家海洋政策大西洋地区方向之下的，对该方向的任务目的的解释是"这一方向的任务主要是针对来自北约国家在经济、政治和军事压力的不断增加"。换言之，由于不少苏联空间内的国家纷纷倒向北约、欧盟，使俄罗斯感到了很大的安全压力，黑海地区的情况更使其感到担心。第三，俄罗斯如何协调好黑海地区内部的关系，不能仅凭军事实力，关键还在于全方位合作。由于黑海不再是俄罗斯可以一手遮天的内海，野蛮的征服战争也已退出历史舞台。也许是吸取了帝国和苏联时期的教训，现代俄罗斯更加注重对黑海真正意义上的"经略"。尽管试图控制黑海航道及其他地区内小国仍是俄罗斯的最终"心愿"，但其手段明显更偏向于合作与拉拢。总之，战略主体的转移和利益的多元化，加之黑海本身地缘特征的改变，使俄罗斯的黑海战略不同于帝国和苏联时期，而更加务实与灵活，更加具有"经略"的意味。

1. 作为地缘战略之盾的黑海——安全的视角

从地缘政治角度来看，俄罗斯黑海战略的潜在挑战者可分为黑海地区以外国家和组织，以及黑海地区内部国家和组织。黑海地区以外的国家主要是指以美国为首的西方国家、欧盟及北约，地区内部国家则包括黑海沿岸的土耳其、格鲁吉亚、乌克兰、保加利亚和罗马尼亚等国家。

（1）黑海地区外的挑战

苏联解体以后，西方国家仍然将俄罗斯视为假想敌，并沿着彼得大帝西进的反方向，由西向东对俄罗斯进行战略挤压。由于黑海地处俄欧西南交界，曾是苏联威胁西方阵营的前沿，这一特殊且重要的地缘位置，使其成为西方国家遏制俄罗斯的战略要地，反之也成为俄罗斯维护西部安全的关键区域。这种战略对抗，随着俄罗斯国力的不断增强不仅没有缓解，甚至有不断加剧之势。英国智库查塔姆研究所，即，英国皇家国际事务研究所（Chatham House）的报告认为，"俄罗斯始终将其黑海地区视为与西方进行零和博弈的场所，在此语境下，西方曾使俄罗斯颜面尽失，但是现在俄罗斯强大了，它开始重申自己在该地区应得的权益和地位。"[1] 然而相反的情况是，西方国家基于自身的考虑并没有轻易放弃在黑海地区业已形成的影响和优势，甚至更加主动地介入黑海地区事务。

从美国的角度来看，它将巴尔干国家、南高加索、土耳其南部、乌克兰和俄罗斯都归于大黑海地区，并认为该地区是其全球战略的重要组成部分，具有众多利益。但是由于黑海地区国家在国家利益和发展道路上具有很大的差异性，美国主要采取有区别的合作来插手该地区的事务。具体表现有：扶植"古阿姆集团"，支持乌克兰和

---

[1] "The Black Sea Region: New Conditions, Enduring Interests", Chatham House Report, 2009.

格鲁吉亚"去俄罗斯化",改善与北约成员国土耳其的关系,巩固与北约和欧盟新成员罗马尼亚和保加利亚的关系。这些举措的指向性很明显——就是要削弱俄罗斯在该地区的影响力。但是俄罗斯对美国的这些举措均做出了针锋相对的回应。首先,俄罗斯也利用经济和能源手段向"古阿姆"国家试压,希望不要在"去俄罗斯"道路上走得太远,俄罗斯曾大幅提高出口"古阿姆"国家的天然气价格就是最为具体和直接的反制手段。此外,对于美国而言,要彻底从西面削弱俄罗斯,就是要尽早将乌克兰和格鲁吉亚拉入欧洲,这样俄罗斯就失去了抵抗西方的最后一道壁垒。俄罗斯对此也采取了强硬的措施,特别是2008年的俄格战争和近期的乌克兰危机,都能看到俄罗斯对待乌、格两国的强硬态度。

西方势力对俄罗斯在黑海地区具有全面挑战意义的莫过于欧盟的东扩了,可以说欧盟东扩是对俄罗斯政治、经济和文化影响力的全面驱逐。从政治方面看,冷战期间欧洲国家为美苏马首是瞻,在两国的夹缝中生存。冷战后,西欧的安全等领域仍然是以美国为主导,东欧出现了地缘政治真空,但俄罗斯对这片真空地带还是具有一定的影响力。因此,欧盟通过东扩,希望按照西欧的民主价值观以及经济模式对这些国家加以改造,扩充自己的政治实力,加强自身的安全屏障。欧盟委员会前主席普罗迪曾说:"我们启动了统一进程,这是最重要的,因为它使发生战争、紧张局势和悲剧的可能性离我们更远;这是最重要的地缘政治意义,这不仅扩大了欧盟的疆域,也使欧盟拥有了一个和平安全带。"欧盟此举不仅希望成功驱赶俄罗斯的政治影响力,也希望能够摆脱美国的控制,真正成为一极。从经济利益来看,中东欧国家劳动力素质高、价格低,市场前景也很广阔,如果中东欧国家能够加入欧盟,将会带动欧盟整体经济的增长。此外,欧盟在东扩过程中,还十分强调欧洲具有共同认同的文化基础,强调希腊、罗马文明以及基督教等共同属性。对文化认同的做法,其实只是欧盟从现实利益考虑的一种策略,它是欧盟为了把这些被选定的候选国首先从文化和心理上拉入西欧的有效手段，如此就可以避免俄罗斯文化对这些国家和地区的影响力。综上，欧盟对俄罗斯黑海地区战略的挑战最为全面和深刻，俄罗斯对此的提防之心也从未松懈。

如果说美国和欧盟对黑海地区的影响都是间接或隐性的挑战，那么北约东扩则是对俄罗斯安全战略空间的直接挑战。北约作为冷战产物，原本就是为了对抗以苏联为首的华约组织的军事集团。北约东扩一方面把中东欧国家拉入其势力范围，使俄罗斯丧失其在苏联时期拥有的势力范围和战略空间，从而剥夺了俄罗斯上千公里的战略纵深和防御屏障，防止俄罗斯东山再起；另一方面，东扩可以把军事力量直接置于俄罗斯边界，特别是波罗的海三国的加入更使俄罗斯西北部疆域完全处在北约力量的直接打击范围之内。罗马尼亚、保加利亚和土耳其作为北约成员国，则形成了俄黑海沿岸的军事包围圈，俄罗斯的战略空间因此也被挤压到了黑海以东，这样西方的军事前沿就摆在了俄罗斯的家门口，直接威胁到了俄罗斯的国家安全。

（2）黑海地区内部的挑战

冷战结束后，黑海经济合作组织和沿岸国家为维护各自利益，在黑海地区也进行着合作与斗争。黑海地区各国在积极谋求利益最大化的同时，以不同方式参与并影响着黑海地区地缘战略结构。其中独联体国家乌克兰和格鲁吉亚（2009年8月18日退出独联体）在苏联解体后走上了亲西方道路；罗马尼亚和保加利亚虽然对黑海事务影响有限，但也因加入北约和欧盟而在黑海地区为俄罗斯所警惕；土耳其是黑海地区的传统大国，其在黑海南北两岸均有一定的影响力，加之作为北约成员国家的土耳其一直奉行灵活务实的外交政策，它在黑海地区对俄罗斯的挑战也不可小觑。特别是在土耳其倡导下成立的黑海经济合作组织，虽然政治影响力有限，但其搭建了合作平台，在一定程度上对增进黑海地区各国政治合作和经济联系发挥了积极作用，使黑海地区更像一个完整意义上的"地区"，从而削弱了俄罗斯试图在黑海建立主导权的可能性。

土耳其与俄罗斯在黑海地区的争斗具有较长的历史。冷战时期，土耳其认为苏联从北向南挤压土耳其，这种高压使土耳其选择了与西方合作，并加入了北约，以此换得了北约成员国集体保证土耳其的安全与独立，并巩固了土耳其的亲欧意识形态。从厄扎尔于20世纪80年代执政以来，土耳其的外交理念发生了一些变化，开始奉行非干涉的灵活多元外交政策，与苏联关系出现了一丝缓和。苏联解体后，土耳其认为自己可以在后苏联空间，特别是能够在突厥语世界里大做文章，基于此，它将目光再次投向了黑海地区。土耳其在黑海的战略更多是在经济和能源方面，它希望通过两个长期框架加强黑海的经济合作：首先是建立起了区域性的政治经济伙伴关系，其次是与黑海地区大国——俄罗斯加强在黑海地区的合作。换言之，两个昔日的竞争对手似乎在当代找到了合作契机，开始分享在黑海的霸权。[①] 土耳其之所以这么做，一方面在于正发党执政以后，土耳其开始奉行"战略纵深主义"外交战略，强调主动发挥多元身份优势，积极开展与东方世界的合作；另一方面，自美国反恐战争开始以后，土耳其对以美国为首的西方国家在中东地区所采取的行动均持怀疑态度，加之久入欧盟未果，便导致了土耳其与西方国家关系出现了不太和谐的迹象。因此，土耳其在黑海地区的做法与其说是谋求和俄罗斯之间的合作，倒不如说是试图强调外交战略的自主性。土耳其虽支持北约东扩，但并不愿意它所主导的黑海一体化被并入欧盟—大西洋伙伴关系的机制中。从国家学说来看，土耳其和俄罗斯的确很接近，均带有19世纪传统的民族主义与帝国主义的世界观：世界是由强国控制的，强国霸权和对小国的控制形成现实的国

---

[①] 高淑琴："俄土黑海地缘战略竞争新趋势分析"，《国际关系研究》，2014年第1期，第100页。

际体系，即大国平衡国际体系。因此，莫斯科和安卡拉一致认为：黑海是俄罗斯和土耳其的内湖。① 土耳其官方也坚决反对北约把军事活动从地中海扩大到黑海。② 并认为黑海沿岸大国，即土耳其和俄罗斯拥有高于北约的权威。以上这些可以表现出，土耳其和俄罗斯在对待西方的态度方面有不少共同之处，且可以此作为黑海地区合作的平台，但实际上，这两个国家由于对黑海地区均有霸权心理，很多对抗性的矛盾是难以调和的。譬如，俄格战争爆发后，俄罗斯明显在黑海地区增添了霸权筹码，尽管《蒙特勒协议》明确限制非黑海国家的军舰在黑海水域航行，但土耳其为了维持黑海地区的霸权均势，允许美国和北约军舰通过达达尼尔海峡支持格鲁吉亚。此外，俄罗斯对土耳其的北约身份也是心存芥蒂的。

苏联解体后，罗马尼亚奉行友好与和平的外交政策，主张在维护和发展本国民族利益的基础上实行广泛的对外开放，因此罗马尼亚一方面以加强与西方国家的关系为重点，另一方面也并没有轻视与前苏联空间内各国的睦邻关系。2004 年，罗马尼亚加入北约，2007 年加入了欧盟。2005 年 11 月 17 日，罗马尼亚总统伯塞斯库对外宣布，罗方已经同意美军在其境内设立军事基地，并设在黑海沿岸。作为北约成员国的罗马尼亚还积极支持乌克兰和格鲁吉亚加入北约。伯塞斯库总统曾提出："格鲁吉亚以其重要的地理位置和在油气过境费上采取的明智政策，将在欧盟实现石油和天然气输送多样化方面发挥重要的作用。"保加利亚在苏联解体后，同罗马尼亚一样，优先发展同欧美等西方发达国家的关系，重点是加入欧盟和北约，同时也重视发展同前苏联与保加利亚有传统合作关系的国家的关系，特别是经贸关系。这两个黑海沿岸小国在其外交政策上实行

---

① 高淑琴："俄土黑海地缘战略竞争新趋势分析"，《国际关系研究》，2014 年第 1 期，第 101 页。

② "Caglayan: Turkey Sees No Need for NATO Operation in Black Sea", *The New Anatolian*, 2 March 2006.

平衡外交，这是在大国夹缝中生存不得已采取的手段。它们对于俄罗斯黑海战略的挑战，本质上还是俄罗斯与西方国家的博弈。这两个国家与乌克兰和格鲁吉亚相比，对黑海局势的影响并不很大。

格鲁吉亚地处欧亚交界，是东西方（黑海和里海间）和南北交通干线的枢纽，是古丝绸之路和现代欧亚交通走廊必经之地，也是中亚地区向西欧国家输送石油、天然气及干散货最短的运输通道，地理位置和战略位置十分重要。但自1991年独立后，格鲁吉亚一直受到分裂问题困扰，其境内的阿布哈兹自治共和国和南奥赛梯自治州长期以来寻求独立，并与中央政府发生过武装冲突。阿扎尔自治共和国虽未宣布独立，实际上也不受制于中央政府。由于这些问题都与俄罗斯联系密切，所以该地区的不稳定因素直接影响到俄罗斯的安全。反之，俄罗斯也往往可以利用这些问题影响格鲁吉亚的内政和外交。2003年之前，尽管俄格之间会因为签证制度等问题产生矛盾，但总体上看，格鲁吉亚仍然属于俄罗斯的势力范围。2003年，格鲁吉亚发生了"玫瑰革命"，亲西方的萨卡什维利上台，格鲁吉亚迅速在政治、经济等方面转向西方发达国家，积极谋求加入北约。但由于其国内的民族问题和领土问题都没有得到解决，这成为其加入北约的制约因素。2008年，格鲁吉亚对南奥赛梯发起军事行动，意在消除这一障碍，但这引起了俄罗斯的强烈不满，双方遂于2008年8月发生战争。这次较量实质上还是俄罗斯与美国之间的博弈。格鲁吉亚对俄罗斯的地缘意义不言而喻，在俄罗斯眼中，格鲁吉亚的战略地位在于能够阻止土耳其对北高加索的影响，并防止其进入中亚，同时控制格鲁吉亚还能够遏制北约在此处扩张。[1] 早在2008年4月，俄罗斯联邦武装力量总参谋长巴鲁耶夫斯基在莫斯科曾说过，"如果乌克兰和格鲁吉亚加入北约，俄罗斯将在边境地区采取保障自身安全利益的行动。"而美国也将其作为欧亚大战略重要的

---

[1] "The Black Sea Region: New Conditions, Enduring Interests", Chatham House Report, 2009.

一环，是以美国为首的北约在黑海地区推广所谓西方民主的桥头堡。2008年的俄格冲突也可以认为是俄罗斯对西方释放的一个新的信号，即一改过去对西方的守势，变为对其反击的强硬政策。俄格冲突之后，格鲁吉亚的领土和民族问题依然是俄罗斯试图控制格鲁吉亚、抵制北约东扩的重要筹码，并以此使黑海东岸成为其战略安全的底线。

以1991年8月乌克兰政府发表国家独立宣言，正式脱离苏联为标志，乌克兰结束了长达337年和俄罗斯的结盟，首度实现了国家的真正独立。这同时也标志着黑海地区的地缘战略状态发生了极大的改变。[①] 乌克兰在黑海北岸拥有2782千米的海岸线，其独特的地缘位置被欧洲和俄罗斯视为战略要地。对于俄罗斯来说，失去了乌克兰，就意味着它将因为与欧洲直面接触、缺失战略纵深而产生不安全感。更为重要的是，乌克兰的独立使俄罗斯失去了一半的黑海舰队及重要的港口和军事基地，而失去克里米亚则让俄罗斯丧失了其在黑海的主导力量。尽管乌克兰同意租给俄罗斯塞瓦斯托波尔港供其黑海舰队使用，但这里面的不确定性使俄罗斯并不放心。1997年两国达成协议，规定黑海舰队驻扎时间截止到2017年。2004年，乌克兰发生"橙色革命"，亲西方的尤先科上台，俄乌关系出现不少矛盾。特别是2008年俄格冲突之后，尤先科声援格鲁吉亚，更是为黑海舰队进出塞瓦斯托波尔基地"设障"，甚至打算要从2009年1月1日起，把黑海舰队基地的年租金从9800万美元提高到25亿美元。乌克兰的这些做法是俄罗斯无法接受的，双边关系一度跌至冰点，直到2010年亚努科维奇担任总统，俄乌关系才得以缓和。由于亚努科维奇总统亲俄，因此在他执政期间，俄乌两国高层互访不断，在天然气供应、黑海舰队等关键问题方面均达成一致。乌方还承诺

---

① Duygu Bazoglu Sezer, "The Changing Strategic Situation in the Black Sea Region", www. bundesheer. at/pdf_ pool/publikationen/03_ jb00_ 26. pdf.

将黑海舰队在塞瓦斯托波尔港的租期从2017年延长至2042年，而俄方则在天然气等方面给予乌克兰更多优惠。但是好景不长，2013年乌克兰爆发了大规模反政府示威，形势急转直下，并迅速酿成了政治危机，亚努科维奇被迫出逃。乌克兰东部俄罗斯聚居地区要求脱离乌克兰，克里米亚则正式宣布脱乌入俄。目前虽然产生了新政府，但乌克兰东部地区的混乱还没有结束，危机的前景也并不明朗。因此，乌克兰困局一方面的确搅动着黑海地区的安全形势，另一方面也使俄罗斯在黑海地区因获得克里米亚而获得了实实在在的战略利益。2014年5月，在检阅完莫斯科红场阅兵后，普京来到刚刚归属俄罗斯的克里米亚港口城市塞瓦斯托波尔，检阅了驻扎在此的俄罗斯黑海舰队。塞瓦斯托波尔作为俄罗斯黑海舰队的基地，不仅是俄重要的军事战略要地，而且也承载了许多俄罗斯人的历史记忆和民族精神，就如普京所言，"这里（克里米亚）的每一个地方对我们来说都是神圣的，是俄罗斯军队荣耀与勇气的象征"。当普京宣布接纳克里米亚，俄罗斯再也不需要为塞瓦斯托波尔付租金之时，这对俄罗斯来说可谓是一种现实和精神的双丰收。但同时这也激化了俄罗斯与西方国家的矛盾，并且加剧了乌克兰新政府要求加入北约的决心。2014年12月29日，乌克兰总统签署了一项放弃乌克兰不结盟政策的议案，并且暗示乌克兰在寻求加入北约前会举行一场全民公决。这些对于俄罗斯绝非福音。

在地区内部还有一股势力也不断挑战着俄罗斯在此的地缘安全，那就是俄罗斯在黑海地区还必须面对南部极端伊斯兰主义扩张的问题。随着俄罗斯穆斯林人口的扩张，越来越多的伊斯兰极端分子渗透到俄罗斯的南部边缘地区和黑海沿岸，支持分裂势力和恐怖活动。这种形势在中东变局之后严重恶化，俄罗斯在相当长的时间内不见得能够彻底根除这股势力，因此这也是俄罗斯黑海战略必须要面对的问题。

（3）俄罗斯的战略应对

通过对黑海地区内外因素的分析，一方面不难看出俄罗斯在实施其黑海战略的过程中困难重重，阻力很大；另一方面也显示出俄罗斯积极施展其黑海战略的必要性和紧迫性。从大战略角度来看，俄罗斯对黑海地区的态度以2008年俄格冲突为标志，出现了由被动防御到主动应对的转变，其直接诱因是以美国为首的西方国家已然触动了俄罗斯的地缘战略红线——格鲁吉亚和乌克兰。换言之，这种转变也可以说明俄罗斯在黑海的地缘战略方面是分层次的，大体看来有两环：第一环是黑海西部和南部地区，该地区主要以合作为主，即使出现矛盾，也尽量用经贸和外交手段加以解决，比如俄罗斯与土耳其、罗马尼亚和保加利亚的关系，常常是以能源合作和经贸往来为主；第二环是黑海北岸和东岸，即格鲁吉亚和乌克兰，这一环是俄罗斯最为直接的战略边境，被俄罗斯视为自己的势力范围，并坚持认为俄罗斯应该主导这里的局面，因此俄罗斯往往会因边界、民族等问题主动介入这些国家的事务。普京就曾明确提到，"对于俄罗斯，乌克兰永远不可能只是另外一个国家而已……基辅罗斯是我们共同的源头，我们无论如何也不能缺了对方"。而这一区域也往往是俄罗斯与西方博弈的核心，当双方的矛盾无法得到有效调节时，俄罗斯不惜付诸武力及其他非常规手段，俄格冲突和接纳克里米亚就是证明。从战略效果来看，俄罗斯在维护第一环的战略利益方面还是比较有效的，它和土耳其的合作极大地缓解了不少来自西方世界的压力，双方在捍卫黑海各项事务以及地区内部事务方面有很多共识，不少西方学者甚至称两国为"黑海垄断双巨头"（Duopoly）。至于俄罗斯在维护第二环的战略利益方面虽获得不少"实惠"，但未来走势如何还要拭目以待。以接纳克里米亚为例，德国曼海姆大学亚当·克劳斯（Adam Klaus）教授分析认为：俄罗斯吞并克里米亚就可以将自己的军事力量投射到更远的地方，比如射程范围400千米的伊斯坎德尔地对地战术导弹完全可以覆盖乌克兰整个南部地区

——包括一些像奥德萨、克里沃罗格和第聂伯罗、彼得罗夫斯克等地,以及摩尔多瓦大部,罗马尼亚和土耳其的黑海海岸线。其力量投射还可以通过部署在黑海的海、空军进一步延伸。[①] 然而西方国家对此的反应也异乎寻常的强硬,除了在外交方面不断对俄罗斯施压,还逐步加大对俄罗斯各方面制裁,致使俄罗斯经济遭受到严重打击。因此俄罗斯究竟在黑海地区的这些"实惠"能够带来怎样的长远战略意义,说到底还是取决于俄罗斯与以美国为首的西方国家的博弈结果。2015 年 7 月 27 日,克里米亚半岛港口城市、黑海舰队司令部塞瓦斯托波尔举行隆重的纪念仪式,庆祝俄国海军成立 319 周年。活动期间,俄罗斯总统普京强调,进一步加强黑海舰队部署是"特别优先"任务,并将"更新军舰,建立现代的军事基础设施和社会保障设施"。2016 年 9 月 14 日,俄罗斯武装力量总参谋长格拉西莫夫大将指进:"数年前黑海舰队的作战能力与土耳其在内的海军形成鲜明对比,当时有人说土耳其几乎完全是黑海的主人,而目前完全是另一种情况。"这说明,俄罗斯从地缘安全层面,已经做好了以从俄格冲突到乌克兰事件为契机的战略转型,即从单纯防御到积极应对,不断提升其在黑海地区的实力,并以此为盾,坚决抵制西方世界对俄罗斯的战略挤压。

2. 作为交通往来枢纽的黑海——能源的视角

2014 年 12 月 1 日俄罗斯总统普京访问土耳其时表示,俄罗斯将放弃通过黑海将俄罗斯天然气通往欧洲南部的"南溪"天然气管道建设项目,并计划从黑海修建俄罗斯至土耳其的输气管道。根据在普京访问期间俄气公司与土耳其 BOTAS 公司签署的经黑海向土耳其方向建设海上输气管道的谅解备忘录,该管道每年可输送天然气 630 亿立方米,其中 140 亿立方米输往土耳其,剩下约 500 亿立方米将

---

[①] Adam Klus, "The New Strategic Reality in the Black Sea", http://www.neweasterneurope.eu/interviews/1197 – the – new – strategic – reality – in – the – black – sea 2014.4.22

输往土耳其和希腊边境。俄方还承诺从2015年起对出口土耳其的天然气价格给予6%的折扣,并将出口量增加30亿立方米。土耳其经济学家和政治学家伊斯梅尔接受俄新社采访时称:"土耳其是天然气领域的可靠伙伴,一直按时支付天然气款,我认为俄罗斯对此表示珍视,采纳了土耳其有关向其提供天然气折扣和修建通过土耳其的新的输气系统的建议。这不是一时的决定,而是两国总统的战略决定,是俄土经过严肃洽谈后迈出的审慎的一步。"[1] 那么这里的战略究竟体现在什么方面? 2014年12月28日,俄罗斯天然气工业公司总裁阿列克谢·米勒表示,有"北溪"和跨土耳其管线后,"乌克兰作为中转国的作用会降至零。"结合乌克兰危机背景,我们不难发现米勒的说法也许就是其中的战略之一。而俄罗斯利用其能源优势不断获取在黑海地区的地缘政治利益也的确是其一贯做法,因此黑海地区又成为俄罗斯与黑海地区内外国家,特别是欧洲国家进行能源角力的场所。

  黑海地区毗邻世界能源主产区中亚、中东及里海地区,不仅在地缘战略上占据着重要位置,也是重要的能源产地及过境通道,其中与俄罗斯有关的石油管线有四条:连接俄罗斯管网的阿特劳—萨马拉管线、巴库—新罗西斯克管线、巴库—季霍列茨克管线,以及里海管道财团(CPC)管线,这些管道使俄罗斯在里海石油问题上占据着非常重要的地位。此外,俄罗斯还积极与黑海沿岸国家合作,加强对能源管线的控制。一是"蓝流"天然气管道。该管线于1997年开工,2002年建成并投入使用,由俄罗斯斯塔夫罗波尔边疆区的伊扎比利诺耶起始,跨黑海海底,经过土耳其北部港口萨姆松,终点为安卡拉。二是"南溪"天然气管道。该管道项目由俄气和意大利埃尼公司于2007年共同发起,计划于2015年底前建成,旨在将

---

[1] "俄欧'斗气'谁是最终赢家 普京'退'策赢空间", http://gz.people.com.cn/n/2014/1227/c344103-23363566-4.html.

俄罗斯天然气输送到西欧等地，但是正如上文所说，该工程已告破产。面对复杂的黑海地区地缘战略环境，俄罗斯充分发挥能源生产输出大国及能源管线过境国的优势，通过与下游能源过境国"斗气"、控制能源管线、推进能源合作等，来优化黑海地缘战略环境，变资源优势为战略优势。同时，基于重要的经济及战略利益，黑海地区的其他国家积极争取能源管线由自己国家过境，并利用自身的优势与俄罗斯讨价还价；西方能源消费国则加大对黑海地区的介入力度，通过与黑海地区其他国家的合作来减轻对俄罗斯的能源倚重。这种斗争在一定程度上使俄罗斯黑海地区的地缘战略环境更趋复杂，俄罗斯的能源优势反而使俄罗斯相对孤立起来。总体而言，黑海能源问题对俄罗斯虽然利弊兼有之，但俄罗斯在黑海地区的能源结构中依旧居于主动地位，俄罗斯利用能源优势相对优化了黑海地区地缘战略环境。

从战略需要出发，俄罗斯在无力完全掌控黑海地区时，十分强调黑海沿岸国家的地区内部合作与沟通，这也体现在能源战略方面。作为黑海经济合作组织的成员国，俄罗斯致力于加强在黑海经济合作组织中的地位，扩大作为能源大国对该组织的影响，并且推动对俄罗斯有切实利益的能源合作体系的建立。2007年6月25日，俄罗斯总统普京出席在伊斯坦布尔举行的黑海经济合作组织峰会。俄罗斯在这次黑海经济合作组织峰会上积极打能源牌，普京总统呼吁建立黑海地区统一的能源系统，保证该组织的能源供应，希望各国加强在能源方面的合作在。普京说："可靠的能源供应在黑海地区发展中扮演重要角色，因此，我们提议巩固黑海地区能源市场的稳定，这包括签订长期的能源供货合同。"普京还提到："所有人都非常清楚，巴尔干和黑海地区一直是俄罗斯利益攸关的地区。俄罗斯同该地区国家一直都拥有特殊关系。这种特殊关系包括政治和经济方面。这种特殊关系是建立在历史、种族和人文基础上的。所以，正在崛起的俄罗斯重返该地区，在该地区扮演更加重要的角色，这是很自然的。"可以看出俄罗斯明确表达了加强黑海地区能源合作的必要性，以及重返巴尔干半岛和黑海地区的决心。俄罗斯计划以能源为后盾，扩大在巴尔干和黑海地区的政治和经济影响。这样做的目的，一方面是为了抵消俄罗斯同欧盟关系变冷的负面影响，另一方面也是为了遏制高加索地区的分离主义倾向。随着黑海经济合作组织的各方合作越来越密切，黑海经济合作组织框架内的多边能源合作也趋于活跃。在黑海地区，充分挖掘黑海经济合作组织的潜力，加强黑海沿岸国之间的政治互信和维护地区稳定，促进形成良好的经济与投资环境，成为俄能源外交的主要任务。根据俄罗斯的倡议，黑海经济合作组织准备定期发布成员国能源战略报告，这将极大地推动"黑海能源圈"计划的实施。在俄罗斯的积极参与下，能源工作组在黑海经济合作组织的框架内发挥了作用。该工作组决定每年举行两次会议，讨论黑海经济合作组织各国都感兴趣的能源问题，并制定与之相关的计划建议。这些计划当中，要重点强调"黑海经济圈"计划，把本地区国家的能源体系联合起来。在黑海经济合作组织所有国家的参与下，设在萨洛尼卡（希腊）的黑海贸易与发展银行成立，该银行的成立对于能源计划的实施具有一定的积极意义。同时，地区能源合作中心的活动在黑海地区积极展开（该中心于1994年由希腊倡议，在欧盟主导和资助下成立，设在索菲亚）。根据协议，中心协调黑海经济合作组织能源工作组的活动。欧盟国家希望能够利用黑海经济合作组织和该中心的潜力，关注本地区能源合作。由此观之，黑海地区的能源合作，引起了欧盟的关注，说明了黑海地区能源合作有着较大的国际影响力。经过一系列努力，2010年11月8日至11月10日，首届环黑海能源论坛在罗马尼亚首都布加勒斯特召开。出席论坛的有罗马尼亚以及外国能源政策决策者、环黑海国家政府代表、公共能源管理部门代表以及诸多能源企业和意向企业。论坛总结了东南欧可再生能源发展取得的成果并展望了发展前景，同时探讨了促进可再生能源发展的模式，寻找可持续发展的机遇，并分析了发展中的障碍。此外，论坛还展示了在现有的法律框架下，在可再生能源利用领域里取得成功的部分案例。同时，论坛还将创造太阳能、风能、潮能、地热、生物原料及生物能源等领域的发展机遇。俄罗斯作为黑海经济合作组织的成员国，不仅积极参与黑海经济合作组织内部的工作，而且充分利用自身是黑海大国的优势促成了黑海能源圈的建立。黑海能源圈的建立对俄罗斯整合黑海资源，发挥对黑海地区的影响力会起到很大作用。乌克兰危机发生之后，种种能源合作因俄欧关系的恶化出现了一些变化，但俄罗斯一如既往的能源外交战略并未改变，俄罗斯向乌克兰追缴天然气费、威胁给欧洲国家"断气"，并与土耳其加强天然气合作就很能说明这一点。

3. 俄罗斯黑海战略的特点

当代俄罗斯黑海战略的形成和实施背景与沙俄和苏联时期已大不相同了，但回顾历史总有一些绝非巧合的要素影响至今，这些要素的核心在于黑海独特且重要的地缘位置。首先黑海是一个通道，不论是和平时期的商贸往来，还是战争年代的军事运输，这片海都能够迎来送往、沟通四方。其次，黑海又是一道屏障，在历史长河中，它无数次拦截下了侵略者的舰炮，又无数次成为被侵略者安全的盾牌。第三，黑海更是一个国家利益的角力场，沿岸诸国不断角力，俄罗斯和土耳其及西方诸国在此角力，时至今日仍然难分伯仲。因此黑海相对于各方来说更像是一个公用的缓冲区，各方都会把黑海作为保护自己核心权益的势力范围，对黑海地区的"得寸进尺"就能够进一步拓展自己国家的战略纵深。从沙俄到苏联，俄罗斯人的黑海战略重点是将其作为军事基地，试图将军舰开入地中海，包围东南欧，称霸整个欧洲，但是这个战略完全忽略了黑海的地缘特质，忽略了黑海地区复杂的利益纠葛，因此其目标尚未达成，自身安危反受其害。同样从历史来看，当俄罗斯处于颓势，西方敌对力量试图大军压境时，黑海却又变成了堡垒，守护着俄罗斯的安危。这并不是简单的"成也黑海，败也黑海"所能概括。关键在于黑海作为一个连接四方的水域，或是地区，它是不同国家的利益之所系，俄罗斯只有认清这一情势，并妥善处理各方利益，才能制定出、实施好自己的黑海战略。综合前文分析，所谓当代俄罗斯的黑海战略，更多地体现了一种务实的国家综合发展规划，具体说来有以下四个特点：

第一，俄罗斯黑海权益维度全面扩展。尽管早期争夺出海口，获得海上霸权地位的战略目标仍然存在，但已不是当代俄罗斯黑海战略的主要目标了。当代俄罗斯已将传统安全领域扩展到国家发展范畴，并希望用海洋事业的发展促进国家创新性发展。《2020年前俄罗斯联邦海洋学说》中将海洋利益具体界定为海洋主权、主权权利、管辖权，以及为公民和国家从海洋活动中获利创造的各种有利条件。其核心是海洋战略要为国家经济建设和社会发展服务，不但要为国家经济活动特别是海上经济活动提供安全保障，还要能够推动和促进国内经济的发展。俄罗斯积极支持由土耳其倡导建立的黑海经济合作组织的深远意义也是基于此。

第二，俄罗斯在黑海的安全战略针对性强，指向明确，即，坚决防止北约东扩，坚决维护其势力范围。作为一个有世界强国抱负的大国，面对美国等西方国家一以贯之的"弱俄"、"排俄"政策倾向，俄罗斯不得不进行有限反击，而海洋便是最为有利且安全的正面战场。

第三，俄罗斯黑海战略中能源外交色彩浓重。俄罗斯在黑海地区直接利用能源垄断政策的频度很高，并试图以此获取黑海地区地缘政治优势，增强俄罗斯在该地区地缘战略方面的影响力，甚至希望使黑海地区乃至整个欧洲能够妥协于它的地区战略。比如，在中东欧国家和前苏联加盟共和国，俄罗斯天然气公司就试图收购和控制该地区的天然气管道和能源基础设施，目的是为了垄断该地区的天然气出口和运输，使欧洲国家完全依赖俄罗斯的能源供给。加之此次乌克兰危机后，俄罗斯在能源方面的种种措施，我们可以明显看到能源外交在其黑海战略中发挥的重要作用。

第四，在俄罗斯黑海战略中土耳其亦敌亦友。历史上，俄土两国在黑海地区战事不断，冷战时期又分属不同阵营，但是两国始终都没有能在黑海地区取得绝对胜利。苏联解体以后，两国关系逐渐升温，特别是对于黑海地区，两国似乎找到了更多的默契。首先，土耳其扼守黑海海峡，俄罗斯需要由此进入地中海；其次，俄罗斯与西方国家交恶之后，天然气的输出需要途经土耳其，当然，土耳其也可以由此获利；第三，两国均强调黑海地区化，以便"双巨头"能够有效主导该地区事务，因而都不希望西方势力过多干涉黑海事务。所以对土耳其以友相待成为俄罗斯黑海战略的新特点。当然，作为北约国家的土耳其，在很多国际事务方面与俄罗斯并不是统一战线，而且土耳其对高加索和中亚地区日益增长的影响又令俄罗斯不满，因此双方最为恰当的关系表述应该是"亦敌亦友"。

## 结语

自"东方问题"产生以来，俄罗斯在黑海地区的战略挑战主要来自西方国家，沙俄时期如此，苏联时期如此，时至今日依然如此。因此，俄罗斯的黑海战略，无论是攻为主，还是防为主，主要还是针对西方世界。该战略一方面可以根据攻防转换窥探出俄罗斯的实力变化，另一方面则可根据攻防激烈状态来衡量俄罗斯与西方世界的矛盾程度。俄罗斯学者科布林斯卡娅（Irina Kobrinskaya）将俄罗斯的黑海战略分成了四个阶段：第一阶段（1991或1988—1995年）是各种民族冲突涌现时期；第二阶段（1995—2002年）是车臣战争的阶段，这是俄罗斯通过车臣战争看待黑海问题的阶段；第三阶段（2003—2008年）是"恢复"阶段，俄罗斯国力恢复，普京总统声称亚速海和黑海是俄罗斯具有重要战略利益的地区[1]；第四阶段（2008至今）是新的积极进行区域战略部署的阶段，其标志是俄格冲突。[2] 从乌克兰危机来看，俄罗斯黑海战略的"积极"色彩更加浓重，换言之，俄罗斯与西方之间的矛盾也激化到了苏联解体后最为严重的一次。

---

[1] "俄罗斯总统普京说黑海和亚速海地区是俄战略重地"，http://mil.news.sina.com.cn/2003-09-18/150374.html。

[2] Irina Kobrinskaya, "The Black Sea Region in Russia's Current Foreign Policy Paradigm", *PONARS Eurasia Policy Memo*, 2008, No. 41. http://www.gwu.edu/~ieresgwu/assets/docs/pepm_041.pdf.

# 第九章 俄罗斯的太平洋战略

## 一、俄罗斯太平洋战略的历史沿革

(一) 俄罗斯太平洋战略的决定因素

俄罗斯是一个传统的陆权国家,但在其本国发展扩张和世界格局不断演化的进程中,俄罗斯逐渐意识到海权的重要性。17世纪开始,俄罗斯已然确立夺取波罗的海、黑海、太平洋出海口的海上战略目标。经过3个世纪的复杂探索,俄罗斯已成为世界上陆地面积最大、海岸线最长的国家之一。[①] 一个国家战略的制定会受到不同因素的影响和制约,如地理条件、国家体制、社会变革、意识形态、国际环境、历史文化等等。在俄国不同历史时间点的海洋战略制定和其海洋战略动态沿革的过程中,其特殊的海洋地理环境和随国际体系不断变化的海上地缘环境,塑造了不同时期俄罗斯人对海洋的

---

① 俄罗斯陆地面积1700万平方千米,海岸线长3.88万千米(包括内陆海黑海和里海),所辖海域面积700万平方千米。

认知，影响了其海洋战略的制定。①

1. 孤立的地理位置与恶劣的严寒气候

俄罗斯主要出海口位于巴伦支海（北部出海口）、波罗的海（西部出海口）、黑海（南部出海口）、日本海（东部太平洋出海口）。由于俄罗斯陆地面积巨大，东部的日本海出海口与另外三个出海口地理上相隔甚远：俄太平洋舰队所在地符拉迪沃斯托克距离巴伦支海出海口的海上航程超过1万千米，距离南部黑海出海口的海上航程近3万千米。这样的地理位置，从俄罗斯整体海洋战略角度看，意味着其战略方向较为分散，而从俄罗斯太平洋战略角度看，则海上力量相对孤立。② 同时，与另外三个方向的温暖海岸不同，俄罗斯太平洋地区的严寒气候对其海上作业构成了障碍。俄罗斯太平洋大部分海岸线处于严寒地区，一年中有大部分时间属于封冻期。③ 这一因素使俄罗斯太平洋海岸的利用率大打折扣，被冰所困的海上航线也限制了俄罗斯海上力量的使用。

2. 得天独厚的资源禀赋

俄罗斯太平洋地区自然资源极其丰富，包括对俄罗斯有重要战略意义的油气资源、全俄最优的水生生物资源、以及丰富的林地资源和矿产资源。

目前远东太平洋地区已探明的天然气储量为14万亿立方米，主要分布在雅库特和萨哈林岛两大地区。石油资源也多集中在萨哈林

---

① 借用《世纪之旅——七大国百年外交风云》中罗伯特·莱格沃尔德的说法，笔者将俄罗斯历史发展进程分为"沙俄时期"、"苏俄时期"、"后冷战时期"（或称"新俄罗斯时期"）三个时期。

② 1915年日俄战争期间，由波罗的海舰队和黑海舰队抽调的太平洋第二、第三分舰队经7个月的航行驰援太平洋舰队，最终在对马海峡兵败于以逸待劳的日本联合舰队，几乎全军覆没。如戴维·费尔霍尔在《苏联的海洋战略》中所述，"这场失败并不能直接归咎于支援舰队用了七个月时间才驶到战场，而是暴露了俄国人从此以后一直企图克服的灾难性明显弱点——他们的舰队被分在好几个难以连接的水域里，过去是如此，现在也是如此。"

③ 以日本海为例，其北部（太平洋舰队必经之路）每年11月开始结冰，次年2月中旬冰区扩至日本海中部，5月份才完全融化。

岛上，探明储量为 1.8 亿吨，萨哈林岛近海大陆架中的石油储量为 50 亿吨。

太平洋北部海域属于世界海洋中的渔业高产区，占世界海产品产量的 40%。俄罗斯捕鱼业位居全球第五位，2013 年渔获量 430 万吨，俄罗斯政府计划到 2020 年该国渔获量提高至 500 万吨。[①] 俄罗斯太平洋地区是全俄最好的渔业基地，海洋鱼量占俄全俄海洋总鱼量的 90% 以上，捕鱼量占全俄捕鱼量近 65%。

俄罗斯远东地区的森林覆盖率为 45%，森林总面积达 2.806 亿公顷，占全俄森林面积的 31.1%，森林面积居各联邦区之首。俄罗斯远东地区的矿产资源也极为丰富，已发现和探明储量的矿物有 70 多种。在雅库特共和国西部有世界最大的金刚石矿，俄罗斯 84.1% 的金刚石资源集中于此。同时，远东地区也是俄罗斯重要的黄金产地，银储量在全俄处于领先地位。另外，俄罗斯 95% 的锡矿资源也集中在这里，钛矿石储量同样巨大且质量较好。

鉴于远东太平洋地区得天独厚的资源禀赋，该地区的领土安全便成为俄罗斯政策制定中需要考虑的头等大事和前提条件。而对这些自然资源最大限度的直接使用和间接利用也是俄罗斯国家资源（能源）战略中至关重要的课题。

3. 群雄环伺的地缘环境

对俄罗斯而言，除了严峻的地理状况之外，其太平洋地区的地缘环境可谓群雄环伺。俄罗斯太平洋舰队如要进入太平洋，必须首先进入日本海，再向南穿越朝鲜海峡，或向东穿越宗谷海峡或津轻海峡。然而，日本海的这三个海峡出口并不是俄罗斯独有（如图 1 所示）。

朝鲜海峡是联系日本海、东海、黄海的唯一海上通道，也是俄

---

[①] "俄罗斯捕鱼业位居全球第五位"，http://finance.eastmoney.com/news/1351, 20140928429165229.html。

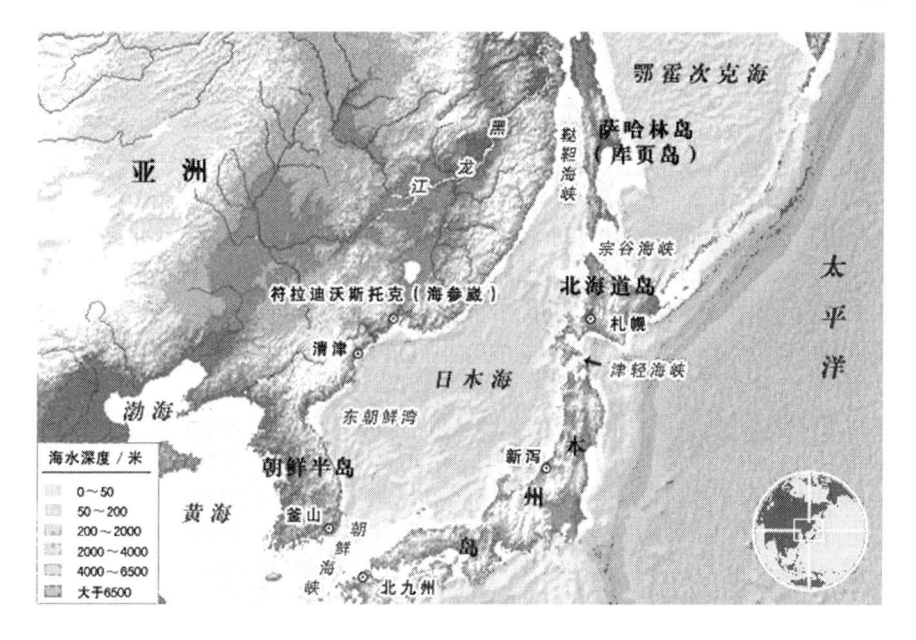

图1 日本海地图

罗斯南下太平洋的捷径，但它位于日本与韩国之间，并且是美国在20世纪80年代宣布的16条战时海上咽喉要道之一；津轻海峡沟通日本海与太平洋，是俄罗斯向东直接进入太平洋的通道，但却位于日本北海道与本州岛之间。显然，朝鲜海峡和津轻海峡这两条连接日本海和太平洋的海上交通要冲，战时可能被美国和美国盟友日本、韩国控制，而使俄罗斯因此陷于被动。只有在位于俄罗斯萨哈林州和日本北海道之间的宗谷海峡，由于俄罗斯拥有南千岛群岛的实际控制权，俄罗斯才拥有一定优势。可以想见，一旦俄罗斯与其他国家产生摩擦，这几条水路必将成为各国在东北亚争夺海上优势的重要海域。

俄罗斯在太平洋地区拥有其赖以生存的海洋资源，而严峻的地理环境和地缘环境也如鲠在喉般贯穿古今。正如罗伯特·帕斯特所言，"地理对俄罗斯的重要性超过大多数国家，他决定了俄罗斯的命运，俄罗斯边境的奇特作用即源于地理"。① 这些因素的多重作用也影响着俄罗斯太平洋战略的历史过程。

### （二）沙皇俄国对太平洋的战略认知及探索

俄罗斯有近四个世纪的帝国传统，时至今日也依然有着一定的帝国惯性。海权理论的创始人马汉认为，"特殊形式的政府和制度，以及不同时期统治者的特点，对海权的发展起到了非常明显的作用，"② 同样，俄罗斯不同时期统治者对太平洋的认识，决定着俄罗斯太平洋战略的制定。

彼得一世（1682—1725年在位）所言的"俄国需要的是水域"这句话被铭刻在他传记的扉页上。③ 在他登基初期，对俄国至关重要的出海口都不在俄国手中，在太平洋方向，阿穆尔河（黑龙江）出海口由中国控制。彼得一世认为，"凡是只有陆军的统治者，只能算有一只手，唯有同时兼有海军的统治者，才算是双手俱全。"④《彼得大帝遗训》⑤ 中明确描述了俄国以夺取出海口为核心的向海发展战略。马汉对此评述道："俄国不仅要获得更多更开放的海岸，也要通过直接占领或间接控制以染指其他遥远的海滨地区，来自这些地区的好处将促进整个帝国的普遍繁荣。"⑥

---

① 罗伯特·帕斯特：《世纪之旅——七大国百年外交风云》，胡利平、杨韵琴译，上海：上海世纪出版集团，2001年版，第172页。
② 马汉：《海权对历史的影响：1660—1783》，北京：解放军出版社，1998年版，第55页。
③ 马克思：《十八世纪外交史内幕》，北京：人民出版社，1979年版，第80页。
④ 1720年彼得堡版《海军条例》，转引自［苏］戈尔什科夫：《国家的海上威力》，上海：三联书店，1977年版，第5页。
⑤《彼得大帝遗训》是否真是彼得一世所留依然存疑。《遗训》的不完整文本于1812年首次问世于法国，1836年德文版问世后在欧洲引起轩然大波。根据1936年出版人的说法，《遗训》是法国间谍夏尔·德·博蒙于1757年在伊丽莎白·彼得罗夫娜的秘密档案中发现的。较为广泛接受的说法是，《彼得大帝遗训》是间谍博蒙或一位法国公使伪造的，主要用于法国反俄宣传的需要。但无论遗训是真是假，其战略计划却与沙俄日后的扩张策略惊人相似。
⑥ 马汉：《海权对历史的影响：1660—1783》，第32页。

在东向，俄国人早在17世纪就已开始了向太平洋的探索与扩张。1599年，俄国设置西伯利亚科，1614年升级为西伯利亚局。随着远东勘探工作的开展，东方入海口已基本清晰，俄国加强了对西伯利亚远东地区的控制，并开始大规模向亚洲东北、太平洋沿岸扩张。1632年，俄国在勒拿河中游的雅库茨克城建立据点。1645年，哥萨克人的据点沿勒拿河抵达北冰洋沿岸。1647年抵达太平洋海岸，并建立鄂霍茨克要塞。1649年，俄罗斯在太平洋建立了第一个海港——鄂霍茨克港。当沙俄扩张到阿穆尔河流域时，与正值鼎盛时期的清帝国迎头相撞。经过多次较量，两国先后于1689年和1727年签订了《尼布楚条约》和《恰克图条约》，沙俄止步于阿穆尔河流域以外地区。但即便如此，沙俄从未停止向太平洋的探索，彼得一世多次派出考察队到太平洋绘制航线图。1648年，航海家德茨涅夫发现了亚洲和北美洲之间的海峡和楚科奇半岛。1680年，彼得一世委派测量学家费奥多·鲁辛和伊凡·叶夫利诺夫测定亚洲和北美洲是否相连，要求他们在海图上标明所观察到的一切。1696年，探险家阿特拉索夫率领探险队到达堪察加半岛，并设立据点，开辟了鄂霍次克海到堪察加的海上航线。1705年，根据彼得一世"寻找新土地"的谕令，沙俄登陆千岛群岛。为开辟新通商航路，俄国组织了多次远航。1803年，由两艘船组成的远航队开始环球航行，此次远航以达成与日本通商为主要目的，起点为圣彼得堡的喀琅施塔得，向南经大西洋经合恩角进入太平洋，考察了千岛群岛、日本西海岸，进入印度洋，最终途经好望角回到大西洋，于1806年回到俄国。俄国远航船还于当年（1806年）到达澳大利亚，于1814—1816年勘探了阿拉斯加海岸，1815—1818年勘探了北极地区，还绘制了堪察加半岛和西伯利亚沿白令海海岸的海图，以及千岛群岛海图，详尽勘察了阿穆尔河河口。1819—1821年俄国进行了南极勘察，发现了南极圈内的首块陆地——彼得大帝岛。在1803—1849年间，俄国远航船队总共完成了36次环球航行。1858—1860年，俄国与日本签订通商条约，与中国签订《瑷珲条约》《天津条约》《北京条约》，获得阿穆尔河（黑龙江）以北、乌苏里江以东大面积领土，建立了符拉迪沃斯托克港。1891年在皇储尼古拉（日后的沙皇尼古拉二世）主持下，西伯利亚大铁路东段从符拉迪沃斯托克和车里雅宾斯克两个方向同时动工兴建。1896年俄国开始在朝鲜发展自己的势力与日本相抗，并签订了洛巴诺夫—山县协定（亦称1896年6月9日莫斯科议定书）。沙俄这一时期的扩张非常迅速，打开了一条通向太平洋的便利水路，找到了东方出海口。

俄罗斯处于被陆地包围的不利境地，因此俄罗斯有一种为获取通往世界主要海洋的出海口而不断斗争的内在动力。沙皇俄国对海洋两个世纪的探索影响深远，它避免了俄国被封锁在欧亚大陆上，使俄国从一个陆上大国转变为一个世界海上霸权的竞争者。

但沙皇俄国的海上力量发展也存在问题。首先，沙俄统治者对太平洋并不都有足够的认识，彼得一世、叶卡捷琳娜二世、保罗一世、尼古拉二世对太平洋有着较为深刻的认识和重视，但其他统治者都或多或少有着重陆轻海的思想。同时，由于太平洋方向离其统治中心过远，中央政令无法及时有效地传达至该地区，该地区较为落后的社会经济情况也无法获得中央统治精英们的充分重视。另外，沙皇俄国彼时羸弱的财政能力与其向海发展的雄心壮志也不匹配，其财政状况无法支撑各海区的海军力量同时同等发展。20世纪初，俄国在波罗的海、黑海、太平洋三面同时遭遇德国、英国和日本，三个海区独立作战舰队的扩建，以及西伯利亚大铁路的建设，分散了本就疲弱的资金，财政问题最终导致俄国决策层内部政策摇摆，战略规划很难统一。1904年日俄战争爆发，俄国惨败于日本，俄太平洋舰队和波罗的海舰队几乎全军覆没。此后，俄国在太平洋方向上采取的基本是防御性战略，海军被用来保护内陆领土的安全。

### (三) 苏联对太平洋的认识

1917年十月革命后，受制于匮乏的资源以及确保政权生存的需要，苏维埃俄国曾一度"放弃"海洋。1922年苏联建立后，在经济形势有相对好转的情况下，海洋战略才重新被提上国家战略日程，而此时的苏联海洋战略在很大程度上仍然延续了沙皇俄国末期的传统——近海防御。20世纪30年代，苏联通过第一、第二个五年计划恢复了国民经济，建立起了较强的国防工业。此时，苏联领导人认识到了海军对于苏联成为世界强国的重要性，在第二个五年计划中，苏联劳动与国防委员会通过了《关于1933—1938年海军建设》的决议。在这一时期，通过大力发展船舶工业，苏联的海军实力有了较大提升：1939—1941年，苏联海军水面舰艇总排水量增加了11万吨，潜艇总排水量增加了5万吨，海军航空兵飞机数量在1940年增加了39%，海岸防御火炮中队数量增加了43%。第二次世界大战期间，苏联依然坚持固有的陆权思想，这一时期的海军建设基本停滞，船舶工厂转而生产坦克等陆军装备，有限的造船能力也用来建设更多的轻型舰艇，以协同陆军作战，完成近海和大河的防御任务。第二次世界大战结束后，苏联对太平洋的认识上升到了新的高度。一方面，随着资源勘探和渔业捕捞技术的进步，苏联对海洋的认识更加全面，对海洋资源的利用也更加多元化。另一方面，随着美苏军备竞赛的开始，在太平洋海域与美国海军力量相抗衡，加强军事存在以保护苏联太平洋地区安全，成为苏联太平洋海洋战略的核心。

二战结束后，苏联面临的国际局势随冷战的开始而恶化。美国在太平洋地区与日本、韩国、泰国、台湾当局等一些国家和地区结盟，并在这些国家和地区设立军事基地，派驻了诸如美国海军第七舰队的庞大兵力。对苏联来说，美国及其盟友军力向太平洋的渗透，威胁着其远东太平洋地区的安全。在冷战的背景下，1955年，苏联政府确立了国家的海洋战略——建设强大的远洋导弹核心舰队。苏联军事家、曾任海军司令的戈尔什科夫曾说："苏联远洋舰队的建立，可以同不久前发生的许多对世界政治起决定影响的重大事件相媲美。"[①] 基于这一思想，苏联海军在20世纪60年代至70年代间的发展极为迅速。[②] 在太平洋方面，苏联力求打破以美国为首的资本主义国家从太平洋方向对苏联的围堵，排挤美国在太平洋的海上势力。1979年，苏联太平洋舰队的舰只数量相当于美国第7舰队的8倍，总吨位则是其2倍。在这一时期，苏联太平洋舰队的发展如日中天，总兵力达13万人，拥有各类舰艇700余艘，其中包括2艘攻击型航空母舰。另外，切断美国本土与东亚海上交通线，也成为太平洋舰队的海上模拟演习内容，演习区域到达马里亚纳群岛、夏威夷群岛及美国西海岸海域。

鉴于日本和韩国是美国在东北亚对苏联进行战略包围的前沿阵地，苏联太平洋舰队一直把突破日本海的朝鲜、津轻、宗谷三大海峡作为太平洋海洋战略的首要目标，以控制北太平洋和西太平洋的制海权。利用自身的优势，苏联太平洋舰队在上述三个海峡活动频繁。20世纪70年代后期，苏联每年通过三个海峡的舰艇数（不包括潜艇）平均在230艘左右。太平洋舰队更是长年在对马海峡部署侦察机和驱逐舰等舰只，监视美国和日本海军舰艇活动。同时，苏联坚持对南千岛群岛的绝对控制权，其用意一是向外以北方四岛为南下太平洋前哨，保证苏联太平洋舰队自由进入太平洋；二是向内将之作为天然海上要塞，把鄂霍次克海作为苏联内海加以保护。苏联还在北方四岛上建立了军事基地，使之与海参崴总部、萨哈林岛和堪察加半岛连接，形成联系紧密的远东太平洋军事基地网。利用这一基地体系，苏联得以全面控制日本列岛及其周边的津轻海峡、

---

① 戈尔什科夫：《国家海上威力》，上海：三联书店，1977年版，第457页。
② 1964年，苏联海军总吨位仅为美国海军的一半，为160万吨。而到了1978年，已经几乎和美国相当，为330万吨，美国为360万吨。

根室海峡、宗谷海峡、对马海峡和朝鲜海峡及整个日本海，进而掌握北太平洋和西太平洋的制海权和制空权。

20世纪70年代，苏联太平洋舰队派遣分舰队驻扎越南金兰湾，并在此修建海军基地。同时，利用与印度的准盟友关系，苏联太平洋舰队开始派遣军舰到印度洋定期航行。随后，苏联又先后在印度洋沿岸的也门、毛里求斯、安哥拉、莫桑比克建立了一系列的海空军基地，将波斯湾和马六甲海峡等关键航道控制在自己手中。此时的太平洋舰队是苏联四支舰队中活动范围最大的，由于苏联太平洋舰队的活动，此时的美国太平洋舰队，一度处于守势。

正在苏联太平洋舰队的发展如日中天之际，1981年的"图-104空难"使苏联太平洋舰队提前进入衰退期。在这次空难中，太平洋舰队的16位将领遇难，其中包括太平洋舰队总司令艾米尔·斯皮里多诺夫海军上将、舰队航空兵司令格奥尔吉·巴甫洛夫中将、政委弗拉基米尔·萨巴涅耶夫海军中将。这次非战斗减员堪比2000年俄北方舰队的"库尔斯克"号核潜艇沉没事件，但是它给太平洋舰队造成的影响却要大得多，[①] 使苏联太平洋舰队实力大伤。

20世纪80年代末至90年代初，苏联劳动生产率下降，国民经济积重难返，时任苏共中央总书记戈尔巴乔夫开始对政治、经济、外交、军事各个方面进行改革。在改革思想的指导下，苏联军事战略从过去的进攻型逐渐向纯防御型战略转变。苏联对海洋和海军的认识在这一时期也发生了重大变化，海军的战略使命由在海洋与美国争夺霸权逐步演变为海洋方向的战略防御，苏联海军的活动范围由远洋向近海和沿岸收缩，海军规模也不断减小。

---

① 苏联海军在第二次世界大战中一共只损失了4名将领。

（四）"新俄罗斯"的太平洋海洋观

苏联解体后，俄罗斯经济式微，政治混乱，军队建设停滞，军事实力大幅衰落。由于经费短缺，太平洋舰队无法维持训练，许多舰艇处于废弛状态，最终由于年久失修而彻底报废。1993年，在俄罗斯岛的俄罗斯太平洋舰队教练部队里甚至发生了海员死于营养不良的事件。到1996年，俄罗斯太平洋舰队削减了2倍的作战舰艇，舰队服役人员缩减了2.5倍。① 在这种情况下，俄罗斯在军事战略上基本上继承了"足够防御"理论和"纯防御"战略，俄罗斯海军成为只能在封闭海区执行单纯防御任务的舰队。但与此同时，美日韩军事同盟的强化使得俄罗斯的太平洋安全形势更加被动。

2000年在普京就任俄罗斯总统以后，俄罗斯对维护国家海洋利益日益重视，2000—2001年连发三份海洋战略指导性文件：《2010年前俄联邦海上军事活动的政策原则》（2000年3月）、《俄罗斯联邦海军战略（草案）》（2000年4月）、《俄罗斯联邦2020年前海洋学说》（2001年7月）。这表明了俄罗斯重返世界海洋，恢复海洋大国地位的决心。同时，"新俄罗斯"对海洋的认识更加理性和克制，更为全面地认识到了海洋资源对俄罗斯生存和发展的重要性。《俄罗斯联邦海军战略（草案）》认为，俄罗斯的国家海洋利益是由以下因素决定的：俄罗斯拥有极为漫长的海上边界，世界大洋拥有取之不尽、用之不竭的矿物、生物、燃料动力及其他资源，必须确保拥有通往这些资源的自由通道，以研究、开发和利用这些资源；在俄罗斯的沿海地带集中了相当大的工业潜力和众多的人口，俄罗斯及

---

① 曾服役于太平洋舰队的2艘航空母舰先后以极低价格被出售给韩国：1995年8月1日，"新罗西斯克号"航母以4.3亿美元的价格被出售给韩国，1997年在韩国拆毁；1995年10月20日，"明斯克号"航母作为解体舰以1300万美元出售韩国，韩国又于1998年以530万美元转卖给中国，后被改装成娱乐设施，现停泊于深圳。

其沿海居民的生产和生活要求海上货物运输和旅客运输、捕鱼、能源开采及其他形式的海上生产和经营活动不得受到干扰或中断；必须保证俄罗斯在世界大洋的各种活动顺利进行，必须巩固俄联邦在海上活动领域的国际法律地位。

## 二、后冷战时代俄罗斯太平洋战略的总体布局和战略目标

随着世界地缘政治中心也逐渐向亚太地区的转移，俄罗斯也愈加重视其远东太平洋地区的发展，并对其太平洋方向的海洋战略提出了更高更全面的要求。当前，俄罗斯较为全面和理性地利用了太平洋的通舟之便和鱼盐之利。由于国际形势波谲云诡，以及军事技术的不断发展，太平洋西北部（东北亚）主要国家海洋战略的首要目的仍是争夺海上军事优势，进而获取经济利益。俄罗斯始终重视海上军事力量的发展，以保护自身利益。

### （一）军事存在——俄罗斯太平洋战略的核心

俄罗斯太平洋地区与其国家政治经济中心相对隔离，人口也较为稀少，然而在这片区域内却蕴藏着极其丰富的资源。这样一种矛盾状态与亚太相邻国家快速发展壮大的经济和军事实力相结合，使俄罗斯对于其太平洋地区经济、人口、领土等安全问题非常担忧。[①]因此，军事存在以保卫俄罗斯太平洋地区安全成为俄罗斯太平洋战略的核心。同时，军事存在也是俄罗斯参与亚太事务的最佳切入点，

---

① 《Морская Доктрина Российской Федерации на Период до 2020 года》.

是俄罗斯亚太战略的重要抓手。①

俄国从17世纪开始向西伯利亚远东地区扩张,其地理版图在两个世纪中急速扩大,而在此扩张过程中,俄罗斯与中国、日本、朝鲜等亚洲国家因领土矛盾产生了诸多历史遗留问题。中俄两国在苏联解体后,通过谈判解决了所有领土争端和勘界工作,两国关系也持续升温。但一部分俄罗斯人仍担心中国崛起后对领土的索求。另外,远东地区俄罗斯人口外移的压力也是巨大忧患。俄远东地区经济发展水平较低,致使该地区人口大量移居至俄欧洲部分或海外,人口流失导致当地劳动力严重稀缺。俄日关系远不及俄中关系稳定,两国近代以来发生过多次战争和领土冲突。两国依旧有领土争端——南千岛群岛,这也是俄罗斯在亚太地区较为敏感的问题之一。作为二战遗留问题,俄罗斯视之为战后国际体系的重要组成部分,更加现实的情况是,南千岛群岛直接决定了俄罗斯能否自由出入大洋。对于与日本的领土争端,俄罗斯的态度坚决。2010年11月1日、2012年7月、2015年8月,梅德韦杰夫以总统或总理身份登岛。其间,俄国防部部长、副总理、总统办公厅主任等政府要员也先后多次登岛视察,折射出俄罗斯对岛屿主权立场的坚定。另外,日本作为美国亚太地区的坚定盟友是美国遏制俄罗斯太平洋战略的重要棋子,尽管美日安保条约是冷战的产物,但美日军事同盟并没有因为冷战结束而解体,相反却不断得到加强。在俄美关系紧张的岁月里,尽管俄日均无破坏双边关系的意愿,但这样一组双边关系也颇为尴尬和微妙,俄罗斯不得不防备日本对自己任何可能的威胁。

朝鲜半岛局势的不确定性也使俄罗斯保持警戒状态。一方面,在朝核问题中发挥作用(甚至是主导作用)是俄罗斯维护其在亚洲影响力,增强其在亚太地区话语权的重要砝码。另一方面,如果俄

---

① 《俄联邦2020年前海洋学说》中确定了俄罗斯与亚太地区国家的相关军事合作目标:加强与亚太国家在保障海上航行安全、打击海盗、毒品交易和走私、救援遇难船只、实施海上救生等方面的合作。

罗斯在朝鲜半岛局势中的影响力被削弱，那么在半岛局势陷入紧张且中美介入可能性极大的情况下，俄罗斯有被排除在地区事务之外的危险，进而在区域格局形成的过程中变得微不足道。这与俄罗斯力争成为地区乃至世界大国的战略目标背道而驰。同时，一旦朝鲜半岛局势恶化发生冲突，由于俄罗斯与朝鲜接壤，大量难民可能涌入看守薄弱、人烟稀少的俄罗斯远东地区，这将给当地带来不稳定因素。

俄罗斯在2000年普京执政后开始有针对性地强化海军建设，调整海军部署，建立起欧亚两方向并重的海军战略格局。2010年2月，俄总统梅德韦杰夫批准《俄罗斯联邦军事学说》，其中规定了俄海军的基本任务：保卫俄罗斯联邦主权、领土完整和不受侵犯；对抗海盗行为，保障航运安全；保障俄罗斯联邦在世界大洋经济活动的安全。太平洋舰队是俄罗斯亚太地区的武装力量，不仅在海洋战略中，在整个俄罗斯军事战略里，太平洋舰队都扮演着重要的角色。普京曾指出，太平洋舰队的战役地幅从非洲东海岸至美洲西海岸，占据世界大洋50%的水域，是保障俄罗斯在亚太地区民族利益和国家安全的主要工具。2012年5月7日，普京在就职总统当天签发总统令，把加强在远东太平洋海域的军事力量放在俄海军建设的首要位置，以维护俄在亚太地区的战略利益。俄罗斯太平洋舰队的主要任务是：保证俄罗斯核力量处于永久战备状态；保卫经济区及生产活动，抑制非法生产活动；保障航路安全；完成政府在世界大洋重要经济区域的外交活动（访问、公务进入、联合训练、维和行动等）。①

针对亚太地区的潜在安全隐患和政治诉求，俄罗斯逐步提升在太平洋地区的海军实力。主要举措有：加强战略遏制力量，将最新入役的"北风"级战略导弹核潜艇部署在太平洋舰队，从法国购买2艘"西北风"级两栖攻击舰（因乌克兰危机而取消）；优先完成该

---

① "太平洋舰队"，http://structure.mil.ru/structure/forces/type/navy/pacific.htm。

区重点部队换装任务，为堪察加半岛上的机步师换装极地作战装备，为南千岛群岛守军配备岸基反舰导弹，装备"道尔M2"防空导弹和"米－28"武装直升机等先进装备；在港口城市纳霍德卡部署S400防空导弹系统；加强相关演训力度，加强远程航空兵实弹演习强度。同时，俄还加强了海军航空兵电子战巡逻机对日侦察力度，并在堪察加半岛举行两栖作战演练和反登陆演习。

（二）太平洋海洋经济——远东西伯利亚开发的应有之义

俄罗斯太平洋战略的首要目标，是在加强俄联邦海洋活动的基础上，加快俄罗斯远东太平洋地区的社会经济发展。[①] 早在苏联时期，远东太平洋地区就是俄国海洋资源的重要产出地，苏联对远东地区最初的开发集中在渔业领域。[②] 如今，太平洋海洋经济产业在俄罗斯全国依然占有重要地位，得天独厚的海洋资源优势使海洋产业成为其经济发展的主要推动力，主要包括渔业、海运业、能源产业及北方航道。

1. 北方航道

北方航道综合开发是21世纪一项崭新的国际合作议题，不仅俄罗斯、挪威、加拿大、美国等北极国家首当其冲，一些非北极国家也同样兴趣盎然，如中国、韩国、日本、澳大利亚、意大利等。[③] 从21世纪初开始，俄罗斯已经积极参与到北极开发的过程当中，其中

---

[①] 《Морская Доктрина Российской Федерации на Период до 2020 года》

[②] 1942年1月6日，苏联人民委员会和苏共中央委员会颁发了《关于西伯利亚远东地区水域渔业发展》的政令，这是苏联针对远东地区开发的第一道直接命令。1948年10月4日，苏联部长会议下达了《关于发展远东渔业》的命令。上述两项命令是苏联最早对远东地区开发的政令，且均在渔业领域。

[③] 非北极国家在政治上积极响应北极开发的议程。如2013年5月15日，中国、印度、意大利、日本、韩国和新加坡成为北极理事会正式观察员国。同时，这些国家与北极国家一起讨论参与北极近海石油和天然气的开采事宜，组织北极科学考察团，在北方航道货运交通构建和实验航道建设中发挥作用等。

包括出台一系列基础性的战略文件，针对基础设施建设问题开展科学研究工作。北方航道开发现已成为俄罗斯最重要的国家发展战略之一。

俄远东地区地处北方航道东段，是当前俄罗斯北方航道战略的优先发展区域之一。俄北方航道的总体战略目标是通过北极水域的一系列商业活动为国家创造经济利益，其中包括石油天然气以及各类矿产资源的生产、科学研究、渔业捕捞、旅游、军事行动等。为实现这些目标，俄罗斯正在积极建造勘探、生产、加工、运输的设备，建设方便原材料、设备、人员沟通往来的交通基础设施和临时性人口和固定人口生产生活的社会基础设施。在众多战略目标中，获取北极大陆架的矿产能源是俄罗斯北极战略的首要目标，也是根本目标。俄罗斯近海海域现已探明的碳氢能源总共987亿吨，其中80%以上在北极海域（包括远东萨哈林岛）。目前，俄罗斯年石油生产达到1300万吨，天然气产量达570亿立方米。俄罗斯计划通过"近海开发项目"在2030年将石油、天然气产量增至6620万吨和2300亿立方米。[1]

北方航道连接西北欧、东亚、北美，是潜在的沟通全球主要发达国家最为方便快捷的"黄金水道"。它的另一重要功能即是海运业，其中包括沿海运输中陆地与海岛上的再补给；能源和原材料的对外输出；欧洲与亚太国家间的货物转运。2014年，已经有超过1050万吨货物通过北方航道或邻近地区运输。北方航道如果全线开通，世界贸易结构有可能被改变，新的世界经济政治格局也将形成，形成以欧洲、北美、俄罗斯为主体的环北冰洋经济圈。利用北极航道，东亚诸港经由俄罗斯远东太平洋地区到达北美东岸的航程将比巴拿马运河传统航线缩短2000到3500海里。如果这条线路开通，

---

[1] 数据引自俄罗斯远东海洋设计工程研究院院长雅罗斯拉夫·谢梅尼欣在"发展亚太最后的边疆：促进西伯利亚和远东开发中的国际合作"国际会议上的演讲。（符拉迪沃斯托克，2015年5月15日）

该航线上的必经之路——俄远东太平洋地区——将获得前所未有的发展机会。北方航道综合开发需要各个领域的国际合作，如在航道流域提供导航和水情测量支持、紧急情况营救；航道港口的建设开发；建造新的破冰船；提供水情和气象检测服务等等。

2. 能源

俄罗斯能源政策的重点领域涵盖全球、双边、地区和企业等多个层次，亚太（东北亚）国家在俄罗斯能源政策中的地位非常显著。[①] 俄罗斯西伯利亚远东地区储藏有巨大的油气资源，而在作为世界油气消耗高地的亚太地区，俄罗斯又是最为重要的能源输出国，这样的角色使能源战略成为其太平洋战略至关重要的组成部分。而出于政治和经济因素的考虑，推进与亚太国家双边和多边的合作又是俄罗斯能源外交的重要议程。"大规模地推进向东北亚地区提供石油和天然气的计划，在很大程度上既能解决远东和西伯利亚地区的经济发展问题，也能吸引东北亚国家，如中国、日本、韩国对俄罗斯能源基地的投资。"[②] 因此，《2020年前俄联邦海洋学说》明确了俄罗斯要加强探测和开发在俄联邦专属经济区和大陆架上的生物资源和矿产原料。[③]

俄罗斯太平洋能源战略目标主要有以下四点：

首先，通过与中、日、韩等亚洲国家之间的能源合作，加快俄罗斯的亚太一体化进程，并增强俄罗斯在亚洲的政治经济影响力。

其次，实现能源出口多元化是俄罗斯能源战略的题中之意。由于俄罗斯自身的产业结构，石油和天然气出口占到俄罗斯出口的67%和俄罗斯联邦预算收入的50%，其国家经济对国际能源价格高度敏感。长期以来，俄罗斯能源出口主要面向欧洲地区，这种对单

---

① C·日兹宁："俄罗斯在东北亚地区的对外能源合作"，《俄罗斯研究》，2010年第3期。
② 奥斯特洛夫斯基："俄罗斯远东和西伯利亚参与亚太地区经济合作的主要方向"，《东北亚论坛》，2000年第4期。
③ "Морская Доктрина Российской Федерации на Период до 2020 года"

一能源市场的依赖,极易受到当地能源市场供需变化和地缘政治形势的影响,从而损害俄罗斯国家经济环境。这一问题在2014年乌克兰危机及国际油价暴跌后变得更加紧迫。[1] 出于能源安全和经济安全的考虑,俄罗斯坚持油气出口多元化的方针。俄罗斯一直希望向南和向东出口天然气,东北亚国家将在俄罗斯油气出口的地理结构中占据重要份额。[2] 在这一大背景下,亚太地区对能源进口的巨大需求,以及当地相对稳定的政治局势和对俄关系,都对俄罗斯能源出口具有极大的吸引力。

第三,通过与亚太国家的能源合作,帮助弥补俄罗斯太平洋地区能源产业发展的资金和技术短板。俄罗斯远东太平洋地区的自然地理条件恶劣,油气开发勘探的技术难度大,经济能力有限,因此开发该地区能源产业迫切需要引进国外的资金和技术支持。在太平洋西岸的萨哈林岛大陆架上蕴藏着非常丰富的石油和天然气,出于能源供应多元化和能源安全的考虑,俄罗斯对这一区域油气资源的开采尤其重视。萨哈林一期项目和萨哈林二期项目,也是外国投资者首次成功参与俄罗斯油气资源中PSA(产品分成协议)项目的开发。

最后,借助太平洋地区能源产业的发展,带动整个西伯利亚远东地区的发展。俄罗斯远东地区的经济发展在全俄一直处于相对落后的位置,而无论是管道和油气田的基础设施建设,还是相关产业的开发,都将为俄罗斯远东地区创造大量的就业和投资需求,进而缓解俄罗斯中央和地方的财政状况,带动当地相关产业的发展,促

---

[1] 有关俄罗斯油气资源依附型经济和"俄罗斯病"的研究可参阅日本北海道大学斯拉夫欧亚研究中心教授田畑伸一郎:"俄罗斯油气资源依附型经济论析",《俄罗斯研究》,2010年第3期和久保庭真彰:"俄罗斯经济转折点与'俄罗斯病'",《俄罗斯研究》,2012年第1期。有关2014年乌克兰危机及国际油价暴跌后俄罗斯经济形势的分析可参阅杨成、华盾:"俄罗斯的石油诅咒",《中国石油石化》,2015年2月13日。http://www.chinacpc.com.cn/info/2015-02-13/news_1980.html。

[2] 《Энергетическая стратегия России на период до 2030 года》

进整个地区的经济繁荣和社会稳定。如萨哈林二期项目中的液化天然气项目是俄罗斯政府非常支持的项目，预算高达45亿美元。对俄罗斯太平洋地区来说，此液化天然气项目能够大幅改善当地的经济基础设施，促进当地经济社会的良好发展。

3. 海运业

在俄罗斯远东太平洋沿岸，从南向北分布着32个海港，其中商港22个，渔港10个，此外还有300多个泊湾。年货运量在100万吨以上的港口有滨海边疆区的东方港、纳霍德卡港、符拉迪沃斯托克港、波西埃特港，哈巴罗夫斯克边疆区的瓦尼诺港，堪察加州的彼得罗巴甫洛夫斯克港和马加丹州的马加丹港。

这些海港是俄罗斯陆海联运的重要枢纽，能够提高俄远东地区在亚太地区劳动力市场中的参与度[①]，在俄罗斯与亚太经济一体化中发挥重要作用，在俄远东地区经济发展中的地位也首屈一指。例如，符拉迪沃斯托克是远东联邦区滨海边疆区首府，也是俄罗斯太平洋舰队司令部所在地，是俄罗斯太平洋地区最重要的城市，它肩负着俄罗斯对外开放、招商引资的"核心"作用，是俄罗斯太平洋地区的窗口。俄国家杜马于2015年6月19日通过"符拉迪沃斯托克自由港"相关法案，预计2034年滨海边疆区地区生产总值将提高2.4倍（达到1.5万亿卢布），新增就业岗位47万个，"符拉迪沃斯托克自由港"将使俄远东联邦区地区生产总值增长34%。[②]

俄罗斯太平洋地区的经济结构以海洋产业为主，海港城市的发展相对突出，人口也因此向海港城市集中，这造就了该地区以港口城市为核心并向内陆辐射的地区经济发展格局。这样的几个核心除符拉迪沃斯托克外，还有马加丹、彼得罗巴甫洛夫斯克等海港。同时，俄罗斯力求最大化、最有效地使用区域内已有交通基础设施，

---

① 《Морская Доктрина Российской Федерации на Период до 2020 года》
② http：//minvostokrazvitia.ru/press-center/news_minvostok/?ELEMENT_ID=3373

通过跨西伯利亚枢纽，完成从东南亚、美国到欧洲国家间的货物转运。① 除此之外，随着萨哈林岛大陆架石油天然气的大规模开发和出口，萨哈林岛港口霍尔姆斯克港和科尔萨科夫港的运输地位正在逐步提升。鉴于油气资源开发及其出口，俄罗斯将继续全方位开发国内海运港口，并重点建设北方海域和远东海域（特别是萨哈林和千岛群岛）的沿岸港口基础设施和船队建设。

4. 渔业

俄罗斯太平洋地区有丰富的渔业资源，俄罗斯政府大力发展渔业，保护与开发并行。从2003年起，俄罗斯就已经在俄罗斯水域全面禁止工业打捞鲜鱼和黑鱼子。2008年，俄政府颁布一系列法令，对鱼产品进口实施更加严格的海关关税政策，其中包括提高进口关税，并阻止劣质鱼产品的进口。另外，俄政府也采取一系列具体措施促进渔业经济发展，如更新科研船队设备，进一步完善测定渔业资源储备状况的方法；在进行深加工的条件下充分利用原料资源；在有科学根据并充分考虑鱼产品市场需求状况的基础上，发展水产养殖业和海洋利用事业；对可在200海里范围内进行捕捞作业的俄罗斯船队设备进行完善；提高和利用对鱼类和海产品进行深加工的工艺和技术等。

（三）融入亚太区域一体化进程——俄罗斯"向东看"的当务之需

俄罗斯在太平洋方向除远东开发的国内议程之外，还包括融入亚太经济的国际议程，这一内一外的两项议程是俄罗斯太平洋战略中的一组双向维度。由于2014年乌克兰危机的爆发及其衍生效应，俄罗斯融入亚太这一议程被赋予日益重要的地位。事实上，俄罗斯

---

① 《Морская Доктрина Российской Федерации на Период до 2020 года》

对亚太地区的重视并非始于乌克兰危机。某种意义上，俄罗斯几乎与美国同步自 2009 年起开始"重返"亚太。中俄两国领导人于是年批准的《中国东北地区和俄罗斯远东及东西伯利亚地区合作规划纲要》可以看作俄罗斯"重返"亚太的标志。其亚太政策中不仅有通过军事存在维护国家安全的内容，还被赋予了新的内容——俄远东西伯利亚地区发展并融入亚太经济。这也成为俄罗斯当前的迫切需要和亚太政策的根本目的。

2010 年 7 月 2 日，时任俄罗斯总统的梅德韦杰夫在远东重镇哈巴罗夫斯克召开的"远东社会经济发展"会议上曾表示："推进与亚太地区的更紧密合作，有利于俄罗斯东部地区的发展……加入亚太地区的一体化，将为远东乃至全俄罗斯的经济发展提供巨大推动力。"2012 年 2 月，普京在竞选纲领性文件《俄罗斯与不断变化的世界》中，不仅把俄罗斯与亚太国家的关系放在俄欧、俄美关系之前进行论述，而且强调，俄罗斯要通过举办亚太经合组织峰会带动远东和西伯利亚地区的发展，并在更大程度上融入亚太地区充满活力的一体化进程，这标志着俄罗斯的亚太政策已上升到战略高度。在俄罗斯的外交序列中，亚太不再被当作对西方关系的抗衡和补充，传统的欧洲和西方中心主义也不再是主导俄罗斯外交的唯一因素。

1. 俄亚太一体化的意义

在俄罗斯看来，融入亚太经济进程对俄罗斯有着至关重要的意义。

其一，俄罗斯与亚太其他国家的互动，与其国内远东西伯利亚的发展相辅相成。俄罗斯重新崛起的一个关键点，就是要用东部地区的资源来完成俄罗斯再现代化的重任，而开发这个空间广袤、人口稀少的地区需要亚太国家的资金、技术及市场。目前，俄罗斯与亚太经济体之间的贸易额，占俄罗斯对外贸易总额的 12.5%。在 2014 年北京 APEC 会议工商领导人峰会上，普京表示，同亚太地区经济体的相互协作，对俄罗斯来说是战略性的优先方向。俄罗斯转向亚太的步伐正在加快，出口多元化及远东和西伯利亚地区开发的双重压力，都要求俄罗斯加速融入亚太经济。

其二，通过融入亚太经济进程，进而更大程度地参与亚太地区一体化，成为亚太区域治理的重要一员，构建其在地区事务和全球事务中的国际地位。亚洲国家在全球权力转移中，呈现出的新兴经济体群体性崛起的态势，但亚洲各国的发展模式各异，现有的区域治理机制呈现碎片化的特点，而俄罗斯多年在亚太地区处在"边缘化—被边缘化"的地位。面对这一问题，俄国学界和决策界认为，俄罗斯有必要在这一区域治理中发挥作用。乌克兰危机使俄罗斯与西方关系陷入冰点，但却加速了俄罗斯围绕亚太地区的战略规划，使其更加积极地融入亚太事务，在亚太地区激烈的地缘政治竞争中，发挥关键"第三方"的作用。

2. 加强与亚太各国的联系

乌克兰危机爆发后，亚太地区在俄罗斯外交中的地位被推升到一个前所未有的高度。俄罗斯也加强了与非西方国家的关系，在这其中，推动中俄更紧密的合作仍是俄罗斯的首要目标。2014年5月普京赴上海参加亚信会议时，与中国签署了天然气东线管道的项目合同，短短半年时间，11月份再赴北京参加APEC会议时，又与中国签订了多项天然气协议或备忘录，西线天然气管道方案基本大局已定。在北京APEC会议期间，"俄油"邀请中国石油集团购买万科尔（Vankor）油田的10%股份。在货币金融领域，2014年10月，俄罗斯与中国达成了3年期1500亿人民币规模的货币互换协议。11月的APEC会议上，普京宣布将扩大中俄能源贸易中的本币结算。同时，俄罗斯联邦储蓄银行与中国进出口银行、中国哈尔滨银行，以及中国出口信用保险公司在APEC框架下签署了总价值40亿美元的一系列合作协议。从俄中两国扩大本币结算、金融机构签署协议以及俄罗斯大量囤积黄金这一系列措施来看，俄罗斯正在试图逐渐减少对美元的依赖，以摆脱西方金融体系的束缚。

印度在俄罗斯亚太战略布局中也具有重要作用。俄罗斯有学者将"中国—俄罗斯—印度"的战略三角，看成是亚太地区安全体系中最可靠的基础。乌克兰危机爆发后，俄罗斯也加强了与印度在诸多互补领域的合作。2014年12月普京访问印度期间，两国在国防和太空等方面达成协议，并推进一些已有的合作项目。普京访印后不到两周时间，印度又向俄罗斯增购696辆T-90S坦克，以弥补该国仿制的该型坦克产量严重不足的空缺。另外，俄国已在帮助印度制造核潜艇。目前，俄印在军事领域签署和实施的合同总价值约为200亿美元，两国自1973年至2013年40年来的军事合作总额已超过650亿美元（中俄为314亿美元）。在印度面临能源危机的背景下，普京访印时又与莫迪签署了核电协议，俄罗斯将在今后20年为印度建造12座核反应堆。在天然气合作方面，印度公司作为萨哈林一期的投资方，有望进一步享受优惠待遇，从俄罗斯获得更多的油气资源。在石油合作方面，俄罗斯国家石油公司（Rosneft）与印度爱沙（ESSAR）公司也正在谈判，俄罗斯预计每年向印度供应价值50亿美元的1000万吨原油，供应期超过十年。对于俄罗斯而言，与印度的能源合作，也是意在冲抵西方制裁对其经济的负面影响，并为俄罗斯天然气资源寻找新的出口市场。

同时，加强与日本和朝鲜的关系也符合其远东和西伯利亚地区开发战略，更是俄罗斯发展向东转的必然要求。从东北亚的地缘政治角度出发，俄罗斯和日本、朝鲜等国之间彼此互有非常重要的意义。受制于美日安保条约，日本外交的战略回旋空间有限。虽然日本受美国要求加入了制裁俄罗斯的行列，但日本依旧不愿与俄交恶，还在通过一系列外交途径积极维系对俄关系。朝鲜也在和俄罗斯紧密接触，2014年5月，普京签署了批准取消朝鲜对苏联90%（总额为100亿美元）债务的法律。10月，俄罗斯远东地区发展部长亚历山大·加卢什卡表示，俄罗斯将帮助朝鲜重修约3000千米铁路，以换取在朝鲜开采矿产的机会。11月金正恩特使崔龙海访问俄罗斯。

对俄罗斯来说，从经济角度看，与朝鲜强化经济关系有助于俄远东开发；从地缘政治角度看，与朝鲜强化合作关系可提高在东北亚的存在感。俄罗斯加强与日本、朝鲜的联系，对于其延伸和巩固在亚太地区的地位有着非常重要的作用。

2014年底以来，俄罗斯亚太战略布局全面展开，除上述几个国家外，俄罗斯还与巴基斯坦和越南、泰国等东南亚国家加强联系。2014年11月，俄罗斯国防部长绍伊古实现了1969年以来俄（苏）军领导人首次对巴基斯坦的访问。2015年4月，俄总理梅德韦杰夫访问东南亚地区的核心战略伙伴越南。同月，梅德韦杰夫访问泰国，与泰国总理商讨与欧亚经济联盟建立自贸区及参与远东跨越式发展区的可能性，并在旅游、能源、打击毒品走私、卫生防疫合作等方面签署了合作协议。

## 结语

俄罗斯亚太海洋战略的根本目的是实现其"重返"亚太的战略目标：军事上维护俄罗斯太平洋地区以及整个亚太地区的安全；经济上，充分利用其太平洋海域资源，完成其远东西伯利亚开发和亚太经济一体化的双重任务；政治上，提升俄罗斯对亚太事务的参与度和话语权。

俄罗斯远东太平洋地区经济发展规划将给亚太地区的国家带来巨大的机遇。虽然俄罗斯远东开发一直处在"口号大于行动"的状况中，但在俄罗斯与西方因乌克兰危机而关系恶化后，发展远东太平洋地区与亚太国家的贸易联系已经成为俄罗斯未来经济发展的题中之意。

对于俄罗斯加强太平洋舰队以及在亚太地区加大军事部署等行

动,需要有客观的认识。首先,这是俄罗斯力争缓解苏联解体以来造成的衰落,也是俄罗斯自身实力上升的一个体现。其次,是俄罗斯出于自身防卫的需要,毕竟,俄罗斯在亚太地区还有着广大的远东和西伯利亚地区。第三,虽然俄罗斯大力加强太平洋舰队,但是俄罗斯的重点防御地区,仍然在西部。第四,出于军售的考虑,俄力争扩大与海军相关的军事装备向亚太地区的出口。

# 第十章　俄罗斯的波罗的海战略

波罗的海位于欧洲北部，属大西洋的一部分，向西经斯卡格拉克海峡与北海相连，向东延伸至芬兰湾，向北延伸至波的尼亚湾。

从地理上看看，波罗的海几乎被陆地包围，沿岸国家包括俄罗斯、芬兰、瑞典、丹麦、德国、波兰、爱沙尼亚、拉脱维亚、立陶宛，是欧洲重要的内海之一，更是联通西欧、北美与波罗的海地区国家的重要通道。从地缘政治角度看，本地区情况错综复杂，既包括欧盟成员国，也包括北约成员国，还有前苏联加盟共和国以及苏联的继承国——俄罗斯；加之军事、能源、航运等因素的作用，使之成为冷战后欧洲较为稳定却又充满潜在冲突危机的独特地区。

波罗的海对于俄罗斯的意义如何重视都不为过。在历史上，波罗的海是成就俄罗斯帝国的重要基石之一，莫斯科公国作为一个远离海洋的内陆国家，圣彼得堡是其扩张过程中取得的第一个出海口，波罗的海成为俄罗斯与西欧政治、经济、文化联通的重要通道，圣彼得堡与波罗的海承载着300多年的帝国雄心与辉煌记忆；在军事上，波罗的海从17世纪至冷战时期都是俄罗斯重要的军事战略地区，从北方大战到冷战时期与北约的长期对峙，俄罗斯对波罗的海倾注太多的心血，俄罗斯最早也是最重要的舰队之一——波罗的海舰队就驻防于此；在经济上，通过波罗的海沿岸的港口，经北海进入大西洋是俄罗斯内陆与西欧和北美地区最短的贸易通道，俄罗斯四成以上的贸易都经由这条水道。

苏联解体对俄罗斯带来的最直接影响是，国家边界一夜之间退回到彼得大帝时期。在波罗的海地区，俄罗斯不仅失去了爱沙尼亚、拉脱维亚、立陶宛三国，同时也失去了三国海岸线上诸多重要的港口、船坞和基地，只剩下了两个立足点——圣彼得堡和加里宁格勒。随着波罗的海三国加入北约和欧盟，加里宁格勒的地缘环境进一步恶化，但其战略重要性也随之提升。解体带给俄罗斯的另一个重要影响是，俄罗斯失去了向欧洲出口能源的直接通道。爱沙尼亚、拉脱维亚、立陶宛在1991年取得国家独立后，虽然俄罗斯保留了能源管道的所有权，但是波罗的海三国成为重要的过境国，俄罗斯需要缴纳各种过境费用，并且还面临过境费用提高的威胁，这对于财政收入高度依赖能源出口的俄罗斯来说如芒在背。此外，俄罗斯对经波罗的海通往北大西洋的重要航道也失去了原有的控制权。

鉴于历史、安全、经济等多方面的原因，俄罗斯在苏联解体后仍将波罗的海地区，特别是波罗的海三国视为有"特殊利益"的地区，给予了相当的关注和投入。因为本地区地缘政治情况错综复杂，俄罗斯采取了"分而治之"的方法，总体看来，缺乏综合性的外交战略。但不难发现，安全是俄罗斯在本地区的首要战略目标，包括：军事安全、能源安全、航运安全及波罗的海地区俄罗斯语族权利保障等。

## 一、俄罗斯波罗的海战略的"历史记忆"

波罗的海承载着太多俄罗斯的历史记忆，包括俄罗斯国家起源、俄罗斯与西欧国家的历史交往、沙俄帝国的荣耀、苏联与西方的对抗以及苏联解体所带来的"剧痛"。纵观1700年至1991年俄罗斯对波罗的海的战略，具有相当大的延续性：夺取与巩固西北方出海口，确保俄罗斯在本地区的特殊利益；维护俄罗斯西北地区的领土安全，抵御来自北欧、中东欧和西欧可能的入侵；保障俄罗斯通往西欧航运水道的通畅，促进贸易和经济交往，推动俄罗斯的经济发展等。

### （一）古罗斯与波罗的海

尽管俄国史学界对于罗斯起源还存在一些争议，但是"诺曼说"为学界和国际社会所广泛接受，即古罗斯国家是由瓦良格人（Варяги）建立的，而瓦良格人正是东斯拉夫人对公元8世纪至10世纪出现在东欧平原的诺曼人的称呼。根据古罗斯编年史《往年纪事》，古斯拉夫人从多瑙河流域迁徙至第聂伯河流域，部落之间相互攻伐不断。9世纪中期，部落首领们希望邀请一个有能力秉公办事的王公来管理他们，经过商讨，最后他们决定去找瓦良格人，即居住在斯堪的纳维亚地区的诺曼人。瓦良格部落首领留里克三兄弟接受了邀请，来到斯拉夫人居住的土地统治他们，建立了俄罗斯人历史上第一个国家——留里克王朝。[①]

反对"诺曼说"的人认为，《往年纪事》中关于邀请留里克兄弟来统治斯拉夫人的章节是编造的。但是从时间上来看，9世纪中期正是维京海盗侵扰欧洲沿海的时代。"Vikingr"源于古北欧语，意为在海湾从事某事的人，后被用于指代北欧海盗。8世纪中后期开始，北欧海盗开始侵袭欧洲大陆和英伦三岛的海岸。此后200年间，逐渐控制了波罗的海沿岸，其中一支横越波罗的海，顺内河向上征服俄罗斯，到达基辅，他们通过武力征服迫使斯拉夫部落向自己缴纳贡赋。维京人每年在固定的时间沿河流收取贡赋，然后将收取的贡赋运到君士坦丁堡进行贸易。随着贸易的发展，基辅、诺夫哥罗

---

① 详见［俄］拉夫连季主编：《往年纪事》，朱寰等译，商务印书馆，2001年版。

德等城市发展起来，形成了一个由贸易维系的、松散的城邦国家。[①]

13世纪，因为蒙古的侵袭，基辅罗斯逐渐衰落，大部分地区处于金帐汗国的统治之下，包括后来作为基辅罗斯继承者的莫斯科公国。俄罗斯与西欧、拜占庭等地的贸易也被切断。而诺夫哥罗德作为少数幸免的地区之一，保留并发展了基辅罗斯的商业贸易传统，形成了早期的市政长官、军事长官、市民议会等城邦共和国管理体系，有效地限制了王公的权力。诺夫哥罗德的商业发展与当时活跃于波罗的海的汉萨同盟是分不开的，汉萨同盟在诺夫哥罗德城内设立商栈，沟通了罗斯与中东欧、西欧的贸易。诺夫哥罗德的波罗的海贸易一直维持到1487年伊凡三世征服诺夫哥罗德，关闭汉萨同盟商栈。

（二）帝国扩张下的"海洋梦"

从时间上看，诺夫哥罗德的商业城邦共和国的兴起，比意大利早两到三个世纪，本有可能发展出类似于西欧国家模式的路径，但随着莫斯科的崛起戛然而止。很多历史学家认为诺夫哥罗德最终被征服的命运是不可避免的，因为共和国制度退化为寡头政治导致的精英内斗削弱了国家，被夹在逐渐强大的莫斯科和波兰—立陶宛王国之间，屈服不过是一个时间问题。

莫斯科位于基辅罗斯东北，远离国际贸易中心，自然条件恶劣。鞑靼人的入侵令基辅罗斯的人民开始向外迁徙。一路向西，迁往西布格河和维斯瓦和区域，这里是东斯拉夫人的发源地；另一路是向东北，迁往伏尔加—奥卡河地区，作为东北迁徙路径的第一个"休息站"，所以人口快速汇聚。与基辅罗斯和诺夫哥罗德不同的是，莫

---

[①] 详见 Stefan Hedlund, *Russian Path Dependence*, Taylor & Francis Group, 2005, pp. 26 – 32；曹维安与齐嘉的研究"'罗斯'名称的起源与古罗斯国家的形成"，也得出了相同的观点，载于《历史研究》，2012年第3期，第111—125页。

斯科公国的经济支柱不是贸易，而是农耕。莫斯科城所在区域四周没有自然壁垒，从诞生之日起就持续受到来自草原游牧民族的威胁和侵袭。蒙古人长达两个多世纪的统治，成为莫斯科人心中永远无法磨灭的"痛"，俄罗斯人将之称为"蒙古桎梏"。这两个原因迫使莫斯科公国不断地向外扩张领土，一方面，获得土地和人口是当时国家发展的主要手段，另一方面，只有获得广大的战略纵深和缓冲区，才能有效地保证国家安全，拿破仑和希特勒最终败在俄罗斯土地上就是最好的例证。与领土不断扩张相应的是，需要供养的军队越来越多，莫斯科也被锁闭在军费需求螺旋上升的模式中。而与拜占庭的贸易受到破坏，严酷的自然环境限制了农民过剩生产的能力，莫斯科长期缺乏资金。这要求莫斯科统治者建立一套能够进行强制资源动员的制度，从而最大限度地动员资源满足军事要求，这种发展模式的内在要求为专制主义制度的形成奠定了基石。对于安全的渴求以及强制资源动员的国家模式，逐渐深植入俄罗斯的政治文化之中，一直延续到苏联时期。曾经有西方学者说过，"苏联没有军工综合体，因为她本身就是一个军工综合体"。

　　通过不断地领土扩张，俄国奠定了帝国基础，但是这并没有促成俄国接过诺夫哥罗德的"接力棒"发展波罗的海贸易，反而进入了"自我封闭"时期。这主要是因为作为官方意识形态的东正教的影响。1054年，罗马教皇与君士坦丁堡大牧首正式决裂，由此天主教世界与东正教世界相互怀疑，并怀有敌意地相互封锁和划分势力范围。在东正教徒看来，西方天主教世界是"敌人"，逐渐发展出一种特别的仇外情绪，甚至对于汉萨同盟的德国商人也怀有很强的戒心。这段"封闭"时期，令俄罗斯错过了影响欧洲国家发展进程中最重要的三个阶段——文艺复兴、宗教改革、大航海。俄罗斯的政治、经济、文化、社会等方面的发展全面落后于西欧国家，直到彼得大帝时期才开始转变。而波罗的海正是彼得一世心中沟通俄国与西欧的重要通道。

从伊凡三世到彼得一世时期最重要的特征就是不断地战争。俄国在17世纪与波兰——立陶宛联邦、瑞典在争夺乌克兰、立陶宛和波罗的海东岸地区的多次战争中被击败。俄国军队装备落后、纪律散漫，到17世纪末时，已经非常急需进行军事改革了。1697—1698年，年轻的彼得一世隐姓埋名混在代表团中，游历西欧，看到大航海后工业发展给西欧经济和军事带来的重大改变，意识到俄国与西欧诸国的差距，以及海上贸易、工业发展特别是海军的重要性。并在回国后，一方面着手进行全面改革，另一方面制定了"夺取出海口"战略，目标瞄向了通往北大西洋的波罗的海与通往地中海的黑海。而此时，波罗的海以及大部分的沿岸地区都处于瑞典的控制之下。

1700年，在彼得一世的领导下，俄罗斯拉开了一场与瑞典争夺波罗的海出海口以及霸权的、历时近22年的"北方大战"。1703年，彼得一世在芬兰湾东岸、涅瓦河河口建立彼得保罗要塞，以抵御瑞典人的进攻，并在此基础上兴建圣彼得堡城。至此，俄国拥有了波罗的海出海口。随后，彼得一世开始在圣彼得堡修建船坞和海军基地，并缔造了俄国历史上重要的波罗的海舰队。1712年，彼得一世更是将首都迁往圣彼得堡，为俄国划定了一个"外偏的中心"，使俄国能够与周国保持直接的、经常性的联系，从而开启了俄罗斯的"海洋时代"。1710年，俄军成功占领里加和塔林。1714年，波罗的海舰队成功地在汉科半岛附近俘虏了瑞典海军的一支分遣队，这也是俄国海军建立后的第一次胜利。随后，俄国占领了芬兰大部。俄国建立起在波罗的海的霸权。

北方大战之后，瑞典与俄国为了争夺波罗的海及周边地区的霸权，断断续续地进行了多次战争，最后一次是1809年的俄瑞战争，俄国军队直逼斯德哥尔摩，迫使瑞典主动议和，双方签订《腓特烈港和约》，瑞典将芬兰和奥兰群岛割让给沙俄帝国。自此，至1917年，芬兰成为俄国的一个自治公国，并入俄国版图之内。瑞典也开始进入长时期的武装中立政策阶段。

自18世纪以来，波罗的海大部分地区长期处于俄国的实际控制之下，波罗的海水道也是俄国与西欧国家进行贸易、引进先进技术和设备，乃至受到西欧文化影响的重要通道。

(三) 苏联时期的波罗的海——冷战锋线

1917年，俄国爆发十月革命，退出了第一次世界大战。为了保护新生的苏维埃政权，布尔什维克被迫放弃了波罗的海三国、芬兰、波兰，暂时失去了对波罗的海的控制权。1930年代，希特勒主政下的德国走向法西斯主义，战争威胁步步趋紧。在与西欧国家建立集体防御的努力失败，英法将德国祸水东引的意图昭然若揭之后，斯大林转向与德国暂时发展友好关系，争取时间扩军备战。其中重要的一环就是通过《莫洛托夫—里宾特洛甫条约》与德国划分势力范围，构建东欧缓冲区，保护苏联西部边界安全。根据条约内容，波兰东部、芬兰、波罗的海三国划归苏联的势力范围。德国进攻波兰后，苏联也迅速向上述地区进军，获得芬兰部分领土以及汉科半岛租借权，爱沙尼亚、拉脱维亚、立陶宛并入苏联，成为苏联的加盟共和国。

然而，反法西斯同盟的"友谊"在战后因为政治制度、意识形态、经济发展模式等方面的差异和竞争，不仅没有延续，反而在世界范围内，特别是欧洲拉下了冷战的"铁幕"。而波罗的海地区也成为东西方两大集团对抗的"锋线"。

斯堪的纳维亚国家具有深厚的"中立主义"传统。第二次世界大战期间，虽然该地区国家严守中立，但丹麦和挪威仍被纳粹德国侵占。芬兰保住了国家独立，但被迫与苏联签订和约，割让领土。只有瑞典得益于中立政策，未遭到军事入侵，并且在战争期间分别与苏德保持了贸易关系。二战中的经历以及战后的国际格局，令斯堪的纳维亚地区在冷战期间形成了一种多样性的安全结构。

二战结束之初，瑞典、丹麦、挪威三国寄希望于美苏平衡，维持国际和平，努力充当西方国家与苏联之间的"桥梁"。尽管美苏对抗的局面已经形成，三国仍希望继续在美苏之间保持中立。但1948年捷克斯洛伐克的"二月事件"令三国意识到苏联已经成为它们的主要威胁，处于冷战"锋线"的瑞典、丹麦、挪威需要重新定位自身的安全战略。1948年5月末，瑞典提出"北欧防务联盟"的建议，希望北欧国家组成一个区域性防务联盟，在美苏两大集团之间继续保持中立。在二战中因中立政策而获益的瑞典希望三国组成一个独立的防务联盟，在斯堪的纳维亚地区推行中立主义，不想因为加入西方国家集团（后来的北约）会引起苏联的过激反应，同时保持自身的行动自由。而挪威认为三国的力量不足以维护三国安全，希望防务联盟与美国建立联系，以获得必要的军售；同时挪威在历史上曾长期处于瑞典的控制之下，因此担心中立性的防务联盟，会让瑞典获得过多的权力而损害自身的利益。所以挪威在加入西方集团还是建立北欧防务联盟的问题上举棋不定。丹麦处于战略要冲，对西方国家集团的御功性能力不确定，所以相对而言，丹麦对中立的北欧防务同盟更感兴趣。

1948年，为了遏制苏联势力在欧洲的东扩，增强欧洲国家防御苏联的信心，美国计划建立北大西洋共同防务。鉴于瑞典、丹麦、挪威重要的战略位置，美国力求吸收三国加入北约组织，以防止三国在苏联的压力下屈服。面对北欧防务联盟谈判，美国向瑞典施压，反对其中立政策，并加强对挪威和丹麦的影响，甚至以不向三国出售武器相威胁，令本就基础薄弱的北欧防务联盟计划最终落空。丹麦、挪威加入北约，而瑞典坚持维护自己的武装中立，引起美国的不满。

1948年4月，在"续战"中战败的芬兰被迫与苏联签订《苏芬友好合作互助条约》，在保有民主制度和市场经济体制的前提下，失去了部分独立性—芬兰对国内媒体涉及苏联的内容进行审查，未经苏联允许不得加入任何国际性联盟，支持苏联的国际政策，如发生欧洲战争要站在苏联一边。①

处于美苏集团对峙"前哨阵地"的斯堪的纳维亚地区的安全结构，呈现出多样性的特点，但这种多样性却形成了一种微妙的地区平衡格局，这主要得益于斯堪的纳维亚国家的中立主义战略和彼此之间的外交默契。挪威和丹麦虽然加入了北约，但其目的不是针对苏联，而只是为了维护自身安全，是防御性的策略。所以挪威和丹麦在冷战时期不允许北约在国家领土内建立军事基地，不参与针对苏联的军事演习，积极发展与苏联的外交关系。瑞典的武装中立政策在美苏之间取得了平衡，既可以从美国进口武器，又避免苏联因为担忧波罗的海局势威胁芬兰安全使瑞典失去缓冲区的情况。虽然斯堪的纳维亚国家的战略选择有所不同，但战略目标是一致的，即避免刺激苏联，实现"自保"。

尽管本地区维持了相对的平衡，但苏联从未放松警惕，波罗的海是贯通北欧的重要航道，更是苏联波罗的海舰队进出大西洋的必要"关隘"，是实现"南北夹击"，对北约形成"包围"态势的重要战略方向之一。为了应对美国以及其领导的北约在北大西洋组织的战略"封锁圈"，苏联将近一半的巡洋舰和一半以上的远洋护卫舰配置在波罗的海和北海。到1974年，该方向部署有苏联海军45%的主要水面舰艇和60%以上的潜艇。1960年代中期，苏联还在波兰、东德的重要海港建立一系列的军事基地，以配合加里宁格勒的波罗的海舰队以及华约在波罗的海建立的大型联合舰队，形成了华约在波

---

① 关于冷战时期瑞典、挪威、丹麦、芬兰的外交政策的论述，详见纪胜利："战后瑞典中立外交政策评析"，《北方论丛》，2004年第2期，第82—85页；扈大为："战后初期北欧国家安全政策调整"，《欧洲》，2001年第2期，第91—100页；丁祖煜、李桂峰："美国与北欧防务联盟计划的失败"，《史林》，2008年第2期，第140—149页；金日："从中立主义到后中立主义：瑞典外交政策之嬗变"，《欧洲研究》，2003年第1期，第110—120页。

罗的海五倍于北约的兵力优势。此外，苏联还将75%的造船能力和舰艇维修能力集中于波罗的海沿岸地区。1975年，还扩建了白海—波罗的海运河，将白海和波罗的海的航程缩短了4000千米，有效提高了波罗的海舰队与北海舰队相互支援的能力，也拓展了舰队通行的机动性。

在冷战时期，苏联的西北部地区的安全得到保障，其波罗的海沿岸地区的港口、码头、基地等基础设施和造船业得到了稳步发展。作为苏联重要的创汇来源，通过波罗的海向西欧出口能源产品的航运通道也确保了畅通。

## 二、后冷战时期俄罗斯的波罗的海政策

相对于大部分前苏联加盟共和国来说，爱沙尼亚、拉脱维亚、立陶宛是少数几个拥有独立国家历史的加盟共和国，并且在文化、宗教等方面相当接近于天主教和新教世界。三国对于1940年被"吞并"的历史记忆充满着苦涩和悲伤，不仅被强行并入，而且为了战争和治理需要，大量当地居民被迁徙到其他地区，甚至一些民族精英和普通人因为抵制苏联而遭到清洗。虽然苏共中央在战后的政治、经济、社会政策上向三国做出了较大倾斜，仍不足以抵消三国的离心倾向。当戈尔巴乔夫国内改革无法挽救苏联经济，政治控制力减弱，苏共权威受到损害的情况时，波罗的海三国的离心倾向再次爆发，纷纷脱离苏联而独立。

失去波罗的海三国令俄罗斯的边界"一夜之间"倒退了300年，海岸线大大缩短。加之失去对波兰和东德的控制，俄罗斯丧失了大部分在本地区的军事基地和船舶制造工业能力，军事能力和经济都受到了相当程度的影响。

## （一）地缘政治巨变下的波罗的海地区

苏联解体后，波罗的海地区的地缘政治情况发生了巨大的变化。首先也是最重要的，是爱沙尼亚、拉脱维亚、立陶宛加入北约和欧盟，令俄罗斯失去了重要的西部缓冲区，与西方在波罗的海地区直接面对；其次，东西德的统一，令德国成为除俄罗斯之外另一个波罗的海地区大国，其较为优越的经济和军事能力将在本地区发挥重要的影响力；第三，瑞典、芬兰加入欧盟，波兰加入北约，使波罗的海几乎成为北约和欧盟的内海，俄罗斯在波罗的海的立足点仅剩下圣彼得堡和加里宁格勒。上述重要地缘政治变化严重限制了俄罗斯在波罗的海的行动能力，其军事、能源、航运等方面的安全受到威胁；加之波罗的海地区对俄罗斯历史和经济的重要性，尽管地缘政治形势不利，但俄罗斯仍然视本地区为自己具有"特殊利益"的地区。

随着国内政治情况的变化，波罗的海地区南岸和东岸国家，特别是波罗的海三国在俄罗斯对外战略的定位中，也经历了从"近邻国家（前苏联加盟共和国）"到欧盟、北约成员国的变化；俄罗斯的波罗的海战略也发生了从1990年代"被动、妥协"到新千年"主动、进取"的转变。

1991年，俄罗斯正式脱离苏联成为独立国家，叶利钦满怀信心地向俄罗斯民众承诺，将在俄罗斯实现市场经济自由化和民主化，使俄罗斯成为一个"正常的国家"。随后，由叶利钦挑选的，以盖达尔为首的改革政府开始了轰轰烈烈的转型进程。然而，叶利钦与年轻的经济学家天真地认为，摆脱计划经济、解除管制后的俄罗斯与西方国家没有本质的不同，只要根据"华盛顿共识"，将西方的相关制度引入到俄罗斯就可以实现转型的成功，就像将"软件"安装到"硬件"上一样。为了获得西方在政治、资金、相关专业知识等方面的援助，叶利钦政府选择向西方"一边倒"的对外政策，强调俄罗斯的西方价值观取向，以及俄罗斯欧洲国家的属性，希望积极融入西方国家体系。但现实与设想差距甚远。一方面，1991年至1998年，俄罗斯经济不但没有恢复，反而趋向崩溃的边缘，恶性通胀长期肆虐，私有化进程造成国有资产大量流失和众多腐败行为，社会保障体系严重退化，犯罪发案率直线上升，休克疗法彻底失败。另一方面，叶利钦伸向西方的橄榄枝并没有得到回报，西方承诺的援助口惠而实不至，并且欧盟和北约趁俄罗斯虚弱之际大举东扩，压缩俄罗斯的生存空间。

叶利钦执政时期，政府的主要精力集中于国内改革，以应对糟糕的经济状况；对外政策上，一方面逐渐接受领土和势力范围发生变化的事实，一方面逐渐适应自己地区大国的"新身份"。因为整体战略方向是倒向西方，俄罗斯虽然对欧盟和北约东扩表示了不满，但没有什么过激反应。但是俄罗斯从未"甘心"离开波罗的海三国。三国独立后要求俄罗斯驻军撤回国内。1992年俄罗斯与三国开始就撤军展开谈判，但俄罗斯采取了拖延政策，提出诸多要求，如三国要帮助建造撤离部队所需的住宅，为俄军撤出的土地及留下的财产提供赔偿等。最终在西方的介入和压力下，俄军于1994年完全撤出波罗的海三国。

1994年，立陶宛申请加入北约，遭到俄罗斯的极力反对，认为波罗的海三国关系到俄罗斯的切身利益。但三国还是与东欧国家一起加入了北约伙伴关系计划。据美国前副国务卿斯特罗布·塔尔博特（Strobe Talbott）回忆，叶利钦曾在1997年的赫尔辛基峰会上要求时任美国总统的克林顿承诺北约不扩大到前苏联领土，但克林顿拒绝了。[①] 1996年的民意调查显示，93%的受访俄罗斯民众赞同，

---

① Marko Mihkelson, "Baltic – Russian Relations in Light of Expanding NATO and EU", p. 276, https://www.gwu.edu/~ieresgwu/assets/docs/demokratizatsiya%20archive/11-2_Mihkelson.PDF.

如果波罗的海国家加入北约，俄罗斯应当采取军事政治手段。

普京治下的俄罗斯一改过去倒向西方的外交战略，开始寻求东西方政策之间的平衡。综合来看普京的治国方略，即创造有利于俄罗斯经济、社会发展的周边与国际环境，通过国家现代化重振俄罗斯在多极国际结构中的世界大国地位。这既是普京作为一名政治家所特有的政治智慧和治国思想，也是经历国西方"诱骗"、"背叛"后俄罗斯民族和国家渴望成功，希望重铸国家辉煌的合理反应。得益于1999年国际原油价格的增长，俄罗斯的国力不仅得到了恢复，而且出现了快速增长，使俄罗斯在对外政策上更加自信，也开始着手恢复对传统势力范围的影响力。

从俄罗斯联邦政府公布的2000年、2008年、2013年《联邦外交政策构想》文件来看，俄罗斯外交的首要方向是独联体国家和其他前苏联地区。新世纪的俄罗斯面临着全球化、地区一体化、安全威胁多元化等挑战，特别是欧盟和北约的东扩大大压缩了俄罗斯的战略生存空间，令俄罗斯失去了与西方之间的缓冲区。通过各种手段恢复俄罗斯的传统势力范围，增加与西方在政治、经济、军事等方面竞争的"筹码"成为俄罗斯外交政策的优先项。波罗的海地区作为"俄罗斯有特殊利益"的地区也成为俄罗斯外交重点之一。

相较于冲突频发的中亚和高加索地区，波罗的海地区往往容易让人忽视，主要是因为：第一，波罗的海地区地缘政治情况较为复杂，反而形成了相对的稳定与和平；第二，随着波罗的海三国加入欧盟和北约，瑞典、芬兰加入欧盟，俄罗斯在本地区的政策经常被看作是俄罗斯对欧盟政策的一部分。从俄罗斯的官方文件来看，缺乏明确的波罗的海战略，这并不是俄罗斯不重视该地区，而是因为情况复杂，俄罗斯对该地区采取了"分而治之"的战略和政策，以维护俄罗斯在该地区的利益和影响力。实际上，波罗的海地区对于俄罗斯的军事、能源、航运安全都是非常重要的。

## (二) 分而治之的波罗的海战略

波罗的海十个沿岸国家，按地理划分，可分为北欧国家、波罗的海三国、中欧国家和俄罗斯；以所属国际组织划分，可分为北约成员国、欧盟成员国、俄罗斯；以安全制度归属划分可分为北约成员国、欧洲共同外交与防务政策成员国、中立国、俄罗斯；如果按照国家体量和影响力来划分，可分为地区大国——俄罗斯、德国，中型国家——波兰、瑞典、挪威、芬兰、丹麦，小国——爱沙尼亚、拉脱维亚、立陶宛。

从上述的多种分类，就可看出本地区地缘政治情况的复杂性。其他国家或者国际组织在不同的方面，对俄罗斯也有不同的意义。北欧国家是俄罗斯与西方联系的传统区域，冷战结束后，"俄罗斯开始学着尊重他们西北方的邻国，基本信任他们。"[1] 因为历史上瑞典、芬兰与俄罗斯的敌意已经消失；而丹麦、挪威与俄罗斯保持数百年的友好关系，虽然两国在冷战期间加入北约，但并没有采取针对苏联的行动。俄罗斯向市场经济转型，给北欧国家带了巨大的商机，他们看到了广大的市场和消费群体，发展与俄罗斯的经济关系是北欧国家与俄罗斯接近的首要驱动力。[2] 俄罗斯也借此机会获得北欧国家先进的技术和投资资源；利用与北欧国家关系的发展，保持波罗的海地区较为稳定的安全环境，从而保护俄罗斯的战略性资产，包括圣彼得堡、部署着海基核武器的科拉半岛、以及波罗的海舰队司令部所在的加里宁格勒；确保通过波罗的海海底的北溪管道的建设、

---

[1] Dmitri Trenin, "Russian Policies toward the Nordic – Baltic Region", *Nordic – Baltic Security in the 21st Century*: *The Regional Agenda and the Global Role*, Edited by Robert Nurick and Magnus Nordenman, Atlantic Council, 2011.

[2] 2013年9月瑞典乌普萨拉大学经济学教授、俄罗斯问题专家斯蒂芬·赫德兰与笔者交谈时，向笔者表达的观点。

运营顺利进行，将能源畅通无阻的直接输往德国。基于上述原因，俄罗斯领导人将北欧国家视为"有价值的现代化资源"[①]，因为在冷战结束后与北欧国家解决了很多关键性问题，包括与挪威在巴伦支海的划界问题；通过有效的沟通，缓解了芬兰、瑞典、丹麦对环境影响的担忧，推动三国同意北溪管道项目的路线；与挪威国家石油公司合作开发什托克曼气田；与挪威和丹麦在北极地区的环境保护、资源开发、领土划界等问题上积极合作。

德国与俄罗斯的历史联系源远流长，俄罗斯在政治、经济、文化、军事等各方面几乎都曾受到德国的影响。俄罗斯历史上伟大的"开明君主"——叶卡捷琳娜二世就出生在普鲁士。尽管二战中法西斯德国给俄罗斯造成了巨大的伤害，但基于德国正视历史问题的立场，以及重新统一后执行了积极的和平外交政策，德国与俄罗斯之间实现了和解。无论是在欧盟还是和北约内部，德国都主张与俄罗斯进行合作，维护欧洲的和平与发展；在东扩政策上，德国的立场也较为谨慎，避免刺激俄罗斯造成紧张局势。对于俄罗斯来说，德国发达的经济和先进的技术，都是本国实现现代化的重要资源。冷战结束后，德国对俄罗斯的投资和贸易都居于欧盟国家前列，甚至在波兰、波罗的海三国以及部分北欧国家反对的情况下，坚持与俄罗斯合作完成了北溪天然气管道项目。此外，德国还是俄罗斯重要的出口市场。所以，俄罗斯重视发展与德国的友好合作关系。不过，乌克兰危机使得俄德之间的关系直线下降。

波兰是俄罗斯陆上通往中东欧和西欧的重要通道，两国从16世纪开始就因为争夺对乌克兰、白俄罗斯的控制权积怨甚深，更是俄罗斯从彼得一世起扩展帝国疆域的重要目标。在著名的"彼得遗

---

① Dmitri Trenin, 2011, p. 49.

诏"①中，明确将分割波兰、占领波兰作为俄国的重要战略目标。波兰历史上三次被瓜分均是俄罗斯主导的。二战结束后，在苏联的扶植下，统一工人党建立社会主义政权，被纳入苏联的势力范围。瓜分的历史、卡廷森林事件的伤害等一系列原因，造成了波兰对于俄罗斯的"敌视"和警惕。东欧剧变后，波兰始终将俄罗斯视为最大的安全威胁，积极要求加入北约以获得安全保障。1999年，波兰成为第一批加入北约的原苏东国家。1994年至2000年，因为波兰公开支持车臣武装分子和以间谍活动为名驱逐俄罗斯外交官，两国关系一度恶化、紧张。虽然普京时期，两国因为经济交往和政治互访关系一度缓和，但是2008年的俄格战争和2014年的乌克兰危机，造成波兰对于俄罗斯潜在威胁的担忧再次加重，反复在欧盟和北约内部推动对俄态度和立场的强硬化。俄罗斯是波兰能源的主要供应国，波兰是俄罗斯输往中东欧国家原油的重要过境国（德鲁日巴原油管道）。俄罗斯一方面希望通过谈判手段，推动两国在能源问题上的合作与贸易，改善两国关系，确保输油管道的正常运行；另一方面，通过新的运输路径项目绕过波兰，从而减少对波兰的过境依赖。俄罗斯希望利用"软硬"两种手段向波兰施压，以减少波兰在欧盟和北约内部推动对俄的强硬政策。

波罗的海三国与波兰的情况类似，也因为历史原因与俄罗斯存在较深的矛盾，同时对俄罗斯的能源供给具有较大的依赖性，通过加入北约抵御俄罗斯的安全威胁，维护国家的独立地位。爱沙尼亚、拉脱维亚、立陶宛作为波罗的海沿岸国家，境内有许多优良海港，是连接俄罗斯与北欧和西欧的重要通道，历史上是北欧国家与俄国争夺的战略要地。18世纪初，在俄国与瑞典争夺波罗的海出海口和波罗的海霸权的北方大战中，爱沙尼亚和拉脱维亚被并入俄国领土；

---

① 虽然"彼得遗诏"是否是彼得一世去世前留下的在史学界还存在较大的争议，但其内容与彼得一世去世后200年的俄国国策基本一致，在国际学界对俄国史和外交政策的研究中被大量使用。

18世纪末、19世纪初，立陶宛被并入俄国领土。一战至二战之间，三国获得了短暂的独立，分别建立了自己的国家。但是二战爆发后，根据《莫洛托夫—里宾特洛甫条约》，三国成为大国秘密外交的牺牲品，被苏联并入，成为抵御法西斯德国入侵的重要缓冲区。为了更好地控制波罗的海出海口，斯大林将许多三国居民迁往苏联内陆地区，一些政治和文化精英遭到清洗，并迁入大量俄罗斯语族人口，这些都成为波罗的海三国难以磨灭的痛苦记忆。苏联解体后，历史问题也成为阻碍三国与俄罗斯发展双边关系的主要障碍。

波罗的海三国从体量和影响力上来说都是小国，获得独立后，如何应对俄罗斯所带来的巨大压力，成为三国政府重点关注的问题。与波兰相似，"在后冷战时代的战略选择中——平衡或者追随霸权国，波罗的海国家明显选择了后者，成为美国忠实的伙伴和盟友"。[①] 2004年，三国加入北约，获得美国的安全保证。然而波罗的海三国作为苏联重要的出海口，船舶工业基地，能源出口地，对于俄罗斯来说在后冷战时代仍具有重要战略意义。首先，波罗的海三国与俄罗斯西北地区相连，三国的独立使俄罗斯失去了重要的战略纵深和缓冲区，保持俄罗斯在三国的影响力对于俄国家安全来说具有重要意义；其次，波罗的海三国实际控制着本地区42%的货物流通，且主要是俄罗斯与其他独联体国家的贸易货物，确保地区航运的稳定对于俄罗斯与其他独联体国家的经济联系与整合十分重要；第三，三国是俄罗斯向西欧出口能源的重要过境国，俄罗斯内陆能源产地以及中亚能源产地通过管道、铁路、公路等方式将能源产品运抵三国港口，出口西欧国家，因此三国是俄罗斯能源战略中的重要一环；第四，波罗的海三国是经俄罗斯联通欧亚大陆的重要通道，三国的铁路线与阿富汗、中国和黑海港口相连，对于俄罗斯成为欧亚大陆

---

① Piret Ehin and Eiki Berg, "Incompatible Identities? Baltic – Russian Relations and the EU as an Arena for Identity Conflict", p. 10, https：//www.ashgate.com/pdf/SamplePages/Identity_and_Foreign_Policy_Ch1.pdf.

联通者的战略来说，十分有价值。所以俄罗斯始终将波罗的海三国视为自己具有"特殊利益"的地区。

但是因为历史、边界、能源，以及三国内大量的俄语族群等问题，波罗的海三国始终将俄罗斯视为自己国家最大、最直接的安全威胁。随着加入北约和欧盟，三国在组织内部推动欧盟和北约对俄罗斯政策的强硬化，三国与俄罗斯的双边长期处于相对紧张的状态，难以获得突破。2001年的民调显示，波罗的海国家与美国一起成为俄罗斯人心中最大的敌人。①

波罗的海三国指责二战中苏联的占领甚于德国法西斯的破坏，2005年，爱沙尼亚和立陶宛领导人不仅拒绝参加二战胜利日的庆典活动，而且宣称半个世纪前苏联的所谓"解放"实际上是占领和共产主义统治，致使俄罗斯取消与爱沙尼亚就边界达成的协议。② 2007年，爱沙尼亚政府决定将一座苏联时期的纪念碑从塔林市中心移到军队公墓，导致了大规模的骚乱，主要是俄罗斯族年轻人。俄罗斯政府做出了激烈的反应，指责爱沙尼亚赞美法西斯主义，要求现政府下台。双方的行动导致了双边关系危机，爱沙尼亚驻莫斯科大使馆被攻击，爱沙尼亚的信息基础设施遭到网络攻击。

为了摆脱对俄罗斯能源的依赖性，以及所带来的对三国对内政策可能的影响，三国积极支持欧盟加强共同能源政策与创建欧洲能源共同体的理念；并寻求与北欧和西欧能源系统相连接。为了保证俄罗斯能源过境带来了可观收入，削弱俄罗斯通过能源运输改道，波罗的海国家还曾经阻挠北溪管道项目对波罗的海海底进行勘测定位。

苏联解体后，波罗的海三国面临的一个直接问题就是存留的大量俄罗斯语族人口问题，在爱沙尼亚和拉脱维亚，俄罗斯语族群体

---

① Marko Mihkelson, "Baltic – Russian Relations in Light of Expanding NATO and EU", p. 275.

② Piret Ehin and Eiki Berg, "Incompatible Identities? Baltic – Russian Relations and the EU as an Arena for Identity Conflict", p. 4.

占总人口的三分之一。三国在独立后各自制定了国籍法，对俄罗斯语族群体的入籍程序制定了严苛的限制性条件；甚至在国内教育中，逐渐取消俄语教学；减少俄语媒体的传播和数量。从俄罗斯角度看，大量留存在波罗的海国家中的俄罗斯语族人口是影响、控制三国国内政策走向，维护俄罗斯利益的宝贵财富。普京政府还专门制定了"同胞政策"，以保持近邻国家中的俄罗斯语族对俄罗斯的忠诚。至关重要的是，《2020年前俄罗斯国家安全战略》规定莫斯科向他们提供保护。实际上，早在2000年，俄罗斯政府就宣称将保护俄罗斯公民和海外"同胞"的权利和利益。2020年前国家安全战略强调，把团结海外"同胞"作为实现俄罗斯外交政策目标的工具。[1]

对待波罗的海三国，俄罗斯的总体战略是维持对三国的有效影响，目标包括：防止北约在波罗的海地区部署军事设施；获得波罗的海地区一些关键性的基础设施；降低爱沙尼亚和拉脱维亚对授予俄罗斯语族公民身份的限制，增加俄罗斯语族在三国中的政治重要性；维护苏联在二战时期"解放者"的形象。

在政策手段上同时使用硬、软两种权力，保持对波罗的海三国的"高压"态势。在硬权力方面，首先加强加里宁格勒的军事战略重要性，在维持《欧洲常规武装力量条约》对军力限制的同时，加强武器装备的现代化，保证一定的军事威慑力；其次，通过制裁、禁运、提高定价等方式，造成波罗的海三国的能源脆弱性，并且通过能源运输改道，在减少对三国能源过境依赖的同时，加强俄罗斯使用能源手段向三国施压的能力；第三，通过大量的投资，掌握、控制三国境内的能源企业，增加俄罗斯通过能源游说集团影响三国国内议程的能力。

在软权力方面，俄罗斯通过创造、维持、支持对克里姆林宫友

---

[1] Agnia Grigas, "Legacies, Coercion and Soft Power: Russian Influence in the Baltic States", briefing paper, Russia and Eurasia Programme, Chatham House, August 2012, p. 11.

好的网络,介入文化、经济、政治领域;通过同胞政策,利用存留在爱沙尼亚和拉脱维亚俄罗斯族裔心中的苏联遗产,以及联系三国中通晓俄罗斯语言、文化的人们,来维持这个网络。

除了上述国家之外,波罗的海地区还存在两个重要的国际组织,即欧盟和北约。虽然俄罗斯对于欧盟和北约的东扩均表示了不满,但是在政策上有着明显的区别。俄罗斯从未排斥与欧盟的合作。欧盟作为当今世界一体化程度最高的地区组织,与俄罗斯有着许多"共同边界"。俄罗斯将欧盟视为自身现代化和转型的重要资源。虽然俄罗斯与欧盟在经济领域逐渐接近,但在基本价值观和法治方面均存在着持续的分歧;在欧盟扩大的情况下,俄罗斯维护自身利益变得更加困难。总体来看,合作是双方关系的主线。虽然俄罗斯将欧盟当作一个单独的实体对待,但更愿意与欧盟国家领导人一对一的交往,从而削弱欧盟的谈判优势;限制欧盟在后苏联空间扩大影响力;增加欧盟,特别新欧盟成员国对俄罗斯地缘经济和能源的依赖性。这种情况也体现在俄罗斯与欧盟在波罗的海地区的关系。俄罗斯对波罗的海地区欧盟成员国采取区别性的双边政策,希望通过分化他们,从而在欧盟内部推动有利于俄罗斯的政策。俄罗斯在本地区利用能源武器在欧盟国家中打入楔子——由俄天然气和德国BASF公司合作的北欧天然气管道,绕过了波罗的海三国、白俄罗斯、乌克兰、波兰,是直接连接生产国和西欧市场的第一条天然气管道;不仅增加了俄罗斯对西欧国家的影响力,而且还减小了对中东欧过境国的依赖。

从战略实施情况看,俄罗斯"分而治之"的战略取得了效果,欧盟内部,特别是波罗的海地区欧盟成员国之间,没有形成对俄罗斯的共同政策。但俄罗斯与欧盟在波罗的海地区的合作,因为战略目标的差异而难有所突破。欧盟制定并发布了"波罗的海地区战略"(EU Strategy for the Baltic Sea Region),并建议俄罗斯也应该制定自己在该地区的战略。但是,欧盟的波罗的海地区战略并没有询问俄罗斯的意见，因而很难包括与俄罗斯合作建设地区结构与项目的议程。在莫斯科看来，安全是该地区的首要议程，而在欧盟的战略中仅排在第三位，欧盟将民主化列在第一位。有学者认为，欧盟的波罗的海地区战略释放了两个信号：一是战略是欧盟的"内部事务"；二是战略的执行如果离开俄罗斯的参与将会非常困难。但是俄罗斯却被排除在欧盟波罗的海战略的"改善进入能源市场"的计划之外。[1]

相对于欧盟，俄罗斯对北约的政策显得更为直接和简单。苏联的解体未能换来北约的解散，北约反而在中东欧和波罗的海地区逐步扩大。尽管俄罗斯逐渐承受北约存在以及东扩的事实，但始终将北约视为主要的安全威胁。在波罗的海地区，对于波罗的海三国加入北约，俄罗斯曾明确表示这将被视为对俄罗斯国家安全的挑战；俄罗斯对北约在本地区的任何动作都保持了高度的关注。面对北约咄咄逼人的态势，俄罗斯不惜通过展示军事力量进行威胁。俄罗斯在本地区对北约的目标是：保持俄罗斯在本地区对北约的军事优势，防止北约在本地区驻军和建设永久性的军事设施，特别是防止北约和美国在本地区部署反导系统；保障本地区与俄罗斯西北地区的稳定与安全。

综上所述，波罗的海地区对于俄罗斯安全与经济发展具有特殊的重要性。鉴于本地区地缘政治结构的复杂性，俄罗斯采取了"分而治之"的战略，维持在波罗的海地区的影响力和控制力，保护俄罗斯在本地区的国家利益。其战略目标具有相当大程度的历史延续性和一致性：保护和巩固西北方出海口；保证俄罗斯西北部地区的安全；保障俄罗斯在波罗的海东岸的特殊利益；维护俄罗斯通过波罗的海与独联体国家和欧洲国家的联系与交往；确保波罗的海能源

---

[1] Sergey A. Kulik, "Russia in The Baltic Labyrinth", October 2013, http://www.insor-russia.ru/files/INSOR_RBL_eng.pdf.

运输和航运的稳定运行，促进俄罗斯的经济发展。这些战略目标分别体现在俄罗斯在本地区的军事、能源、航运政策中。

## 三、俄罗斯在波罗的海地区的军事、能源与航运政策

通过对俄罗斯波罗的海战略的分析，可以看出波罗的海地区，特别是爱沙尼亚、拉脱维亚、立陶宛三国对于俄罗斯的重要性分别体现在：首先，军事安全，北约和欧盟的东扩，使加里宁格勒成为俄罗斯在波罗的海最后的立足点，其作用更加重要，因为与北约在本地区直接面对；其次，能源安全，波罗的海三国是俄罗斯能源的重要过境国，扼守着俄罗斯向西欧能源出口的要道，苏联解体后，俄罗斯失去了大部分在本地区的能源输出口岸，还要负担三国收取的高额过境费，削弱了俄罗斯在本地区的影响力，保持和加强能源权力成为俄罗斯在本地区的当务之急；第三，波罗的海与沿岸港口是俄罗斯与其他独联体国家大宗货物进出口的重要水道，这对于希望加强经济联系，推动独联体国家一体化、巩固对后苏联空间控制力的俄罗斯来说，确保航运安全和畅通始终是重要的战略任务。

### （一）困境中的军事安全平衡

俄罗斯崛起于缺乏自然安全壁垒的平原地带，从诞生之日起就一直受到来自西部和南部的外族侵袭，其首都莫斯科就多次直接受到入侵者的攻击。面对西向和南向的平原地形，对外扩张、不断地扩大战略纵深是俄罗斯保证国家安全的重要手段。得益于这种战略纵深，曾经傲视欧洲的拿破仑和希特勒均在这片土地上折戟沉沙。

因此，东欧剧变和苏联解体对于俄罗斯的打击首先并且直接体现在国家安全上：俄罗斯的战略纵深一夜之间从奥得河—维斯瓦河一线退回到第聂伯河，300年的扩张付诸东流；俄罗斯的军事力量，包括军队、舰船、武器装备、基地遭到肢解。尽管俄罗斯曾希望通过独联体维系前苏联地区，但其松散的组织形式并未达成俄罗斯最初的目的，甚至从一开始就表明独联体不可能替代苏联，而且波罗的海三国拒绝加入独联体。俄罗斯在波罗的海地区剩下的唯一军事支点，就是波罗的海舰队司令部所在地——加里宁格勒。

俄罗斯曾寄希望于通过欧安组织，建立欧洲与俄罗斯之间的集体安全结构，但是北约不仅没有解散，反而逐渐扩充，特别是波罗的海三国加入北约，严重压缩了俄罗斯的安全空间。为了应对日益恶化的安全环境，俄罗斯将加强与独联体国家的联系，限制北约扩大作为外交战略的主要目标。早在2000年俄罗斯联邦政府发布的《外交政策构想》中，就明确表示"俄罗斯外交政策的优先方面，是保证与独联体国家进行的多边和双边合作符合国家安全的利益"；反对北约扩大，认为北约的政治和军事方针直接危害了俄罗斯的安全利益；着力推动集体安全条约组织的内部合作与发展；并专门指出，俄罗斯希望发展与爱沙尼亚、拉脱维亚、立陶宛的友好关系，但前提条件是三国要尊重俄罗斯的利益。[1] 上述原则在随后的2008年和2013年俄联邦外交政策构想中得到重申。[2] 在俄罗斯政府2010年5月发布的《俄罗斯联邦军事学说》中明确指出，尽管针对俄罗斯联邦、使用常规杀伤性武器和核武器的大规模战争爆发的可能性下降，但在一些方面，俄联邦面临的军事危险反而有所增强；俄罗

---

[1] "The Foreign Policy Concept Of The Russian Federation", June 28, 2000, http://fas.org/nuke/guide/russia/doctrine/econcept.htm.

[2] 参见"The Foreign Policy Concept Of The Russian Federation (2008)", 12 July 2008, http://www.russianmission.eu/userfiles/file/foreign_policy_concept_english.pdf;"The Foreign Policy Concept Of The Russian Federation (2013)", 12 February 2013, http://www.mid.ru/brp_4.nsf/0/76389FEC168189ED44257B2E0039B16D.

斯面临的首要军事威胁就是北约,"赋予北约军队全球性职能的企图,让其违反国际法,使北约成员国的军事设施逐步逼近俄联邦国界,方式之一便是北约东扩"。① 俄罗斯的批评和警惕直指北约在波罗的海三国的动作。

尽管苏联解体后,俄罗斯撤出了在波罗的海三国的驻军,但是又重新部署在加里宁格勒,这是波罗的海三国与俄罗斯关系紧张的重要原因之一。加里宁格勒与立陶宛西南部接壤,距离拉脱维亚、白俄罗斯和爱沙尼亚很近。加里宁格勒州约有93万人口,其中俄罗斯族占78%,白俄罗斯族占10%,乌克兰族占6%,立陶宛族占4%,德裔不到1%,没有出现民族关系紧张的情况。从经济上看,加里宁格勒长期依靠重工业、渔业和造船业。加里宁格勒高度依赖与周边国家的经济合同,特别是在立陶宛的伊格纳利纳核电厂提供了加里宁格勒80%的电力。一直以来,加里宁格勒都是苏联和俄罗斯至关重要的军事前哨。1994年,加里宁格勒被俄罗斯军方界定为"加里宁格勒特殊地区(Kaliningrad Special Region)",并作为第11独立近卫军(11th Independent Guards Army)和波罗的海舰队的司令部。苏联解体后,原波罗的海舰队的基地分属于拉脱维亚、立陶宛、爱沙尼亚,俄罗斯只剩下了加里宁格勒;同时也令俄罗斯失去了在拉脱维亚、爱沙尼亚的防空力量,因而令加里宁格勒的防空作用大大提升。总而言之,在苏联解体后,加里宁格勒的战略重要性对于俄罗斯来说更为重要。

俄罗斯在加里宁格勒拥有数万名地面部队和空军,装备有1100辆主战坦克、1300辆装甲战车、数十枚飞毛腿和SS-21地对地导弹、35架苏-27战斗机。这些武器中的一部分可装载核弹头。加里宁格勒是俄罗斯波罗的海舰队司令部的所在地,本地区两个重要的

---

① "The Military Doctrine of the Russian Federation 2010", 5 February 2010, http://www.sras.org/military_doctrine_russian_federation_2010.

俄罗斯海军基地之一，另一个是波罗迪西克（Baltiisk）。波罗的海舰队没有装备可搭载战略导弹的潜艇，但拥有32艘水面主战舰艇、超过320艘其他水面舰船、200架海军战斗机、9艘战术潜艇以及一个海军战斗旅。

军队对于加里宁格勒也是重要的。驻军雇佣的当地劳动力占总劳动力的10%以上。不管从战略上还是经济上，俄罗斯的军队对于加里宁格勒的未来具有决定性的作用。俄罗斯在加里宁格勒的驻军因为《欧洲常规武装力量条约》的限制，在1990年至1996年有所下降，驻军数量基本维持在6万至7.5万人之间。[1]

俄罗斯驻扎在加里宁格勒的军队是俄罗斯与立陶宛、波兰产生摩擦的一个原因。1997年立陶宛总理兰茨贝吉斯（Vytautas Landsbergis）宣称，由于"时代错误"造成俄罗斯在加里宁格勒集中驻军，对于立陶宛来说是一个"逐渐增大的威胁"，"对于整个欧洲来说都是一个问题"。立陶宛官员也利用俄罗斯在加里宁格勒的军事存在作为加入北约的原因。20世纪90年代初，波兰官员也表达了类似的观点。

对于波兰和波罗的海三国来说，加入北约，获得美国直接的安全保证，是应对俄罗斯军事威胁的有效方法。但因为俄罗斯的激烈反对，北约在2008年前对本地区的军事动作保持了克制；另一方面原因是以美国为首的主要北约成员国不愿意增加在本地区的防务责任，从而避免出现与俄罗斯的直接对抗，甚至是冲突。

2008年的格鲁吉亚战争引起了波罗的海三国和波兰的恐慌，他们呼吁北约保护自己免受俄罗斯的军事压力。2008年10月中旬，美国国防部和外交部的高级官员向美国驻北约代表团呈递了一份文件，列出了一系列波罗的海三国的担忧，要求美国的战斗部队永久性地

---

[1] 数据来源参见 Mark Kramer, "Kaliningrad Oblast, Russia, and Baltic Security", *PONARS Policy Memo 10*, Harvard University, 1997.

部署在三国的领土，加强三国的防空和反坦克系统，扩大海岸防御，定期与美国部队举行联合军演。立陶宛官员要求北约军事参谋人员制定应对计划，以履行北约宪章条款中对波罗的海三国的防御义务。[1] 但是德国认为此类应对计划是没有必要的，因为德国不希望破坏北约与俄罗斯的关系。但波兰和三国持续强调对俄罗斯威胁的忧虑。

迫于《北约宪章》的责任以及波兰和波罗的海三国的要求，北约的参谋人员在 2009 年 12 月和 2010 年 1 月将针对波兰的 "Eagle Guardian" 防卫计划扩大到波罗的海国家。这一动作实际上加剧了本地区的安全困境。作为回应，自 2010 年以来，俄罗斯模拟攻击波罗的海三国和波兰，举行了多次军演。

2014 年乌克兰危机和克里米亚事件的发生再次加剧了波罗的海地区的安全困境。2014 年 5 月 26 日，三国国防部长在塔林召开会议，支持在集体安全领域加强合作，确保北约在本地区的永久性存在；三国支持加强在波罗的海空域的空中监管；参与北约在本地区的军事演习；并宣布将于 2016 年在北约快速反应部队中建立波罗的海营，以发展在军事计划和统一行动方面的合作。三国还加强了制度性合作，如成立了波罗的海军事委员会（Baltic Military Committee）、波罗的海联合空域监视系统（Joint Baltic Air – Space Surveillance System）、波罗的海海军飞行中队（Baltic Naval Squadron）。

随着西方与俄罗斯的关系降入冰点，北约为了向成员国展示抵御俄罗斯的责任，在波罗的海地区举行了一系列的军事演习：2014 年 6 月 9 日，由美国和欧洲主导的，主要针对波罗的海国家防御的军事演习揭开大幕，此项由多国参与、多层面开展的军演将长期存在。2014 年 5 月，"铁狼"军事演习在立陶宛开始，1500 名立陶宛

---

[1] Mark Kramer, "Russia, the Baltic Region, and the Challenge for NATO", *PONARS Eurasia Policy Memo No. 267*, Harvard University, July 2013.

士兵和其他北约国家士兵参与演习。此外，由波兰发起的"春暴/坚定标枪（Spring Storm/Steadfast Javelin）"演习在爱沙尼亚举行；"炎之剑2014（Flaming Sword 2014）"年度特种部队联合军演在立陶宛和拉脱维亚举行。

为了向国人证明俄罗斯维护国家安全的决心，俄罗斯波罗的海舰队的三艘军舰悄然驶近立陶宛海域，俄空军战斗机也多次闯入波罗的海三国空域，俄罗斯与加里宁格勒之间的过境飞机也引起了三国的担忧。俄罗斯还单方面停止了与立陶宛的武装力量信息交换。2014年10月，久未出现状况的瑞典海域发现外国潜艇活动，尽管俄官方予以否认，但西方观察家认为就是俄罗斯潜艇在这一水域活动。2015年，针对美国提出的向波罗的海三国驻军的计划，俄罗斯表示作为报复，将在加里宁格勒、俄罗斯靠近乌克兰和立陶宛的边境部署"伊斯坎德尔"导弹，并增加在白俄罗斯的驻军。

北约与俄罗斯在波罗的海地区的针锋相对，加剧了地区的安全困境。但从情况的发展轨迹来看，本地区短期内没有爆发战争的可能性。对于俄罗斯而言，其目标还是集中于维持俄罗斯对后苏联空间的控制，保护国家安全，争取西方对俄罗斯利益的尊重。所以，俄罗斯不大可能会在波罗的海与北约发生冲突。对于北约来说，波罗的海地区是与俄罗斯进行交往的重要通道，保护地区的稳定符合北约的利益。特别是因为经济危机，2012年三国的国防预算进行了21%到36%不同程度的削减。[1] 三国相对较低的国防投入（爱沙尼亚的投入占GDP总量的2%，立陶宛占0.8%，拉脱维亚也不到1%）在北约内部引发了争议。北约希望平衡俄罗斯在本地区的影响力，尽管向波罗的海三国和波兰提供了安全保证，但不会承担过多的责任；因为俄罗斯"分而治之"的战略，以德国为首的一些对俄

---

[1] Kinga Dudzińska, "The Security Policy of the Baltic States vis-à-vis Russia", Polski Instytut Spraw Miedzynarodowych, 12 June 2014, p. 4.

友好国家不支持北约对俄的强硬政策，而是希望北约在维护波罗的海安全上与俄罗斯合作，避免刺激俄罗斯。

总体而言，维护波罗的海地区安全符合俄罗斯与北约的利益，乌克兰危机将会持续影响本地区的安全态势。

（二）俄罗斯在波罗的海地区的能源战略掌握主动权

能源对于俄罗斯具有经济和外交的双重意义。20世纪90年代的"休克疗法"失败，造成俄罗斯经济几近崩溃。但1999年后，因为国际能源价格的持续上涨，俄罗斯经济保持了相当长时间的高速增长，国力不仅恢复，还有所加强。俄罗斯财政收入的近6成都来自能源出口；俄罗斯能够抵御2008年金融危机以及2014年的卢布危机，在很大程度上得益于从石油、天然气出口收益储备起来的稳定基金。苏联解体后，俄罗斯保留了对所有石油和天然气管道的所有权。鉴于能源生产国和需求国对管道运输的依赖性，特别是天然气，俄罗斯一方面加强了对后苏联空间能源生产和运输的控制，另一方面也保证了欧洲和前苏联能源需求国对其的依赖性。能源在后冷战时代已经成为俄罗斯有效的外交政策手段。[①] 但是俄罗斯在后冷战时代能源战略中仍面临两个重要挑战：第一，国际能源的定价权不掌握在俄罗斯手中，造成俄罗斯经济一定程度上的脆弱性；第二，因为苏联解体，许多前苏联加盟共和国成为俄罗斯通往欧洲能源市场的重要过境国，俄罗斯通过能源供给影响这些国家的能力受到一定程度的削弱，还要向过境国支付高额过境费。

俄罗斯能源的双重意义，以及面临的第二项主要挑战，在波罗的海地区都相当明显。面对新的能源挑战，俄罗斯分别在2008年和

---

① 2014年10月，瑞典乌普萨拉大学教授斯蒂芬·赫德兰到访华东师大俄罗斯研究中心时所表述的观点。

2013年的《联邦外交政策构想》中规定，要"增强燃料——能源综合体的实力，确保本国经济的稳定发展并促进国际能源市场保持平衡；巩固与主要能源生产国的战略伙伴关系，积极与能源消费国和过境运输国开展对话；并且考虑到，保障能源供应可靠性的措施，应当不断用保障需求稳定和过境运输安全的相应措施来加以充实。"[①]

波罗的海地区的能源结构也较为复杂。俄罗斯作为波罗的海地区能源的供给者，具有非常重要的地位。特别是在天然气方面，俄罗斯的供给量占整个地区的50%。但该地区国家天然气的进口不均衡，有的国家天然气进口完全依靠俄罗斯，而有的国家则不进口俄罗斯天然气。俄罗斯也是该地区重要的石油供应者，但石油进口在结构上远没有天然气进口那么单一，他们能够进口挪威和丹麦的石油。

如表1所示，东岸国家——芬兰、爱沙尼亚、拉脱维亚、立陶宛的天然气进口完全依赖俄罗斯，因为在结构上受制于俄罗斯的管道网络。南岸国家——德国、波兰进口俄罗斯天然气不足进口总量的50%，也是因为在结构上束缚于一些管道网络。而西岸国家——丹麦、挪威、瑞典不从俄罗斯进口天然气，而是依赖北海的天然气。

几乎所有的波罗的海地区国家的石油都高度依赖进口，芬兰、瑞典、波兰、波罗的海三国在2006年的石油进口占比高达95%，波罗的海西岸国家主要进口北海能源，挪威、丹麦是主要的石油出口国。挪威是欧盟石油贸易的第二大伙伴，自挪威进口的石油占进口总量的15%，而第一大石油贸易伙伴是俄罗斯，自俄罗斯进口的石油超过进口总量的33%。自俄罗斯进口的石油约占芬兰石油进口总量的75%；域内最大的能源消费国——德国自俄罗斯进口的石油占总量的35%。

---

① 参见 "The Foreign Policy Concept Of The Russian Federation（2008）", 12 July 2008; "The Foreign Policy Concept Of The Russian Federation（2013）", 12 February 2013.

**表1　波罗的海国家通过管道进口俄罗斯天然气的交易额及所占比重**

| 国家 | 总消费量*（Bcm） | 从俄罗斯的进口量（Bcm） | 俄罗斯进口量占比（%） |
| --- | --- | --- | --- |
| 爱沙尼亚 | 1,0 | 1,0 | 100% |
| 拉脱维亚 | 1,6 | 1,6 | 100% |
| 立陶宛 | 3,4 | 3,4 | 100% |
| 芬兰 | 4,4 | 4,3 | 98% |
| 波兰 | 13,8 | 6,2 | 45% |
| 德国 | 85,4 | 35,5 | 42% |
| 丹麦 | 4,6 | 0,0 | 0% |
| 挪威 | 4,3 | n.a. | 0% |
| 瑞典 | 1,0 | 0,0 | 0% |
| 总计 | 111,5 | 52,0 | 44% |

\* 初步估计值

资料来源：BP Statistical Review 2008, EuroGas, Baltic Gas Association, author's calculations

资料来源：Peeter Vahtra, Stefan Ehrstedt, "Russian energy supplies and the Baltic Sea region", Electronic Publications of Pan – European Institute, University of Turku, 2008, p.5.

这种结构上的依赖性令俄罗斯可以利用能源手段分化波罗的海地区国家。其战略目标主要包括：第一，波罗的海南部地区是个巨大的能源市场，特别是德国，对于整个波罗的海地区的能源基础设施具有主要影响力；第二，俄罗斯倾向于绕开中东欧过境国，从北翼和南翼向西欧运输能源；第三，俄罗斯利用能源促进对波罗的海地区国家，特别是波罗的海三国的政治目标。

从能源结构的分析可以看出，俄罗斯的能源外交手段主要施用于德国、芬兰、波兰和波罗的海三国。德国和西欧市场巨大的能源需求,是俄罗斯对波罗的海地区最感兴趣的原因,仅德国对于俄罗斯天然气的需求,就是其他波罗的海国家天然气需求总和的两倍。通过北德鲁日巴管道运输给德国、波兰等波罗的海南部国家的原油,就占俄罗斯原油出口总量的五分之一。因此,与德国在能源问题上的密切合作,成为俄罗斯对德政策的主要内容,避免德国支持欧盟的共同能源政策,实现能源供给的多元化,从而削弱俄罗斯对欧盟的影响力。芬兰传统上与俄罗斯保持着良好的交往关系,对于俄罗斯能源的高度依赖,也令芬兰采取接近、友好的对俄政策。

相对于德国和芬兰,波罗的海三国和波兰不仅是俄罗斯能源的需求国,更是俄罗斯能源输出的重要过境国。利用过境权力和过境费,成为四国应对俄罗斯能源威胁的主要手段。面对能源过境所带来的挑战,俄罗斯从新千年开始就着手修建新的能源运输管道,减少对过境国的依赖。北溪管道项目就是俄罗斯绕开过境国战略中的重要一环。该管线由德国、荷兰的天然气巨头合资修建,俄天然气占51%的股份,德国温特沙尔(Wintershall)的子公司巴斯夫(BASF)和世界上最大的私营电力和天然气公司德国意昂集团(E.ON AG)各占20%的股份,荷兰的荷兰国家天然气公司(Gasunie)占9%的股份。北溪管道全长1200公里,东起俄罗斯的维堡,西至德国的格赖夫斯瓦尔德,绕过了当前主要天然气管道的过境国——白俄罗斯、乌克兰、波兰。北溪管道为俄罗斯向西欧和德国出口天然气提供另一条传输走廊。

如表2所示,2007年,在俄罗斯90%的原油出口中,31%是通过波罗的海港口,27%是通过德鲁日巴管道,另外28%通过黑海。也就说俄罗斯超过半数的原油出口都是通过波罗的海地区或者地区内的国家。因此波罗的海地区的原油运输对俄罗斯也具有重要的战略意义。

表 2  2006 至 2007 年俄罗斯石油管道出口统计

| 出口 | 2006 (1000 bbl/d) | (%) | 2007 (1000 bbl/d) | (%) |
| --- | --- | --- | --- | --- |
| 波罗的海港口 | 1413 | 34% | 1484 | 31% |
| 普里莫尔斯克（俄罗斯） | 1255 | 30% | 1484 | 31% |
| 布廷格（立陶宛） | 158 | 4% | 0 | 0% |
| 德鲁日巴管道 | 1261 | 30% | 1299 | 27% |
| 德国 | 437 | 11% | 420 | 9% |
| 波兰 | 466 | 11% | 516 | 11% |
| 其他 | 358 | 9% | 363 | 8% |
| 黑海港口 | 985 | 24% | 1361 | 28% |
| 其他非俄罗斯国有管道口出原油 | 495 | 12% | 651 | 14% |
| 原油出口总量 | 4154 | 100% | 4795 | 100% |

资料来源：Adapted from Energy Information Administration (2008)

＊包括经阿塞拜疆、哈萨克斯坦、白俄罗斯转口等未计入任罗斯名下的出口量。

资料来源：Peeter Vahtra, Stefan Ehrstedt, "Russian energy supplies and the Baltic Sea region", p. 13.

波罗的海管道系统是位于俄罗斯西北部的石油传输管道，完全由俄罗斯石油运输公司运营，因为波罗的海管道系统完全位于俄罗斯境内，所以俄罗斯不需要像其他通向欧洲能源基础设施一样，要与欧洲合作伙伴共享控制权。2008 年春，俄罗斯政府开始在芬兰湾的乌斯特卢加修建波罗的海管道系统 – 2，计划传输能力为 5000 万吨，以减轻对白俄罗斯的过境传输依赖。北德鲁日巴管道是苏联时期为了向东欧盟国——东德、波兰运输石油修建的。2007 年，北德鲁日巴管道的石油出口占俄罗斯出口总量的 20%。此外，俄罗斯通过完成能源出口基础设施的升级换代——2001 年，波罗的海管道系统（BPS）；2006 年和 2008 年，完成普里莫尔斯克两个石油终端的建设。未来，俄罗斯希望扩展 BPS，彻底绕开白俄罗斯和波罗的海国家，将西北部地区乌斯特卢加、维索茨克、加里宁格勒、摩尔曼斯克港口的能力到 2015 年提高一倍。

出于对于波罗的海三国能源过境的依赖，和保护波罗的海能源运输安全的需要，加之与北约在本地区形成的安全平衡，使得俄罗斯更多采用能源政策和手段来打压、影响三国的国内政策走向。2012 年，俄天然气股份公司突然将输往立陶宛的天然气提价 15%，上涨到每立方米 497 美元，而输往德国的天然气价格为每立方米 431.3 美元。按照正常的逻辑，德国距俄罗斯的距离更远，价格应该更高，以弥补运输费用。此外，俄天然气向欧洲消费国的平均定价为每立方米 381 美元。俄天然气对立陶宛的提价，是对立陶宛决定削减俄天然气的垄断权力并准备融入欧盟能源市场的惩罚。

俄罗斯天然气能够提价，也能够停止供给。2003 年开始，停止对拉脱维亚港口运营公司 Ventspils Nafta 的石油供应；2006 年开始，停止对立陶宛 Mažeikiu Nafta 炼油厂的石油供应；2007 年 5 月，中断对爱沙尼亚的石油铁路运输。此外，还加大对波罗的海三国能源企业的投资，从而加强控制，俄天然气公司控制爱沙尼亚天然气公司 37% 的股份，立陶宛天然气公司 34% 的股份，立陶宛 Lietuvos Dujos 和 Stella Vitae 公司 34% 和 50% 的股份。

俄罗斯施加对波罗的海三国影响的另一个手段，是培养对莫斯科有好感的商业和政治精英网络。在波罗的海国家的商业中，很多精英是苏联时期罗名制（nomenklatura）成员，一些是俄罗斯族，但还有很多是爱沙尼亚族、拉脱维亚族和立陶宛族。这些精英在能源部门的存在十分突出，他们经营的业绩依赖于与俄罗斯能源巨头的关系，如俄天然气或者卢克石油。因为这些商业精英直接或者间接参与政治，所以俄罗斯能够通过笼络这些精英来影响三国的国内政治。

俄罗斯通过上述政策和举措，逐步减少对波罗的海地区国家能源过境的依赖；并通过新建管道、升级已有管道系统、建设新的港口能源终端确保能源运输安全。俄罗斯在波罗的海地区的能源新布局，进一步增加了波罗的海东岸和南岸国家对俄罗斯的能源依赖，从而把握住对欧洲能源市场的主动权。此外，能源政策还有效地制约了波罗的海三国在对俄政策上的选择空间，在避免武力冲突的情况下，维持了对三国的影响力和控制力。

波罗的海东部国家的需求量与南部国家相比则小得多。波罗的海西部国家则不依赖俄罗斯的天然气和石油出口。所以俄罗斯在波罗的海地区的能源战略集中于俄德关系，俄罗斯在其他波罗的海国家的能源战略，"特别是对波罗的海三国的战略从属于俄德关系"。[①]

（三）俄罗斯着力推动波罗的海航运的发展

波罗的海是世界上最繁忙的航运水道之一，也是俄罗斯通往欧洲和大西洋国家的重要航运通道之一，波罗的海航运安全对于俄罗斯战略重要性不言而喻。

在波罗的海航运中，俄罗斯与波罗的海三国控制着货物流通的大部分。苏联时期，波罗的海三国港口承担着苏联波罗的海航运的大部分任务。苏联解体后，俄罗斯为了加强在波罗的海航运中的竞争力和航运安全，斥巨资在波罗的海沿岸修建新的港口和终端，特别是普里莫尔斯克港和乌斯特卢加港，增加了自身的货物吞吐量，因而波罗的海三国的港口货物吞吐量减少。如图1所示，2012年，波罗的海沿岸港口货物吞吐量排在前四位的港口是普里莫尔斯克、乌斯特卢加、圣彼得堡和里加。主要港口的吞吐货物较为集中，普里莫尔斯克主要出口石油、圣彼得堡主要是集装箱货物、乌斯特卢加主要是煤炭。而里加港、文茨皮尔斯港、塔林港依赖俄罗斯能源资源的过境运输，里加港依靠来自俄罗斯的煤炭过境（占40%），

---

① Peeter Vahtra, Stefan Ehrstedt, 2008, p.17.

塔林港依赖石油过境（占65%），文茨皮尔斯港同时依赖石油和煤炭过境运输。

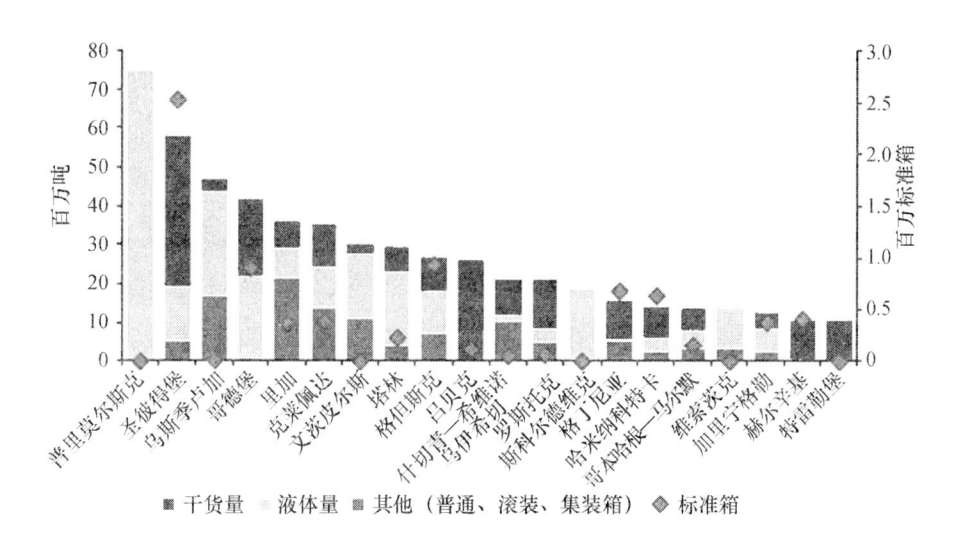

图1 2012年波罗的海地区主要港口的货物吞吐量

资料来源："Competitive position of the baltic states port", KPMG Baltics SIA, November 2013, kpmg.com/lv, p. 9.

俄罗斯与其他独联体国家的波罗的海船运量稳步增加。每天有近2000艘各类船舶穿行于波罗的海，包括油轮、货船、客轮等，其中油轮占20%，主要是从俄罗斯驶向西方。波罗的海地区国家间超过80%的贸易是通过波罗的海运输。其中，东波罗的海地区，从俄罗斯发出，过境波罗的海三国，去往其他独联体国家货运占主要地位，主要是自然资源、消费品。东波罗的海地区的海运货物量从2002年至2011年增长了7.1%，从1.72亿吨增加到3.44亿吨。其中俄罗斯的普里莫尔斯克和乌斯特卢加港在过去十年，货运吞吐量增长最快，如图2。

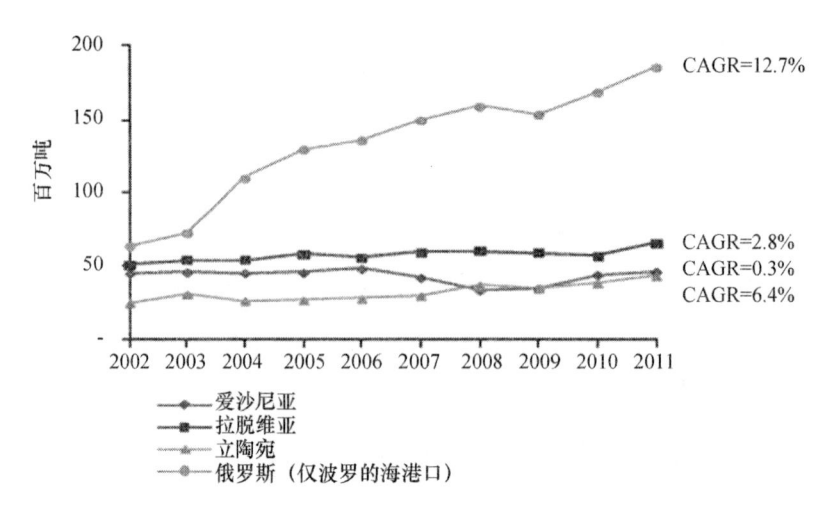

**图 2　2002 年至 2011 年东波罗的海海运货物量**

资料来源："Competitive position of the baltic states port", KPMG Baltics SIA, November 2013, kpmg.com/lv, p.9.

波罗的海航运的稳步增加除了得益于本地区较为安全的局势外，还主要在于俄罗斯在联通欧亚大陆贸易上的巨大优势。所有东波罗的海地区的主要港口都有公路和铁路相连。从波罗的海国家开出的集装箱列主要方向有：俄罗斯的欧洲部分方向——莫斯科、卡卢加；黑海沿岸方向——敖德萨、伊利乔夫斯克；中亚方向——哈萨克斯坦、乌兹别克斯坦、阿富汗、中国。

从当前的波罗的海航运情况来看，随着欧亚贸易的逐步增加，以及俄罗斯能源出口的稳步增长，波罗的海航运量在未来还将继续保持增长，对于沿岸国家，特别是俄罗斯的重要性也将继续提高。继续保持对波罗的海沿岸港口进行投资和建设，提高竞争力；保障波罗的海航运安全；加强联通亚洲大陆的交通基础设施，将是俄罗斯未来波罗的海航运战略的主要目标。鉴于波罗的海航运对本地区国家经济发展的重要性，未来其他地区国家将有可能加强与俄罗斯在航运方面的合作，并继续巩固航运安全。

波罗的海航运对于本地区国家的重要性如下：

俄罗斯：波罗的海运输占据俄罗斯海洋运输总量的37%，超过60%是石油和石油产品，其余主要是煤和集装箱货物；

瑞典：90%的进口和出口要通过波罗的海运输，大约35%是石油产品；

芬兰：90%的进口和80%的出口依靠波罗的海，近25%是石油或者石油产品，20%是木材或者相关产品；

爱沙尼亚：60%的进口和出口依靠波罗的海，主要是石油和石油产品；

拉脱维亚：80%为过境运输，其中主要是石油、石油产品和煤炭，占过境货物总量的60%；

立陶宛：主要是过境运输，大部分来自白俄罗斯，主要是石油、石油产品、化肥；

波兰：波罗的海货运量占国家总量的10%左右，主要是过境运输，包括石油、煤、化学产品、矿产品；

德国：德国东北地区的港口主要从事滚装货物的运输，如汽车。

## 结语

俄罗斯的波罗的海战略具有多重属性，除了是国家大战略的一部分外，还是俄罗斯欧洲战略、后苏联空间战略和能源战略的一部分。这充分体现了波罗的海地区在俄罗斯对外战略中的重要性。俄罗斯的波罗的海战略是在俄罗斯的欧洲战略背景下进行考量的：第一，不允许西欧主导的国际组织——欧盟、北约在后苏联空间扩大影响力；第二，增加欧洲，特别是新欧洲对俄罗斯的地缘经济和地源能源依赖性；第三，将欧盟和北约的新成员——波罗的海三国转化为俄罗斯影响跨大西洋组织的代理人；第四，分化欧盟，弱化跨大西洋的联系，支持欧盟、北约有利于俄罗斯的决定。

乌克兰危机显然加剧了波罗的海地区的安全困境，尽管北约和波罗的海三国、波兰多次做出强硬表示，并举行了一系列挑衅性的军事演习，甚至威胁将在本地区部署军队。但普京领导下的俄罗斯政府保持了相当的克制，并未与其发生冲突而影响本地区的能源运输和货物运输。相对于乌克兰，波罗的海地区保持了相对的稳定和安全。这些都说明，普京和其团队在外交政策中的务实主义——在保证俄罗斯利益的前提下，避免紧张局势升级或者冲突。

相对于俄罗斯对波罗的海地区的重视，欧盟显然没有认识到波罗的海地区对于俄罗斯的重要性。欧盟发布的"波罗的海战略"，虽然指出需要俄罗斯的合作，但在战略制定过程中并未咨询俄罗斯的意见，双方在关注点和优先事项上均存在差异。在欧盟的战略中，将波罗的海国家理事会作为执行其政策的重要工具，但是波罗的海国家理事会结构松散，没有限制性规定，缺乏资金来源，很难在地区合作中发挥作用。而俄罗斯为了防止欧盟在本地区扩大影响力，通过"分而治之"——针对不同的欧盟成员国采取不同的双边政策，弱化欧盟在本地区政策的一致性和行为能力。

波罗的海地区，特别是波罗的海三国在历史、文化、经济等方面与俄罗斯有着天然的联系，俄罗斯不可能放弃或者放松对本地区的影响力和控制力。如果欧盟和北约无法认识到这一点，特别是波罗的海三国中俄罗斯语族的权利状况，将很难在本地区与俄罗斯开展切实有效的合作。从当前的情况看，维护本地区的安全与稳定符合俄罗斯的利益，但面对欧盟和北约咄咄逼人的态势，俄罗斯短期内不会削减在本地区的军事存在和改变现有的"分而治之"的地区战略，但也不会出现乌克兰危机中那样直接介入的情况。

# 后　　记

一项研究，总是伴有踌躇满志的开始。在写作的过程中，团队成员才真正认识到了其中的艰辛：简单地叙述现象容易，深入认识实质很难；查看已有的成果容易，得出自己的结论困难。在写作结束时，难免思考这个问题：这项研究做出了哪些新的贡献？得出了哪些经得住考验的结论？

中国非军事领域的学者研究、评论俄罗斯的海洋战略（从历史到现时，又涵盖俄罗斯不同的海域），既有对本国发展海洋战略的关照，毕竟俄罗斯是中国最大的邻居；同时，又能相对客观、冷静地观察俄罗斯海军、海洋思想的历史变迁及其中的成败，不仅是军事意义上的，也有政治、社会、经济、外交等各个层面。本项研究认为，俄罗斯海洋战略的发展路径，逐步从纯军事性过渡到更为丰富的社会、发展与合作的向度，新版的俄罗斯海洋学说，所传递的主要信息正是在此。

本研究的团队，来自于教育部人文社会科学重点研究基地华东师范大学俄罗斯研究中心以及上海高校智库周边合作与发展协同创新中心，前者是一个对俄罗斯政治、经济、文化、历史、外交进行全方位研究、多视角观察的研究中心和平台，后者是一个对中国周边地区（包括陆地方面和海洋方面）历史与当代问题进行综合研究的上海高校智库。在本研究中，俄罗斯海洋战略是被放置于俄罗斯整个历史进程、国家整体发展，以及国际比较的视野中加以观察的。

本项研究，既能起到补充俄罗斯研究中心、周边中心在军事研究领域内的不足，也盼望能为俄罗斯海洋战略研究中增加"非军事"的色彩和内容。

参与本项目写作的作者为：肖辉忠（前言）、王璐（第一章）、孟舒（第二章）、李佩（第三章）、杨一帆（第四章）、王晓笛（第五章）、李后立（第六章）、孔娟（第七章）、苏闻宇（第八章）、华盾（第九章）、韩冬涛（第十章）。

韩冬涛博士负责整个项目写作过程中的联络与协调的工作，也就项目的内容等方面提出了宝贵的建议。肖辉忠博士对全书的内容进行了具体的修改、校对、格式的统一等。

承担本项目研究的几位学术顾问，是俄罗斯研究领域的资深专家和安全事务领域的前辈，给予写作团队细致的指点、指导，提供了宝贵的建议与研究材料等，这对于培养一批对俄罗斯海洋战略及相关问题，有着深入分析和思考的青年人才，是非常重要的。

特别感谢华东师范大学俄罗斯研究中心主任、上海高校智库周边合作与发展协同创新中心主任冯绍雷教授，他是本项目的发起人，也对本项目的写作进行了全程的关心、指导和把关。感谢时事出版社苏绣芳老师对全书的审校和完善。

**上海高校智库周边合作与发展协同创新中心**
**华东师范大学俄罗斯研究中心**

## 图书在版编目（CIP）数据

俄罗斯海洋战略研究/上海市美国问题研究所主编，肖辉忠，韩冬涛等著.—北京：时事出版社，2016.10
ISBN 978-7-80232-967-6

Ⅰ.①俄… Ⅱ.①上…②肖…③韩 Ⅲ.①海洋战略—研究—俄罗斯Ⅳ.①E512.53

中国版本图书馆 CIP 数据核字（2016）第 223814 号

出 版 发 行：时事出版社
地　　　　址：北京市海淀区万寿寺甲 2 号
邮　　　　编：100081
发 行 热 线：（010）88547590　88547591
读者服务部：（010）88547595
传　　　　真：（010）88547592
电 子 邮 箱：shishichubanshe@sina.com
网　　　　址：www.shishishe.com
印　　　　刷：北京市昌平百善印刷厂

---

开本：787×1092　1/16　印张：20　字数：256 千字
2016 年 10 月第 1 版　2016 年 10 月第 1 次印刷
定价：88.00 元

（如有印装质量问题，请与本社发行部联系调换）